SUMMING IT UP
From One Plus One to
Modern Number Theory

1足す1から現代数論へ

モジュラー形式への誘い

AVNER ASH ［著］
ROBERT GROSS

新妻 弘 ［訳］

共立出版

SUMMING IT UP: From One Plus One to Modern Number Theory
By Avner Ash and Robert Gross
Copyright©2016 by Princeton University Press

Japanese translation published by
arrangement with through The English Agency (Japan) Ltd.
All rights reserved.

No part of this book may be reproduced or transmitted
in any form or by any means, electronic or mechanical,
including photocopying, recording or by any information storage
and retrieval system, without permission in writing from the Publisher.

Japanese language edition published by Kyoritsu Shuppan Co., Ltd.

For our families

「お作法なんて，授業でおそわるものじゃないでしょ」とアリス．
「授業でおそわるのは，計算とか，そういったこと」
「じゃあ足し算はできる？」と白の女王さまのおたずねだ．
「1 たす 1 たす 1 たす 1 たす 1 たす 1 たす 1 たす
　　　1 たす 1 たす 1 はいくつ？」
「わかんないわ，数えそこなっちゃった」
「この子，足し算はだめなのね」赤の女王さまがわって入る．

—ルイス・キャロル　『鏡の国のアリス』
矢川澄子　訳，新潮文庫（1994 年），p.168–169

数（ナンバー）だ．あらゆる音楽は，考えてみれば．
二を二倍して半分にすれば一が二つ．
振動，それが和音なんだ．
一たす二たす六は七．
数学の奇術でどんなことでもできる．
これがあれと等しいことをいつも発見する，
墓地の下の均衡（シンメトリー）．

—ジェイムズ・ジョイス　『ユリシーズ　II』
丸谷才一，氷川玲二，高松雄一　訳，
集英社文庫ヘリテージシリーズ（2003 年），p.246

私の真の愛はいやが上にも大きくなりました．
もうその富の半分も勘定できなくなりました．

—ウィリアム・シェイクスピア　『ロミオとジューリエット』，II, vi.33-34
平井正穂　訳，岩波文庫（1996 年），p.113

まえがき

二つの整数を足すことは，我々が数学において学ぶ最初の事柄の一つである．加法はなすべきこととしてはどちらかというと簡単なことであるが，それはほとんどただちに，数への興味をもつ好奇心の強い人の心にあらゆる種類の奇妙な疑問を引き起こす．これらの疑問のいくつかは序論の3ページ目にリストとして列挙されている．本書の第一の目的はこれらの疑問とそれに関連した問題，そしてまたその問題から生じる定理をゆったりとしたやり方で探求することである．読者は序論において，主要な事柄のより詳細な議論を読むことができるだろう．

正確であることは数学の本質である．そして正確さの欠如は混乱を導くだけである．たとえば，我々の題辞の一つとして引用された，『ユリシーズ』からのブルームの黙想における一つの失敗のように．それは正確な言葉を用いて，彼の数学的主張が無意味に見えるように，全体の意味を与えている失敗の例である．

しかしながら，それらは次のように説明される．「2に2を掛けて半分で割ると1の2倍になる」とは $\frac{2 \cdot 2}{2} = 2 \cdot 1$ を意味している．なぜなら，ブルームは彼が「半分で割る」という曖昧な表現法を使ったとき，「半分に切る」ことを意味していたからである．一方，「$1+2+6=7$」は音程に関連している．すなわち，同音，2度音程，そして6度音程を足すと，その結果は実際7度音程になる．ブルームは彼自身，人は自分が何をしているかということの明確な兆候を隠すならば，このことは手品を使っているように見えるかもしれない，ということに気づいている．

ブルームには自分自身に話しているという満足感がある．本書では，過剰に知識をひけらかすことなく，明晰かつ正確であるように努力しよう．それがどの程度成功したかどうかを決定するのは読者である．明晰かつ正確さに加えて，厳密に論理的な証明が数学の特徴である．本書におけるすべての数学的な主張は証明することができるが，その証明はしばしばあまりに複雑な

ので詳細に議論することができない．教科書や研究小論文において，このようなすべての証明は与えられるだろうし，あるいは，それらの証明が見出される文献の指示がなされる．本書では，読者は私たちの数学的主張のすべてはすでに確認された証明がある，ということを信頼していただきたい．

　本書は，数学的なリテラシーのある一般的な読者のために書かれた我々の数論に関する書籍の三冊目にあたる．（後で，「数学的に読み書きのできる」と言うことによって意味しているところを正確に説明しよう．）最初の二冊の本は *Fearless Symmetry* (2006) と *Elliptic Tales* (2012) である．最初の本はフェルマーの最終定理 (FLT) のようなディオファントス方程式における問題を議論している．二冊目の本は，バーチ–スイナートン・ダイアー予想 (Birch–Swinnerton-Dyer Conjecture) のような楕円曲線に関連した問題を議論している．これらの本のどちらにおいても，高度な話題であるモジュラー形式についてはものたりない記述で終わっている．このモジュラー形式という概念は数論におけるこれらの両分野において決定的な役割を果たしている．上記に述べた我々の両書の最終章にたどり着く頃には，非常にたくさんの概念をすでに紹介しているので，モジュラー形式の理論については単にほのめかすことしかできなかった．本書の目的の一つは第 III 部において，第 I 部と第 II 部において検討した種類の問題により動機づけられた，モジュラー形式のもう少し余裕のある詳細な説明を与えることである．

　我々の三部作のそれぞれの本は互いに独立に読むことが可能である．本書の最初の第 I 部と第 II 部を読んだ後に，非常に熱心な読者は，本書の第 III 部と連携することよって *Fearless Symmetry* または *Elliptic Tales* を読むことから何か得ることがあると思う．というのは，それらは第 III 部の最後に扱われている，モジュラー形式について学ぶための意欲をさらに提供するからである．もちろん，このことは必ずしも必要なことではない— 第 I 部と第 II 部で学んだ数論的な問題はそれらだけで自然にモジュラー形式へのより動機づけをもった学習に導くであろう．

　本書の三部構成は，数学的な背景のさまざまな段階の読者に対して計画されている．第 I 部は高校程度の代数学と幾何学を必要とする．いくつかの必要不可欠な節を除いて，より程度の高い数学的知識は必要ではない．説明のいくつかは複雑でかつしばしば長たらしい代数的な計算の連鎖を含んでいる．

この部分は読者が望む場合は飛ばしてもよい．第 II 部を読むためには，大学初年度の標準的な微分積分学のかなりの内容に出会うことになるだろう（ほとんどは，無限級数や微分，そしてテイラー級数）．また，読者は複素数についても知っている必要があるので，それらを簡単に復習する．第 III 部は特に追加的な数学的知識は必要ではないが，説明の全体を通して読む忍耐のひとときが必要であるかもしれない．

さまざまな章と節の難易度はしばしばかなり変動する．読者にはそれらを任意の順序で拾い読みすることをお勧めする．必要ならば，常にその詳細を埋めるために飛ばした章や節に戻って確かめるとよい．しかしながら，第 III 部においては，おそらく順序にしたがって読むほうがもっとも理解しやすいであろう．

人間が成し遂げたことは我々を驚嘆させ続けている．それは，1 たす 1 は 2 で始まり，$2+2$ は 4 になり（我々が確実に知っている単純な真理の決まり文句の例は真である），さらに，はるかに越えて今なお活動的に進展している研究領域である数論の世界に赴くことができる．読者には，以下のページに続くこれらのすばらしいアイデアのいくつかをお見せしようとする，我々の試みを楽しんでいただくことを希望する．

謝辞

　プリンストン大学出版に所属する無名の読者に感謝したい．かれらは本書のテキストを改良するために大変有意義な提案をしてくれた．数学的な助力に対して Ken Ono と David Rohrlich，哲学的な助力に対して Richard Velkly，編集的な助力に対して Betsy Blumental に感謝する．本書のデザインと製作に対して，Carmina Alvarez と Karen Carter に感謝する．いつものように我々の編集者 Vickie Kearn に彼女のつきることのない激励に対して大きな感謝を表したい．

目　次

序　論　この本はどんな本か　　3
　1. 足すこと　　3
　2. 興味のある和　　5

第 I 部　有限和　　13

第 1 章　導　入　　15
　1. 最大公約数　　15
　2. 合同式　　19
　3. ウィルソンの定理　　20
　4. 平方剰余と非剰余　　22
　5. ルジャンドル記号　　24

第 2 章　二つの平方数の和　　27
　1. 解答　　27
　2. 証拠はプディングの中にはない　　32
　3. 定理 2.1 と定理 2.3 の十分条件である部分の証明　　34
　4. 証明の詳細　　35

第 3 章　3 個と 4 個の平方数の和　　38
　1. 3 個の平方数　　38
　2. 幕間　　39
　3. 4 個の平方数　　39
　4. 4 より大きい個数の平方数の和　　41

第 4 章　高次のベキの和：ウェアリングの問題　　43
　1. $g(k)$ と $G(k)$　　43
　2. 4 乗ベキの和　　45

3. 高次のベキ乗 47

第5章　単純な和　48
　1. 最初の段階にもどる 48
　2. 低いベキ乗の和 49

第6章　ベキ乗の和，代数を用いて　57
　1. 歴史 57
　2. 平方 59
　3. 嬉遊曲：二重和 62
　4. 入れ子式の和 64
　5. 帰ってきた入れ子 66
　6. 余談：オイラー・マクローリンの和 73

第II部　無限和　77

第7章　無限級数　79
　1. 有限幾何級数 79
　2. 無限幾何級数 81
　3. 二項級数 82
　4. 複素数と関数 85
　5. 無限幾何級数，再び 87
　6. 無限和の例 89
　7. 指数関数 e^x と e^z 91
　8. ベキ級数 93
　9. 解析接続 97

第8章　記号の特色　102
　1. 上半平面 H 102
　2. 再び指数関数 e^z 103
　3. q, 穴あき単位円板 Δ^*, と単位円板 Δ^0 104

第9章　ゼータ関数とベルヌーイ数　109
　1. 神秘的な公式 109

2.	無限積	110
3.	対数微分法	112
4.	さらに続く二つの小道	114

第 10 章　方法を数える　116

1. 母関数 116
2. 母関数の例 120
3. 母関数の最後の例 126

第 III 部　モジュラー形式とその応用　131

第 11 章　上半平面　133

1. 復習 133
2. 帯 134
3. 幾何学とは何か？ 136
4. 非ユークリッド幾何学 139
5. 群 141
6. 行列群 145
7. 双曲的非ユークリッド平面の運動群 148

第 12 章　モジュラー形式　154

1. 術語 154
2. $SL_2(\mathbf{Z})$ 155
3. 基本領域 157
4. ついにモジュラー形式 160
5. 変換特性 162
6. 増大条件 165
7. 要約 166

第 13 章　モジュラー形式はどのぐらいたくさんあるのか？　167

1. 無限集合の数え方 167
2. M_k と S_k はどのぐらい大きいのか？ 171
3. q 展開 176

    4. モジュラー形式を掛ける 178
    5. ベクトル空間 M_k と S_k の次元 183

第14章　合同群　　　　　　　　　　　　　　　　187
    1. ほかの重み 187
    2. 整数の重みと高次のレベルをもつモジュラー形式 . . . 190
    3. 基本領域とカスプ 191
    4. 半整数の重みをもつモジュラー形式 193

第15章　分割と平方数の和，再訪　　　　　　　　　195
    1. 分割 195
    2. 平方数の和 199
    3. 数値的な例と哲学的考察 206

第16章　続・モジュラー形式　　　　　　　　　　　211
    1. ヘッケ作用素 211
    2. 新しい衣服，古い衣服 218
    3. エル関数 L 221

第17章　まだほかにあるモジュラー形式の応用　　　224
    1. ガロア表現 225
    2. 楕円曲線 228
    3. ムーンシャイン 230
    4. より大きな群（佐藤–テイト） 232
    5. 後記 235

参考文献　　　　　　　　　　　　　　　　　　　　237

記号表，参考文献，訳者あとがき　　　　　　　　　241
    1. 記号表 241
    2. 参考文献 244
    3. 訳者あとがき 245

索　引　　　　　　　　　　　　　　　　　　　　　251

SUMMING IT UP

1足す1から現代数論へ

――モジュラー形式への誘い――

序論
この本はどんな本か

1. 足すこと

いち，に，さん，し，あるいは，one, two, three, four，あるいは，uno, dos, tres, cuatro（さらに，どんな言葉でも）．また，I, II, III, IV，あるいは，1, 2, 3, 4，あるいはどんな記号でも，数えることはおそらく人類の最初の理論的な数学的活動である．数えられているもの，それが何であっても，その対象物から引き離されているがゆえに，数えることは理論的である．最初に，羊飼いは一頭の羊に一つづつ小石を積み上げて放牧し，それから，羊がおりにもどるときに小石を一つづつ投げる．このとき，羊飼いは —1 対 1 対応を与える— 実際的な数学的行為を実行していたのである．しかし，これは単なる実際的な行為であり，それに伴うなんらの理論も伴っていない．

本書は発見される（あるいは創造される）べき，次の段階の数学的活動であったかもしれないこと，すなわち，加法，に関心がある．加法は，それを若い子供たちに教えているという理由で，素朴でありやさしいと考えることができる．少し考えると，読者は次のことを納得するだろう．加法の抽象的理論を理解させるためには，非常に大きな知的努力が必要であることを．数が存在する前に二つの数の加法を考えることはできず，純粋な数の成立は，それが抽象化を伴うがゆえに非常に複雑なことである．

読者は加法の数学に猛進したいと思えば，本節の残りを省くこともできる．しかし，本書の主題における典型的な例のように，数学の概念と実際とに関連した哲学的問題について，つくづく考えたいと思う読者もいるかもしれない．これらの哲学的問題に対する趣味をもつ読者は，以下に述べる非常に簡潔な概説を楽しむこともできる．

おそらく，純粋な数の抽象化は数えるという経験を通して形成されただろう．一度，数の言葉を知れば，ある日斧を数えることができ，次の日は羊を，

3日目にはリンゴを数えることができる．しばらくの後，特別に数えることをしなくてもこれらの単語を列挙することができるようになり，そして，純粋な数の概念に偶然に遭遇するかもしれない．算術と数の抽象的な概念は一緒に発展した，ということがよりいっそうありそうなことである．[1]

数，数えること，そして加法の概念の難しさを見るための一つの方法は数学の哲学を熟視することである．数学の哲学は，今日まで「数」の普遍的に受け入れられる定義を決定することができなかった．古代ギリシャの哲学者は数の1は数であるということさえ考察しなかった．彼らの意見では，数は数えられるべきものであり，誰も「1つの，時代」を数えようと頭を悩ませるものはいなかった．

数学の非常に難しい哲学について，ある種の問題について言及する以外に何か言うことはしない．イマヌエル・カントとその後継者たちは加法と，その加法の演算がどのように哲学的に正当化されるかということに非常に関心をもった．カントは「先験的な総合的真理 (synthetic truths, a priori)」があると主張した．これらは真理であり，実際のどんな経験にも先立つものとして知られている陳述である．しかし，その真理は単なる言葉の意味に依存するのではない．たとえば，「独身者は妻をもたない」という陳述はその真理のために保証すべきなんらの経験がなくても真理である．なぜなら，それは彼が妻をもたないという「独身者」の定義の一部分だからである．このような真理は「先験的に分析的」であると呼ばれる．カントは「5足す7は12に等しい」はその真理を検証する経験を必要とせず，疑いもなく真理であると主張した．しかし，それは「総合的」であるとした．なぜなら，（カントが主張した）「12」の概念は「5」や「7」，「＋」の概念によって論理的に束縛されず，内包されているからである．このようにして，カントは先験的な総合的真理が存在することを示して，算術に対して意見を述べることもできたし，彼の哲学において後で生じる他のこのような真理を考察することもできたであろう．

---

[1] もちろん実際には，2個のリンゴは容易に2個のリンゴに加えられて4個のリンゴになる．しかし，数論の発展に導かれるような理論的な研究方法はより難しい．古代ギリシャの数学的思想において，「純粋な」数が「もの」としての数から明確に区別されていなかった時期があった．算術と代数における初期の歴史の解釈については，クライン (Klein, 1992) を推薦しよう．

これに対して，バートランド・ラッセルのような他の哲学者は，数学的真理はすべて分析的であると考えた．これらの哲学者たちはしばしば論理は数学に先立つと考えている．それから，数学的真理は「ア・ポステリオリ」である，すなわち数学的真理は経験に基づいているという考え方がある．これはルートヴッヒ・ウィトゲンシュタイン (Ludwig Wittgenstein) の意見であったように思われる．それは見かけ上 ジョージ・オーウェルの小説『1984』の中の，表面上，支配者の意見のようでもある．彼は英雄を挫折させ，2足す2が5に等しいと固く信じさせることができた．

数学の哲学はきわめて複雑で，専門的であり，そして難しい．20世紀の間ずっと，物事はより以上に議論が長々と続いた．W. V. O. クワインはその分析的—総合的 な差異にひたすら疑問を呈した．真理の概念は（これはつねに定義することが困難であった）どんどん不確定なものになっていった．今日，哲学者たちは数とその性質の哲学的基礎に関しては，何かあるとしてもあまり合意に達しているとは言えない．幸いにも，我々はこれらの哲学的な事柄について結論をくだす必要はなく，数学者たちによって発展させられてきた美しい数の理論のいくつかを楽しめばよい．我々は皆，数が何であるかというある程度の直感的理解をしており，それらの理解力は，矛盾がなく，かつ数に関する深い意味を与えているという，二つの性質をもつ概念を発展させるために十分であるように思われる．我々はこれらの定理を手を使って，あるいはコンピューターで計算することによって検証することができる．特別な数に関する事実を実証することによって，その定理が「機能しているか」どうかを見るという満足感が得られる．

2. 興味のある和

本書は三部構成となっている．最初の第 I 部は，少しの部分を除いて読者が大学の代数とデカルト座標を知っていることが必要である．実質的にはそれ以上のものではない．この第 I 部では，以下のような質問をしてみよう．

- 和 $1 + 2 + 3 + \cdots + k$ に対する短い公式はあるか？
- 和 $1^2 + 2^2 + 3^2 + \cdots + k^2$ についてはどうか？

- さらにもう少し野心的になることもできる．n を任意の整数として，和 $1^n + 2^n + 3^n + \cdots + k^n$ に対する短い公式はあるか？
- 和 $1 + a + a^2 + \cdots + a^k$ についてはどうか？
- 任意の与えられた数 N は完全平方の和として表すことができるか？ 立方数の和として，n 次のベキの和としてはどうか？ 三角数，五角数では？
- 明らかに，1 より大きい整数はより小さい正の整数の和として表すことができる．このとき，「いくつの異なった方法ででこれを表すことができるか？」と質問してみよう．
- ある数が k 個の平方数の和として表されるとき，「いくつの異なった方法でこれを表すことができるか？」と問うことができる．

なぜこれらの質問をするのだろうか？ それは面白いからであり，また歴史的に動機付けされているからであり，さらにこれらに対する答えはすばらしい研究方法と驚くべき証明に導くからである．

本書の第 II 部において，読者はある程度の微分積分を必要とするだろう．我々は「無限級数」を考察する．これらは「極限」の概念を用いてのみ定義される無限に長い和である．たとえば，

$$1 + 2 + 3 + \cdots = ?$$

ここで + の後の $\cdots$ は「果てしない」無限の和を意味している．この和に対するどんな答えもありそうにないことは，かなり明らかであるように思われる．なぜなら，その部分的な和は単にどんどん大きくなっていくからである．それゆえ，望むなら，その和を「無限大」であると定義することもできるが，それはただ前の文で言ったことを短いやり方で言ったに過ぎない．それでは，次の

$$1 + 1 + 1 + \cdots = ?$$

はどうか．これもまた明らかに無限大である．

次の和

$$1 - 1 + 1 - 1 + 1 - 1 + 1 - \cdots = ?$$

はどのように評価すればよいだろうか．さて，今度は一瞬立ち止まるかもし

れない．オイラーはこの和は $\frac{1}{2}$ になると結論した．[2] さらに，次の和はどうだろうか？

$$1 + a + a^2 + \cdots = ?$$

この問題は，a が厳密な意味で -1 と 1 の間にある実数ならば，きれいな答えがあることを理解するだろう．読者は「幾何級数」を学んだときにこの答えを知ったかもしれない．我々の代数を拡張して，a として複素数を用いることができるようにしよう．

そのとき，n を任意の複素数として

$$1^n + 2^n + 3^n + \cdots = ?$$

を考えることができる．（a のある値に対して）この答えはゼータ関数（ギリシャ小文字 ζ で表される）と呼ばれている n の関数を与える．

一歩もとにもどって，係数のある和を考えることができる．

$$b_0 + b_1 a + b_2 a^2 + \cdots = ?$$

これは**母関数**の概念を導入する場面である．ここで，a はそれ自身一つの変数である．

ゼータ関数 ζ の級数に係数を付け加えることもでき，

$$c_1 1^n + c_2 2^n + c_3 3^n + \cdots = ?$$

のような級数についての和を考えることもできる．これは**ディリクレ級数**と呼ばれている．

以上の問題とそれらの解答は本書の第 III 部に我々を導いていく．そこでは**モジュラー形式**を定義し，議論する．驚くことは，モジュラー形式が本書の第 I 部と第 II 部で述べた事柄といかに密接に結びついているかということ

---

[2] オイラーの答えを正しいとする一つの方法は，無限幾何級数の和に対する公式を使うことである．第 7 章の第 5 節で，$|z| < 1$ のときに，次の公式がある．

$$\frac{1}{1-z} = 1 + z + z^2 + z^3 + \cdots.$$

上記の成り立つ領域外にあえて踏み出し，$z = -1$ を代入してみれば，なぜオイラーはこの和を彼がしたように解釈したかを理解できる．

である．この第 III 部は少しの群論とある幾何学を必要とし，それ以前の部分より多少高度の素養の上にある．

　本書を執筆する一つの動機は，現代数論において必要不可欠になっている，モジュラー形式を説明することである．我々の前著 2 冊において，モジュラー形式は結論にむけて簡潔であるが必要不可欠なものであった．本書では，非常に広くかつ深い事柄の表面を軽くなでた程度かもしれないが，時間をとりそれらに関するいくつかの事柄を説明したいと思う．本書の最後に，*Fearless Symmetry* の本においてモジュラー形式がどのようにガロア表現に結びつけられて使われ，フェルマーの最終定理を証明したか，また *Elliptic Tales* の本では，モジュラー形式がどのように 3 次方程式の解に関する魅力的なバーチ–スイナートン・ダイアー予想を表現することができたかを再び見直してみよう．

　本書の中心思想として，「平方の和」の問題を取り上げようと思う．なぜなら，それは非常に歴史が古く，かつその解がモジュラー形式の理論を通してもっともよく理解される最適の問題だからである．少しその問題を説明してみよう．

　整数 n を考えよう．適当な整数 m により $n = m^2$ と表されるとき，n は平方数であるという．たとえば，$64 = 8^2 = 8 \times 8$ であるから，64 は平方数である．しかし，63 は平方数ではない．また $0 = 0^2$ であるから，0 は平方数であり，同様に $1 = 1^2$ であるから，1 も平方数であることに注意しよう．整数の列 $0, 1, 2, \ldots$ から始めて，順番にそれらを平方して，すべての平方数の一覧表をつくることができる．（なぜなら，負の数の平方はその絶対値の平方と同じであるから，非負整数のみ考えればよい．）このようにして，平方数の一覧表を得る．

$$0, 1, 4, 9, 16, 25, 36, 49, 64, 81, 100, \ldots$$

ここで，分かるように，これらの平方数は数が大きくなるにつれてどんどん離れていく．（証明：連続した平方数の間の距離は $(m+1)^2 - m^2 = m^2 + 2m + 1 - m^2 = 2m + 1$ であるから，m が大きくなればなるほどその距離は大きくなる．注意しなければならないのは，この論証はより精密な情報を我々に与えていることである．すなわち，連続した平方数の間の差

の表は，実際増加する順序で正の奇数の表になっていることである．）少し慣用的でない言い方をすれば，非常にペダンティックに，平方数の表は「一つの平方数の和」となっている数の表である，と言うことができる．

　これはより興味深い問題を提起する．すなわち，二つの平方数の和となっている数の表とは何か？　ある境界 N までこのリストを出力させるコンピュータープログラムを作成することもできる．そのコンピュータープログラムは少なくとも二つの異なる方法でその表を生成することができる．最初に，N までそのすべての平方の表をつくる．それから，

> 方法 1　表にある平方数の二つの組みをあらゆる可能な方法で足す．それから，大きくなる順序でその結果を並べる．
>
> 方法 2　0 から N へ行く n に関するループをつくる．各 n に対して，n 以下のすべての平方数のペアを足して，n が得られるかどうかを見る．n になるペアがあれば，その表に n を載せる．そうでなければ，n を載せないで $n+1$ に移る．

　注意：0 を平方数と定義した．ゆえに，任意の平方数は二つの平方数の和でもある．たとえば，$81 = 0^2 + 9^2$ である．また，平方数は再利用することができる．ゆえに，任意の平方数の 2 倍は二つの平方数の和である．たとえば，$162 = 9^2 + 9^2$ である．

　プログラムを実行させるか，手で平方数を加えよ．いずれのやり方でも，次のように始まっている二つの平方数の和の表が得られる．

$$0,\ 1,\ 2,\ 4,\ 5,\ 8,\ 9,\ 10,\ 13,\ \ldots$$

見て分かるように，すべての数がその表にあるわけではなく，与えられた数が二つの平方数の和になるかどうかをどのようにして予測することができるかは，すぐには分からない．たとえば，あなたのコンピュータープログラムを機能させないで 12345678987654321 という数がその表にあるかどうかを知る方法があるだろうか？　今日では，あなたのプログラムは 12345678987654321 まですべての平方数を足すために必要な時間はおそらく 1 秒の何分の 1 しかかからないだろう．しかし，そのコンピューターを遅くするために十分大きな数を容易に書き下すことができる．より重要なことは，この問に対する理

論的な解答が望ましい．そして，その解答の証明が，どの数がその表に載っていて，どの数が載っていないかを洞察する方法をもたらす，ということである．

17世紀に，ピエール・ド・フェルマーはこの問題を提出し[3]，このような表を作成したに違いない．17世紀にコンピューターはなかったので，彼の作成した表はそれほど長くなかったであろう．しかし，彼はどの数が二つの平方数の和であるかに関して，正確な答えを推測することが可能であった．[4] 第2章において，その解答を与え，概略的な方法でその証明を議論しよう．というのは，本書は教科書ではないので，完全な証明を与えるつもりはないからである．より容易に説明することができるようなお話しをするほうを好むからである．もし読者が望むならば，引用文献を参照することもできるし，そこで完全な証明を見ることもできるであろう．

一度でも，読者がこの種の問題に興味をもつことがあれば（数論の研究に多大な衝撃を与えた，フェルマーがそうしたように），その種の問題をたくさん創造することも容易である．どの数が3個の平方数の和になるか？ 4個の平方数の和になるか？ 5個の平方数の和になるか？ これらのパズルの特別な表は停止するだろう．なぜなら，0は平方数であるから，任意の4個の平方数の和は5個，6個，そして平方数の任意の個数の和にもなるからである．そして，実際すべての正の整数は4個の平方数の和であることが分かるからである．

次のような問題も考えることができる．どの数が二つの立方数の和であるか，3個の立方数，4個の立方数，...？ それから，立方数の代わりにより高いベキで置き換えることもできるだろう．

さらに，オイラーがしたように，次のような問題を考えることもできる．任意の数は4個の平方数の和である．幾何的な平方は4個の辺をもつ．すべての数は3個の三角数の和となるか？ 5個の五角数の和となるか？ 等々．コーシーはこの問題が正しいことを証明した．

数学の歴史のなかのある時点で，何か非常に創造的なことが起こる．数学

---

[3] どうやら，もう一人の数学者であるアルベール・ジラールがフェルマーより先にその問題を提出し，その答えを推測した．しかし，フェルマーはその問題を公表した．

[4] フェルマーは別の数学者，マラン・メルセンヌへの手紙の中で，その解答を証明を与えることなしに公表した．最初の出版された証明はレオンハルト・オイラーによって書かれた．

者たちは明らかに難しい問題を出すという一歩を踏み出した．n が 24 個（たとえば）の平方数の和として表されるかどうかというよりは，n は「何通りの方法で」24 個の平方数の和として表されるか？ という問題にした．その方法の数が 0 ならば，n が 24 個の平方数の和ではない．しかし，n が 24 個の平方数の和であるならば，単に肯定/否定の答えよりたくさんの情報を得る．この難しい問題は，ベキの和の難問を超越する美と重要性をもつ強力な道具の発見に導いたことが明らかになった．すなわち，母関数とモジュラー形式の理論における道具である．そして，それは本書が用意しているもう一つのお話しである．

PART ONE

Finite Sums

有 限 和

第 1 章
導　入

　読者が多くのほかの引用文献を絶えず参照することなく本書を楽しむことができるように，本章で本書の全般でしばしば用いる多くの標準的な事実をまとめておこう．初等的な数論になじみのある読者は本章を飛ばすこともできるし，必要なときにそれにもどることもできる．我々は *Fearless Symmetry* (アッシュ–グロス, 2006) においてこれらの話題のほとんどを網羅している．

1. 最大公約数

　a が正の整数で b が任意の整数ならば，長い割り算により，つねに a は b を割ることができ，商の整数 q と余りの整数 r を得る．これは $b = qa + r$ を意味し，余り r はつねに $0 \leq r < a$ をみたしている．たとえば，$a = 3$ と $b = 14$ とすれば，$14 = 4 \cdot 3 + 2$ が成り立つ．このとき，$q = 4$ で $r = 2$ である．読者はそのように考えることに慣れていないかもしれない．しかし，これを $b < 0$ についても実行することができる．$b = -14$ と $a = 3$ とすれば，$-14 = (-5) \cdot 3 + 1$ が成り立つ．このときは，商が $q = -5$ で，余りが $r = 1$ である．注意しなければならないのは，2 で割るときには，余りはつねに 0 か 1 である．さらに，3 で割るときには，その余りは 0 か 1 または 2 である．以下同様に続く．

　長い割り算の結果が $r = 0$ ならば，「b は a で割り切れる」という．この文を記号で $a \mid b$ と書く．もちろん，このような割り算をするとき，a は 0 ではないという必要条件がある．したがって，$a \mid b$ と書いたとき，暗黙のうちに，$a \neq 0$ であることを仮定している．r が零でなければ，「b は a で割り切れない」という．これを記号では $a \nmid b$ と書く．たとえば，$3 \mid 6$，$3 \nmid 14$ であり，$3 \nmid (-14)$ である．注意として，任意の整数 n (0 でもよい) に対して，$1 \mid n$ が成り立つ．また，a が正の整数ならば，$a \mid 0$ が成り立つ．あまりに多くの

例をあげるのをやめて，記号 $2 \mid n$ は n が偶数であることを，そして $2 \nmid n$ は n が奇数であることを意味していることを指摘しておこう．

m と n は二つとも 0 と異なる整数と仮定しよう．このとき，最大公約数を定義することができる．

> **定義** m と n の**最大公約数**とは $d \mid m$ と $d \mid n$ をみたす最大の整数 d のことである．これを記号で，$d = (m, n)$ と書く．m と n の最大公約数が 1 であるとき，m と n は**互いに素**であるという．

m のすべての約数は高々 m（$m > 0$ のとき）か，または $-m$（$m < 0$ のとき）であるから，理論的には m のすべての約数と n のすべての約数の一覧表をつくることができる．このとき，両方の表にある最大の数を取ればよい．数 1 は両方の表に載っていることを知っている．そして，両方の表に任意の大きい数が同時にあるかもしれないし，ないかもしれない．たとえば，$(3, 6) = 3$, $(4, 7) = 1$, $(6, 16) = 2$, $(31, 31) = 31$ などである．しかしながら，$(1234567, 87654321)$ を計算しようとしたとき，この過程は単調で退屈する．m と n の約数のすべてを表にすることをしなくても，最大公約数を計算する**ユークリッドのアルゴリズム**と呼ばれる方法がある．ここでその方法を説明することはしないが，しばしば**ベズーの等式**と呼ばれる一つの結果を述べて，証明してみよう．

> **定理 1.1**：m と n は両方とも 0 でないと仮定し，d を m と n の最大公約数とする．このとき，$d = \lambda m + \mu n$ が成り立つような整数 λ と μ がある．

読者は望むなら，その証明を飛ばしてもよい．なぜなら，我々は λ と μ をどのようにして見つけるかを述べるつもりはなく，それは欲求不満を引き起こしがちな不完全な証明だからである．ユークリッドのアルゴリズムが果たしている役割は，読者に λ と μ をすぐに求めることを教えていることである．

証明：S を次のような非常に複雑な集合とする．そこでの記号 **Z** はすべての整数の集合を表す．

$$S = \{am + bn \mid a, b \in \mathbf{Z}\}.$$

言葉では，S は m のすべての倍数（正，負，そして 0）に n のすべての倍数（同上）を加えた整数の集合である．S は $0 \cdot m + 0 \cdot n$ を含んでいるから，S は 0 を含んでいることが分かる．S は m や $-m$，n，$-n$ を含んでいるから，m と n が正であるか負であるかいずれにせよ，S はある正の整数とある負の整数を含むことが分かる．さらに，S に属している二つの数を加えれば，S に属している数を得る．[1] さらに，もう一つ自明でないことは，s が S に属する任意の数ならば，そのとき s のすべての倍数もまた S に属することである．[2]

さてここで，S に属している最小の正の整数 d を求めよ．（ここで，きわめて繊細な事実を用いている部分がある．すなわち，T がある正の整数を含んでいる任意の整数の集合であるならば，T に属している最小の正の整数である数が存在する．）d は m の倍数と n の倍数の和であることが分かっているので，$d = \lambda m + \mu n$ と書くことができる．このとき，以下の三つの主張を証明しよう．

(1) $d \mid m$．
(2) $d \mid n$．
(3) $c \mid m$ かつ $c \mid n$ ならば，$c \leq d$ である．

これらの主張を証明すれば，d は m と n の最大公約数であると結論することができる．

d によって m を割ってみよう．すると，$m = qd + r$, $0 \leq r < d$ と表すことができることを知っている．この等式を $r = (-q)d + m$ と書き直してみよう．$m = 1 \cdot m + 0 \cdot n$ であるから，m は S の要素であることが分かる．d は S の要素であることが分かっている，ゆえに d のすべての倍数は S の要素である．特に，$(-q)d$ は S の要素である．S の二つの要素を足したとき，つねに S の要素を得ることが分かっている．したがって，r は S の要素であることは確かである．

ところが，r は d より小さい．そして，d は S の最小の正の要素

---

[1] 証明：$(a_1 m + b_1 n) + (a_2 m + b_2 n) = (a_1 + a_2)m + (b_1 + b_2)n$．
[2] $s = a_1 m + b_1 n$ ならば，$ks = (ka_1)m + (kb_1)n$ である．

として選んだ．ゆえに，$r = 0$ であると結論せざるを得ない．これは，とうとう d が m を割り切ることを示している．同様の議論により，d が n を割り切ることも分かる．

さて次に，d は m と n 両方の共通の約数であることを知っている．我々はどのようにして d が m と n 両方を割り切る最大の数であることが分かるのだろうか？ c が m と n 両方を割り切る正の数であると仮定しよう．すると，$m = q_1 c$ と $n = q_2 c$ と書くことができる．d は S の要素であるから，適当な整数 λ と μ によって $d = \lambda m + \mu n$ であることを知っている．代入することにより，$d = c(\lambda q_1 + \mu q_2)$ となる．すなわち，c は d を割り切る，ゆえに c は d より大きいということはあり得ない．したがって，d は m と n の最大公約数であり，前に述べたように $d = \lambda m + \mu n$ が成り立つ． □

注意：本書における多くの定理について，完全な証明を与えることはしない．いま上でしたように，証明を与えるときには，証明の終わりに空洞の箱の記号 □ を置いて締めくくられる．

定理 1.1 の多くの結果の一つは「算術の基本的定理」あるいは「素因数分解の一意性」と呼ばれている．基本的な定義を思い出してみよう．

定義 p が素数であるとは，1 より大きく，かつ 1 と p のほかに正の約数をもたない数のことである．

定理 1.2：n は 1 より大きい整数であると仮定する．このとき，以下のように n を素数の積に分解することができ，しかもそれは唯一通りである．
$$n = p_1^{e_1} p_2^{e_2} \cdots p_k^{e_k}.$$
ただし，各 p_i は，$p_1 < p_2 < \cdots < p_k$ をみたす素数であり，$e_i > 0$ である．

定理の述べ方が詳細である理由は，数を素因数分解する方法はたくさんあるからである．たとえば，$12 = 2 \cdot 2 \cdot 3$，$12 = 2 \cdot 3 \cdot 2$，また $12 = 3 \cdot 2 \cdot 2$ などがある．しかし，積の表現を素数が増大する順序で位置づけるように制限

すれば，これらは実際すべて同じ分解である．

2. 合同式

n は 1 より大きい整数であると仮定する．$n \mid (a - b)$ であるとき，$a \equiv b \pmod{n}$ と書き，言葉で「a は n を法として b に合同である」と読む．数 n はその合同式の**法** (modulus) と呼ばれる．合同式は**同値関係**である．これは固定された n に対して以下の条件をみたすことを意味している．

(C1) $a \equiv a \pmod{n}$．

(C2) $a \equiv b \pmod{n}$ ならば，$b \equiv a \pmod{n}$ である．

(C3) $a \equiv b \pmod{n}$ かつ $b \equiv c \pmod{n}$ ならば，$a \equiv c \pmod{n}$ である．

さらに，合同式は加法や減法，そして乗法と非常に相性がよい．すなわち，次が成り立つ．

(C4) $a \equiv b \pmod{n}$ かつ $c \equiv d \pmod{n}$ ならば，$a + c \equiv b + d \pmod{n}$，$a - c \equiv b - d \pmod{n}$，そして $ac \equiv bd \pmod{n}$ が成り立つ．

簡約律が成り立つためには，余分な条件が必要である．

(C5) $am \equiv bm \pmod{n}$ かつ $(m, n) = 1$ ならば，$a \equiv b \pmod{n}$ が成り立つ．

法 n が素数であるとき，簡約律を適用するのが簡単になる．その場合，(C5) は次のようになる．

(C6) p が素数であると仮定する．$am \equiv bm \pmod{p}$ かつ $m \not\equiv 0 \pmod{p}$ ならば，$a \equiv b \pmod{p}$ が成り立つ．

この最後の事実は非常に役に立つので，合同式の計算において可能な限り素数の法を用いるようにするだろう．

合同式に関してさらにもう一つの役に立つ事実があり，これを定理 1.1 を

用いて証明しよう．

定理 1.3：p をある整数 a を割り切らない素数とする．このとき，$a\mu \equiv 1 \pmod{p}$ をみたす整数 μ がある．

証明：$(a, p) = 1$ であるから，$a\mu + p\nu = 1$ をみたす整数 μ と ν を求めることができる．等式を $a\mu - 1 = (-p\nu)$ と書き換えれば，$p \mid (a\mu - 1)$ であることが分かる．言い換えると，$a\mu \equiv 1 \pmod{p}$ である． □

3. ウィルソンの定理

これらの考えを適用すると，「ウィルソンの定理」と呼ばれるすばらしい結果が得られる．

定理 1.4：p を素数とする．このとき，$(p-1)! \equiv -1 \pmod{p}$ が成り立つ．

p がそれほど大きくなくても，かなり大きい数についての主張をしているということに注意しよう．たとえば，$p = 31$ のとき，ウィルソンの定理によれば $30! \equiv -1 \pmod{31}$ となることを主張している．これは展開すると，

$$265252859812191058636308480000000 \equiv -1 \pmod{31}$$

ということであるが，言い換えると，$265252859812191058636308480000001$ は 31 の倍数であることを意味している．

証明：p を素数とする．$(p-1)! \equiv -1 \pmod{p}$ を証明しよう．

1 から $p-1$ までのすべての正の整数を列挙することから始めよう．

$$1, 2, 3, \ldots, p-1.$$

それらの積は $(p-1)!$ である．x をそれらの数の一つとする．その列挙した表に $xy \equiv 1 \pmod{p}$ をみたす数 y があるだろうか？あるはずです！それはまさに定理 1.3 で証明したことである．μ を

定理 1.3 により得られる整数として，p を法として表にある μ に合同な数を y としてとることができる．

y を p を法とする x の **逆元** という．y が一意的に定まるという理由によって，y は x の逆元という言い方が許される．一意的であるのはなぜだろうか？ その表にあるほかの y' に対して $xy' \equiv 1 \pmod{p}$ と仮定する．このとき，$xy \equiv xy' \pmod{p}$ となる．両辺に y を掛けると $yxy \equiv yxy' \pmod{p}$ を得る．ところが，$yx \equiv 1 \pmod{p}$ であるから，$y \equiv y' \pmod{p}$ を得る．y と y' は両方ともその表にあるから，それらの差は 0 と p の間にあり，ゆえに p によって割り切れない．したがって，x のほかの逆元は存在しない．よって y は唯一つである．

次に，その表の数を，一つの数とその逆元とのペアに組分けをする．複雑化する要因は，ある数のいくつかはそれ自身が逆元になるかもしれないことである！ これはどんなときに起こるだろうか？ さて，x がそれ自身の逆元であるための必要十分条件は，$x^2 \equiv 1 \pmod{p}$ が成り立つことである．言い換えると，$(x-1)(x+1) = x^2 - 1 \equiv 0 \pmod{p}$ である．すなわち，p は $(x-1)(x+1)$ を割り切る．p は素数であるから，このことが起こるのは，p が $(x-1)$ か $(x+1)$ のいづれかを割り切るときである．[3] 以上より，それ自身が逆元である表の数はちょうど 1 と $p-1$ である．

ゆえに，その表を各 i に対して，$a_i b_i \equiv 1 \pmod{p}$ として並べ替えると，次のようになる．[4]

$$1,\ p-1,\ a_1,\ b_1,\ a_2,\ b_2,\ \ldots,\ a_t,\ b_t.$$

p を法として，これらすべてを掛けると，それらの積は p を法として $p-1$ に合同になる．すなわち，$(p-1)! \equiv -1 \pmod{p}$ である．□

---

[3] ここで一意分解性を用いている：p が $(x-1)(x+1)$ の素因数分解の中に現れれば，$x-1$ かまたは $x+1$（あるいは両方）の分解の中に現れるはずである．言い換えると，$(x-1)(x+1) = x^2 - 1 \equiv 0 \pmod{p}$ ならば，$x - 1 \not\equiv 0 \pmod{p}$ と仮定すると，(C6) によって $x + 1 \equiv 0 \pmod{p}$ を得る．

[4] $p = 2$ のとき，表は唯一つの要素 1 からなる．なぜなら，$1 = p - 1$ だからである．

4. 平方剰余と非剰余

いくつかの術語の定義から出発しよう．

> **定義** p を 2 ではない素数とする．整数 a が p で割り切れず，適当な整数 b に対して $a \equiv b^2 \pmod{p}$ が成り立つとき，a は p を法として **平方剰余** であるという．整数 a が p で割り切れず，いかなる数 b に対しても $a \not\equiv b^2 \pmod{p}$ であるとき，a は p を法として **平方非剰余** であるという．

一般的にこの術語は，「平方」という言葉と法とを暗黙のうちに理解されているものとして省略し，「剰余」，そして「非剰余」として短くして用いられる．実際，本節の残りにおいて，スペースの確保のために合同式から「(mod p)」をしばしば省略するだろう．

ある素数 p を選んだ後で，p を法とする剰余の表をつくることは 1 から $p-1$ までの整数を平方することによってなされる．しかし，その課題は実際には半分の長さでよい．なぜかというと，$k^2 \equiv (p-k)^2 \pmod{p}$ であるから，1 から $(p-1)/2$ までの整数を平方すればよいからである．たとえば，31 を法とする剰余は次のようになる．

$$1,\ 4,\ 9,\ 16,\ 25,\ 5,\ 18,\ 2,\ 19,\ 7,\ 28,\ 20,\ 14,\ 10,\ 8.$$

この表は 1 から 15 までの整数を平方して，それから 31 でそれぞれを割り，余りを計算して作成した．非剰余はこの表にない 1 から 31 の間にある数である．

法を 31 とする剰余は 15 個あり，一般に p を法とする剰余は $(p-1)/2$ 個ある．心配している人のために，なぜ我々の表が重複していないかを示す必要がある．$a_1^2 \equiv a_2^2 \pmod{p}$ とすると，p は $a_1^2 - a_2^2$ を割り切る．ゆえに，p は積 $(a_1 - a_2)(a_1 + a_2)$ を割り切る．すると，素因数分解の一意性より，p は $a_1 - a_2$ を割り切るか，または $a_1 + a_2$ を割り切る．ゆえに，$a_1 \equiv a_2 \pmod{p}$ か $a_1 \equiv -a_2 \pmod{p}$ のいずれかが成り立つ．ここで，1 から $(p-1)/2$ までの平方数のみを考えているので，後者の場合は除外される．

二つの剰余を掛けると，別の剰余を得ることが容易に分かる．すなわち，

a_1 と a_2 が剰余ならば，$a_1 \equiv b_1^2 \pmod{p}$ かつ $a_2 \equiv b_2^2 \pmod{p}$ であり，このとき $a_1 a_2 \equiv (b_1 b_2)^2 \pmod{p}$ となる．この主張は通常の整数の通常の平方に関しても正しい．たとえば，$(3^2)(5^2) = 15^2$ である．

一つの剰余と一つの非剰余を掛けると，非剰余を得ることも分かる．なぜか？ a を $a \equiv b^2$ をみたす剰余とし，c を非剰余とする．ac が剰余であると仮定する．すると，$ac \equiv d^2$．仮定によって，a は p の倍数ではないので，b もまた p の倍数ではない．ここで，定理 1.3 を使えば，$\mu b \equiv 1$ をみたす μ が存在する．平方すると，$\mu^2 a \equiv 1$ を得る．一方，合同式 $ac \equiv d^2$ の両辺に μ^2 を掛けると，$\mu^2 ac \equiv \mu^2 d^2$ を得る．しかし，上で $\mu^2 a \equiv 1$ を指摘しておいたので，$c \equiv \mu^2 d^2$ を得る．これは c が剰余であることを意味しているが，これは c が非剰余であるという仮定に矛盾する．したがって，ac は非剰余である．ところで，この主張は通常の整数の平方に関しても正しい：「剰余 × 非剰余 = 非剰余」．

さて，ここまでで「剰余 × 剰余 = 剰余」であり，「剰余 × 非剰余 = 非剰余」であることを示した．もう一つ考察すべき場合があり，それは我々の直感に反するものである：「非剰余 × 非剰余 = 剰余」．これはなぜ正しいのだろうか？ 手がかりとなるのは，1 から $p-1$ までの整数の半分は剰余であり，半分は非剰余であるという事実である．

c をある特別な非剰余と仮定する．1 から $p-1$ までの各整数に c を掛けると，$(c, p) = 1$ であるから，$p-1$ 個の異なる値を得る．ゆえに，異なった順序での 1 から $p-1$ までの数を得るはずである．一つの剰余に c を掛けるごとに，その結果は非剰余でなければならない．それは 1 から $p-1$ までの整数の半分である．ゆえに，非剰余に c を掛けるごとに，残り $(p-1)/2$ の可能性があり，それらのすべては剰余となる！

この一つの例を調べてみよう．31 を法とする剰余の表は 23 や 12 を含んでいないことに注意しよう．したがって，$23 \cdot 12$ は剰余であるに違いないということが分かる．そして，$23 \cdot 12 \equiv 28 \pmod{31}$ であり，確かに 28 は剰余の表にある．

5. ルジャンドル記号

a が p で割り切れないとする．a が p を法とする平方剰余であるとき，記号 $(\frac{a}{p})$ は 1 とし，そうでないとき -1 であると定義する．$(\frac{a}{p})$ を**平方剰余記号**，または**ルジャンドル記号**という．我々は *Fearless Symmetry* (アッシュ-グロス，第 7 章) でそれを調べた．初等的な数論に関するほとんどどんな本によってでも，読者はそれを知ることができるだろう．我々はちょうどいま以下のように，平方剰余記号は非常に美しい乗法的性質をもつことを証明した．

定理 1.5：a と b が p で割り切れない二つの数とするとき，$(\frac{a}{p})(\frac{b}{p}) = (\frac{ab}{p})$ が成り立つ．

言い換えると，二つの平方剰余の積，あるいは二つの平方非剰余の積は平方剰余であり，他方，平方剰余と平方非剰余の積は平方非剰余である．実際これは我々が証明を実行した事柄である．

$(\frac{-1}{p})$ を計算することは簡単であることが分かる．このことは，ガウスの整数環 $\mathbf{Z}[i] = \{a + ib \mid a, b \text{ は整数}\}$ において p がどのように分解されるかという問題に密接に関連している．しかし，本書でこの考えをさらに議論するつもりはない．解答は次の定理である．

定理 1.6：
$$\left(\frac{-1}{p}\right) = \begin{cases} 1, & p \equiv 1 \pmod{4} \\ -1, & p \equiv 3 \pmod{4} \end{cases}$$

証明：次の二つのことを証明しよう．
- $(\frac{-1}{p}) = 1$ ならば，$p \equiv 1 \pmod{4}$ である．
- $p \equiv 1 \pmod{4}$ ならば，$(\frac{-1}{p}) = 1$ である．

少し考えれば，これら二つのことは上で述べた定理と同値であることが分かる．いずれの場合も，主張の証明は，$p \equiv 1 \pmod{4}$ は整数 $(p-1)/2$ が偶数であるという主張と同じであるという事実に依存している．[5]

---

[5] なぜだろうか？ $p \equiv 1 \pmod{4}$ ならば，$p = 4k + 1$ である．ゆえに，$(p-1)/2 = 2k$ となり，これは偶数である．逆に，$(p-1)/2$ が偶数ならば，$(p-1)/2 = 2k$ であり，ゆえに $p = 4k + 1$ である．

最初に $\left(\frac{-1}{p}\right) = 1$ と仮定する．言い換えると，-1 は平方剰余である．平方剰余 × 平方剰余 = 平方剰余であるから，平方剰余のすべての集合をとり，それぞれの平方剰余に -1 を掛けると，平方剰余のすべての集合にもどる（順序は変わるかもしれないがほかの適当な順序で）．

1 と $(p-1)/2$ の間の平方剰余で出発する．これらの平方剰余に -1 を掛けると，その結果はつねに $(p+1)/2$ と $p-1$ の間にあり，その結果もまた平方剰余でなければならない．逆に，$(p+1)/2$ と $p-1$ の間のすべての平方剰余をとり，-1 を掛けると，1 と $(p-1)/2$ の間の平方剰余を得る．

この議論は平方剰余の個数が**偶数**であることを示している．すなわち，それらの半分は 1 と $(p-1)/2$ の間にあり，残りの半分は $(p+1)/2$ と $p-1$ の間にある．ここで，1 と $p-1$ の間の数の半分は平方剰余であり，残りは平方非剰余であることも知っている．ゆえに，平方剰余の個数は $(p-1)/2$ であることが分かる．以上より，$(p-1)/2$ は偶数であり，このことは $p \equiv 1 \pmod 4$ であることを示している．

逆に，$p \equiv 1 \pmod 4$ と仮定する．-1 が平方剰余であることを示したい．ある数 a が平方剰余であることを示すためには，$a \equiv b^2 \pmod p$ をみたす $b \not\equiv 0$ を見つければ十分であるから，$b^2 \equiv -1 \pmod p$ をみたす整数 b を見つけることが必要である．

ウィルソンの定理（定理 1.4）より，$(p-1)! \equiv -1 \pmod p$ であることを知っている．そこで，$(p-1)! \equiv [(\frac{p-1}{2})!]^2 \pmod p$ であることを示そう．これらの括弧は非常に複雑なので数値的な例で説明しておこう．$p = 29$ ならば，$28! \equiv (14!)^2 \pmod{29}$ であることを主張している．これは $304888344611713860501504000000 \equiv (87178291200)^2 \pmod{29}$ と主張しているのと同じである．これはコンピューター，あるいは非常に高価な小型計算機によって確かめることができる．

$(p-1)!$ をとり，具体的に書いてみよう．$(p-1)! = 1 \cdot 2 \cdots\cdots (p-2)(p-1)$．再編成して，書き直してみよう．最初の項と最後の項，次に 2 番目の項と最後から 2 番目の項，等々．

$$(p-1)! = [1 \cdot (p-1)][2 \cdot (p-2)][3 \cdot (p-3)] \cdots [(p-1)/2 \cdot (p+1)/2].$$

各括弧の 2 番目の項は -1 と最初の項の積に合同である．すなわち，$p-1 \equiv -1 \cdot 1 \pmod{p}$, $p-2 \equiv -1 \cdot 2 \pmod{p}$, 等々．ゆえに，次のように書き直すことができる．

$$(p-1)! = [1 \cdot 1](-1)[2 \cdot 2](-1)[3 \cdot 3](-1) \cdots$$
$$\times [(p-1)/2 \cdot (p-1)/2](-1) \pmod{p}.$$

因数 -1 は何個現れるか？ 答えは $(p-1)/2$ である．これは $p \equiv 1 \pmod{4}$ という仮定により偶数である．ゆえに，これら因数 -1 をすべて掛けると 1 になり，それらを省くことができる．したがって，

$$(p-1)! = [1 \cdot 1][2 \cdot 2][3 \cdot 3] \cdots [(p-1)/2 \cdot (p-1)/2] \pmod{p}.$$

さてそこで，もう一度書き換えると次の式を得る．

$$(p-1)! \equiv \left[\left(\frac{p-1}{2}\right)!\right]^2 \pmod{p}.$$

以上より，我々は -1 が単に平方剰余であることだけでなく，$b^2 \equiv -1$ をみたす数を提示することさえできた．$p = 29$ とした数値的例にもどって考えると，まさに $(14!)^2 \equiv -1 \pmod{29}$ であることを証明したのである．再び，この主張は計算機で確かめることができる． □

第 2 章
二つの平方数の和

1. 解答

　ある人に一つの素数を選ばせ，瞬時にその数が二つの平方数の和であるかそうでないかをその人に告げるという数に関する遊びがあるとしよう．読者はこの遊びを楽しんでいる誰かさんを驚かすことができる．（序論の第 2 節で，「二つの平方数の和」を正確に定義した．）たとえば，相手が 97 を選んだとしよう．読者はただちに 97 は二つの平方数の和であると言うことができる．そのとき，相手は平方数の表にある数のペアを加えるという操作をして次のような表をつくることができる．

$$0, 1, 4, 9, 16, 25, 36, 49, 64, 81$$

（ペアは同じ平方数を 2 回含めることを許容する．）そして，相手は実際 97 は 16 足す 81 であることを発見するだろう．もし，相手が 79 を選んだとすれば，読者はすぐに 79 は二つの平方数の和ではないと言うことができるだろう．そして，上の表により実際に読者が正しいことが分かる．この手品の種は何であろうか？

　定理 2.1：奇素数が二つの平方数の和であるための必要十分条件は，それを 4 で割ったとき余りが 1 になることである．

　この定理の証明は本章の後ろのほうで議論しよう．しかし，読者は自分自身で現時点でもその目的を達成することができる．小さい素数と同様に非常に大きい素数に対してもこの問題に答えるのは容易である．なぜなら，10 進法で表された数を 4 で割ったときの余りは，その数の最後の 2 桁にのみ依存しているからである．（証明：ある数を $n = ab\ldots stu$ とする．ここで，$a, b, \ldots, s, t, u$ は 10 進法の各桁数である．このとき，$n = 100(ab\ldots s) + tu$ である．ゆえ

に，$n = 4(25)(ab\ldots s) + tu$ と表されるから，n を 4 で割ったときの余りは tu を 4 で割ったときの余りと同じである．）しかしながら，読者が非常に希有な能力をもたない限り，ちょっと眺めただけで大きな数が素数であるかないかを判定するのは難しい．

　現在，我々にはありがたいことにコンピューターやインターネットがある．たとえば，インターネット上では数秒間の作業で 16561 が素数であることが分かる．61 を 4 で割ると余りは 1 であるから，16561 もまたそうである．したがって，定理 2.1 により，16561 は二つの平方数の和であることが分かる．足して 16561 になる二つの平方数を見つけたいと思うならば，序論で考察したコンピュータープログラムを実行しさえすればよい．このプログラムを実行すると，16561 は $100^2 + 81^2$ に等しいことが分かる．

　ところで，コンピューターがすべての可能性を実行するならば，これが 16561 を二つの平方数の和として表すための唯一つの方法であることを我々に教えてくれるだろう（自明なほかの方法 $16561 = 81^2 + 100^2$ を除いて）．フェルマーは，ある素数が二つの平方数の和であるならば，その表し方は唯一つである（自明な入れ換えを除いて）ことをすでに知っていた．彼は定理 2.1 もまた知っていた．おそらく，彼はこれらの事柄の証明をもっていたと思われる．しかし，最初に公表された証明はオイラーによるものである．

　素数でない数 n について何か述べることができるであろうか？　どんなときに n は二つの平方数の和となるだろうか？　この問題は我々に，どのようにしたら一つの問題をより簡単な，あるいはより基本的な問題に還元することができるか，という良い例を与える．問題をただ眺めるだけでは役に立たない．しかし，以下の公式を用いることによって着手することができる．

$$(x^2 + y^2)(z^2 + w^2) = (xz - yw)^2 + (xw + yz)^2. \tag{2.2}$$

この公式は，変数 x や，y, z, w に対して，読者が選ぶどんな数を代入しても成り立つ．両辺を掛け算して，少し代数計算を実行すれば上の公式を確かめることができる．

　　余談：この公式はどこから生じたか？　我々がこの公式を書き下した後，読者は容易に両辺を掛け算して，その等式が成り立つことを

確かめることができる．しかし，誰がどのようにして最初にこのような公式を発見したのか？　一つの方法はいろいろな代数計算をしてみたらどうだろう．また，もう一つの方法は次のように実験的に試してみるのもいいかもしれない．二つの平方数の和のペアをたくさん掛けて，なぜ，そして，どのようにしたらその積がまた二つの平方数の和になるのかに注意する．

　第三の方法は複素数を用いるものである．それらは本書のこの部分を読むために必ずしも必要ではないが，もし読者がたまたまそれらについて知ることがあれば，読者はその公式を導くことができる．

　二つの複素数の積に対する公式を考える：$(x+iy)(z+iw) = (xz-yw)+i(xw+yz)$．そして，この両辺のノルムをとり，任意の複素数 a と b に対して $|ab|=|a||b|$ が成り立つという事実を用いる．

　複素数体 $\mathbf{C}$ は「実数体 $\mathbf{R}$ 上 2 次元である」ことに注意しよう．このことは任意の複素数は二つの独立な実数からつくられることを意味している．たとえば，$2+3i$ は 2 と 3 からつくられるように．そしてこの「**2**」次元は我々が考えている問題，「二つ」の平方数の和，のなかにある「二」と同じである．すばらしく強力な複素数が，「二つ」の平方数の和を考察するために用いることができるのは偶然の一致ではない．三つの平方数の和を考察しようとするとき，次章において起こることと比較せよ．

　等式 (2.2) より，A と B がそれぞれ二つの平方数の和であるならば，それらの積もまたそうであることが分かる．またそれは，別々に A と B に対するデータを知っているとき，加えて AB になる二つの平方数を見出す方法をさえ教えている．たとえば，$97 = 4^2 + 9^2$ であることが分かる．$101 = 1^2 + 10^2$ であることは容易に分かる．ゆえに，$97 \cdot 101 = (4 \cdot 1 - 9 \cdot 10)^2 + (4 \cdot 10 + 9 \cdot 1)^2$，すなわち，$9797 = 86^2 + 49^2$ であると結論することができる．次のことを確認せよ．$86^2 = 7396$，$49^2 = 2401$ と $7396 + 2401 = 9797$．このようにして，かなり小さい数に関する事実をもっと驚くほど大きな数の事実に拡張したのである．

　我々の定理 2.1 によれば，奇素数が二つの平方数の和であるための必要十

分条件は，その数を4で割ったとき余りが1になることである．ここで，奇素数の二つの種類に一時的に名前を付けよう．ある素数が4で割ったとき余りが1になるとき，それを「I 型素数」と呼ぶ．ある素数が4で割ったとき余りが3になるとき，それを「III 型素数」と呼ぶ．（この術語は標準的ではなく，本章の後ではそれを再び使うことはない．）2は二つの平方数の和 $2 = 1 + 1$ であることに注意しよう．また，任意の平方数 s はそれ自身二つの平方数の和である．すなわち，$s = 0 + s$ である．

さて，正の整数 n が与えられていると仮定する．それを素因数分解する．

$$n = 2^a 3^b 5^c \cdots p^t.$$

ここで，指数 $a, b, c, \ldots, t$ は非負整数であり，0でもよい．

2のすべての正の因数は二つの平方数の和である．n の素因数分解に現れるすべての I 型素数もまた二つの平方数の和である．n の素因数分解に現れるすべての III 型素数は偶数の指数をもつと仮定する．このとき，n は二つの平方数の和となる．

この主張はなぜ真であるのか？ 例によって説明するのは簡単である．

$$n = 2 \cdot 3^4 \cdot 5^3.$$

これは次のように書くことができる．

$$n = 2 \cdot 9 \cdot 9 \cdot 5 \cdot 5 \cdot 5.$$

いま，2と9はそれぞれ二つの平方数の和である（$2 = 1^2 + 1^2$ であり，$9 = 3^2 + 0^2$）．ゆえに，公式 (2.2) により，それらの積 $2 \cdot 9$ についても真である．次に，$2 \cdot 9$ と9はそれぞれ二つの平方数の和であるから，再び公式 (2.2) により，積 $2 \cdot 9 \cdot 9$ についても真である．

途中を楽しく続けよう．5は二つの平方数の和であるから，$2 \cdot 9 \cdot 9 \cdot 5$ もまた二つの平方数の和であると結論することができる．このとき，$2 \cdot 9 \cdot 9 \cdot 5 \cdot 5$ についても，そして最終的に $2 \cdot 9 \cdot 9 \cdot 5 \cdot 5 \cdot 5$ について同じ結論を得ることができる．一度に一つづつ進まなければならないことが分かるだろう．「数学的帰納法」を用いてこれを自動化することができる——証明において帰納法の使い方の説明については第5章を参照せよ．（ところで，読者はこの例をどこ

までも徹底して調べたいと思うかもしれない．n が 20250 であるとしよう．20250 を二つの平方数の和として表す方法を求めるために，プログラムを実行せよ．または，より骨の折れることではあるが，20250 を二つの平方数の和としての表し方を求めるために，$2 = 1^2 + 1^2$ や $9 = 0^2 + 3^2$，$5 = 1^2 + 2^2$ を入力して我々の公式を繰り返し用いよ．）

いま，次の定理を述べることができる．ある正の整数は，その数の素因数分解に現れるすべての III 型素数が偶数ベキをもつならば，二つの平方数の和である．偶数ベキに引き上げられた III 型素数（実際，任意の整数）は平方数であることに注意しよう：$a^{2k} = (a^k)^2$．

これはほんの暫定的なものである．なぜなら，我々は「必要かつ十分」である叙述を好むからである．実際，上で述べた命題は必要十分であろうか？一方，定理 2.1 において，鍵となる性質は 4 で割ったときの余りの数である．次のことは一般に真であるかもしれない．すなわち，ある数を 4 で割ったときの余りの数が 1 ならば，その数は二つの平方数の和となるだろう，それが奇数ベキである III 型素数をもったとしても．

一つの実験をしてみよう．数 $21 = 3 \cdot 7$ は二つの III 型素数の積であり，それぞれは奇数の指数をもつ．しかし，21 は 4 で割ったときの余りの数が 1 である．もしかして，21 は二つの平方数の和となるのだろうか？ 試行錯誤の結果，21 を 4 で割ったときの余りの数が 1 であっても，21 は二つの平方数の和では「ない」ことが分かる．さらにいくつかの実験をした後に，「必要十分である」ことは適切であるという推測に導かれる．実際，次のように述べることができる．

定理 2.3：正の整数 n が二つの平方数の和であるための必要十分条件は，n の素因数分解に現れるすべての III 型素数の指数が偶数になることである．

定理 2.1 と定理 2.3 の証明を本章の後半において議論しよう．

2. 証拠はプディングの中にはない[1]

「プディング」は実践的な経験を表している．我々の場合には，これは数の一覧表をつくり，それらを素因数分解し，それらが二つの平方数の和になるかどうかを調べる，というコンピュータープログラムを書くこと，あるいは手で計算することを意味している．我々は 10 億回の実験をすることもできるし，そうして，定理 2.1 と定理 2.3 が真であることを確信することになる．数学者はこのような実験をすることに興味をもち，しばしばそれらを実行する．しかし，数学者はこのような実験結果を決定的なものとしては受け入れない．

数論において，10 億個の例については真であるが，おそらく偽であることが判明した叙述の有名な例がある．もっとも有名なものの一つは I 型素数と III 型素数の間の個数の競走に関するものである．n を任意の数としよう．n より小さい I 型素数の個数と n より小さい III 型素数の個数を数える．少なくとも n が 10 億より小さいときには，つねに III 型素数のほうが多いように思われる．しかし，最後に I 型素数は少なくても一時的にリードするだろう．このあざやかな調査と，「小さい」数に対して真であるが，しかしつねに真ではないというほかの多くの叙述に関する例についてはガイ (Guy, 1988) を参照せよ．

このことが定理 2.1 と定理 2.3 の証明を知る必要がある理由である．その詳細はかなり複雑である．最初にその論証のもっとも興味ある部分を議論し，その詳細の残りを第 4 節で議論しよう．

最初に，定理 2.1 と定理 2.3 が主張している内容の「必要条件である部分」を証明しよう．言い換えると，次のことを証明したい．

n を正の整数とする．n の素因数分解に現れる奇数の指数をもつ III 型素数が少なくとも一つあれば，n は二つの平方数の和ではない．

たとえば，n 自身が奇素数であるとき，その仮定は n 自身が III 型素数で

---

[1] 訳注：第 2 節の原題は "The Proof is Not in the Pudding" である．これは，英語のことわざである "The proof of pudding is in the eating"「プディングの味は食べてみることだ」（すなわち，日本でいうところの「ものは試し」「論より証拠」であり，理論や理屈より実践と体験を重視せよということである）をもじったタイトルであった．

あることを意味しており，これは上の主張が定理 2.1 の主張の必要条件である部分になる．

　全体の主張の完全な証明を与えるよりは，以下のことを証明することによってその主要な考え方を説明しよう．

　　(1) n は二つの平方数の和であり，
　　　　かつ
　　(2) q を n を割り切る III 型素数とする．
　　　　このとき，
　　(3) n の素因数分解における q の指数は少なくとも 2 となる．

言い換えると，q^2 は n を割り切る．

　この証明に用いられるアイデアは，n を n/q^2 で置き換え，数学的帰納法を用いて，さらに n の素因数分解に現れる q の指数は偶数であるということを示すために用いられる．

　(1) と (2) を仮定する．このとき，$n = a^2 + b^2 \equiv 0 \pmod{q}$ という性質をもつ整数 a と b が存在する．q が a と b の両方を割り切るならば，q^2 は a^2 と b^2 の両方を割り切る．ゆえに，q^2 はそれらの和 n を割り切る．その場合，(3) は真である．それゆえ，q が a と b の両方を割り切ることを示そう．同じことであるが，q が a または b の一つを割り切らないことを仮定して，矛盾を導く．（これは「背理法」による証明である．）

　二つの数のどちらを a と呼び，どちらを b と呼ぶかは重要ではない．ゆえに，q が b を割り切らないと仮定してもよい．これは q と b が互いに素であることを意味している．定理 1.3 を適用すると，$\lambda b \equiv 1 \pmod{q}$ をみたす整数 λ が得られる．この合同式を自分自身に辺々掛けると，次の重要な暫定的事実が得られる．

$$\lambda^2 b^2 \equiv 1 \pmod{q}. \tag{2.4}$$

合同式 $a^2 + b^2 \equiv 0 \pmod{q}$ の両辺に λ^2 を掛けて (2.4) を使う．すると，$q \nmid b$ という同じ仮定のもとで，もう一つの事実を導き出すことができる．すなわち，

$$\lambda^2 a^2 + 1 \equiv 0 \pmod{q}.$$

いま λa はある整数で，簡単のため，$\lambda a = c$ とする．

これまでの我々の考察を要約すると次のようである．すなわち，(1) と (2) を仮定すると，$c^2 \equiv -1 \pmod{q}$ をみたす整数 c が存在する．ところがいま，定理 1.6 より，$q \equiv 1 \pmod 4$ である．言い換えると，**q は I 型素数であり，III 型素数ではない**．これは仮定 (2) に矛盾するので，証明は完成する．

以上の推論はかなり複雑である．この自己矛盾はいわば忍び寄ってくるような種類のものである．この証明のより概念的な方法は少し群論を必要とする．そして我々は第 III 部までは群論のどんな知識も仮定したくない．

3. 定理 2.1 と定理 2.3 の十分条件である部分の証明

本章の第 1 節で，定理 2.1 の十分性を主張している部分は，定理 2.3 の十分性を主張している部分を意味していることをすでに見た．ゆえに，I 型素数を二つの平方数の和として表せるかどうかだけを考えればよい．

p を I 型素数と仮定しよう．我々はどのようにして，素数 p が二つの平方数の和として表されることを証明することができるだろうか？ これまでの考察を手がかりとして，$a^2 + b^2 = p$ ならば $a^2 + b^2 \equiv 0 \pmod{p}$ であることに注意する．前と同様に λ をとり議論すると，-1 は p を法として平方となる．最初のやるべき仕事はこれを逆転させることである．定理 1.6 より，次のことが分かる．p が 4 で割ったとき余りが 1 である素数ならば，$c^2 \equiv -1 \pmod{p}$ という性質をもつ整数 c が存在する．

もちろん，まだ終わってはいない．これまでに示したことは，p が I 型素数ならば $c^2 \equiv -1 \pmod{p}$ をみたす整数 c が存在するということだけである．これから後の証明の残りをスケッチしてみよう．

最初に，その合同式より $c^2 + 1^2 \equiv pd$ をみたす正の整数 d があることが分かる．ゆえに，少なくとも p のある倍数は二つの平方数の和である．オイラーは次のような「降下法」を用いて証明した．$d > 1$ として dp が二つの平方数の和であるときに，$d' < d$ をみたす整数 d' があって $d'p$ もまた二つの平方数の和であることを代数的に示した．d が 1 になるまでこれを続ける．その議論を次の節で説明しよう．

4. 証明の詳細

本節における証明は標準的なものである．我々はダベンポートの解説に従う (Davenport, 2008)．この本は初等整数論の最初の教科書として大いに推薦できる．

与えられていること：$c^2 + 1^2 = pd$ をみたす正の整数 c と d が存在する．

証明すること：$a^2 + b^2 = p$ をみたす正の整数 a と b が存在する．

証明：最初に，任意の整数 k に対して $C = c - kp$ とおけば，$C \equiv c \pmod{p}$ であることに注意しよう．ゆえに，

$$C^2 + 1 \equiv c^2 + 1 \equiv 0 \pmod{p}.$$

k を適当に選べば，$|C| < p/2$ とすることができる．（これを「c を p で割り，余り C を求める」という，C が負であることを許容する場合を除いて．）C が負の数であるとき，それをその絶対値で置き換える．なぜなら，考えているのは $C^2 + 1 \equiv 0 \pmod{p}$ という場合だけだからである．以上より，与えられたことから次のことを導き出せる．

ある正の整数 C と d が存在して，$C < p/2$ かつ $C^2 + 1^2 = pd$ をみたす．

この場合，d はあまり大きくないことが分かる．実際，$pd = C^2 + 1 < (p/2)^2 + 1 = p^2/4 + 1$ であり，これは $d < p$ であることを意味している．もし，$d = 1$ ならば，p は二つの平方数の和として表されることになり，証明は終わる．ゆえに，$d > 1$ と仮定する．

次の命題で降下法を始める．

以下の式をみたす正の整数 x, y と d が存在する．

$$1 < d < p \quad \text{かつ} \quad x^2 + y^2 = pd. \tag{2.5}$$

(2.5) を仮定して，$D < d$ かつ $X^2 + Y^2 = pD$ をみたす正の整数 X, Y と D が存在することを証明しよう．これを示すことに成功したとき，この含意を新しい D が $D = 1$ になるまで繰り返すことが

できる．したがって，上記に掲げた「証明すること」という命題が証明されたことになる．

ここでの巧みな部分は d を法とする合同式を用いることである．(2.5) より，$x^2 + y^2 \equiv 0 \pmod{d}$ であることを知っている．ここで我々の推論において，どのようにして d と p の役割が交換されるのか不思議なことである．x を d を法として x に合同な任意の数 u に置き換え，y を d を法として y に合同な任意の数 v に置き換えてもこの合同式は成り立つ．このとき，u と v を $0 \leq u, v \leq d/2$ をみたすように選ぶことが可能である．（前に c と C に対して行ったことと比較せよ．）u と v はともに 0 であることはできないことに注意せよ．なぜなら，u と v がともに 0 であるとすると，d が x と y を両方とも割り切ることを意味している．そしてそれはまた，d^2 が $x^2 + y^2 = pd$ を割り切ることを意味することになる．ところが，p は $d < p$ をみたす素数であるから，これは不可能である．

適当な正の整数 e と $u, v \leq d/2$ をみたす数 u, v に対して $u^2 + v^2 = ed$ が成り立つ．e はどのぐらい大きいだろうか？ ここで，$ed = u^2 + v^2 \leq (d/2)^2 + (d/2)^2 = d^2/2$ であるから，$e \leq d/2$ となる．特に，$e < d$ である．すると，e は新しい D になることが判明するので，よい状態になるだろう．

さてここで (2.2) を用いる．我々は $x^2 + y^2 = pd$ と $u^2 + v^2 = ed$ が成り立つことを知っている．両辺を掛け算すると

$$A^2 + B^2 = (x^2 + y^2)(u^2 + v^2) = ped^2.$$

ただし，$A = xu + yv$ と $B = xv - yu$ である．しかし，ここで A と B を d を法として考えよう．すると，$A = xu + yv \equiv xx + yy = x^2 + y^2 = pd \equiv 0 \pmod{d}$ かつ $B = xv - yu \equiv xy - yx = 0 \equiv 0 \pmod{d}$ を得る．これは重要な結果である．なぜかというと，上で得られた式を d^2 で割ると以下の等式が得られるからである．

$$(A/d)^2 + (B/d)^2 = pe.$$

以上により，$X = \frac{A}{d}, Y = \frac{B}{d}, D = e$ とすれば，我々は最終目的を

成し遂げたことになる.   □

これは非常に整然とした証明である．読者は，その証明が積 $(x^2+y^2)(z^2+w^2)$ に対する同一性を考慮に入れていることを理解するだろう．この積には正確に二つの項があり，それぞれの項は正確に二つの平方数の和であり，一つの平方数は指数が「**2**」に持ち上げられている数である．この「**2**」の繰り返しがすべてを機能させている．たとえば，3 個の平方数の和，あるいは 2 個の立方数の和としてこれを実行してみれば，それはうまくいかない，少なくともこのような方法ではうまくいかない．次章において，3 個の平方数の和について軽くふれる．2 個の立方数を扱う技法は非常に異なり，本書の範囲を超えている．

第3章
3個と4個の平方数の和

1. 3個の平方数

どの数が3個の平方数の和になるか, という問題に答えるのは非常に難しい.

定理 3.1：任意の正の整数 n が3個の平方数の和となるための必要十分条件は, n が4のベキと $8k+7$ という形の数の積に等しくないことである.

$8k+7$ という形の数が3個の平方数の和として表すことができないことは容易に分かる. $n = 8k+7$ とすれば, $n \equiv 7 \pmod{8}$ である. しかし, 少し平方してみればすべての平方数は8を法として $0, 1$ または 4 に等しいことが分かる. ゆえに, 3個の平方数を足して $7 \pmod{8}$ になることはないので, それらを加えて n になることはあり得ない. 定理全体を証明することは実に難しいし, その証明はダベンポート (2008) やハーディ-ライト (Hardy and Wright, 2008) のような初等的な教科書には与えられていない.

なぜ3個の平方数の場合は, 2個や4個の平方数の場合よりはるかに難しいのだろうか？ 一つの答えは, 公式 (2.2) で見たように, 2個の平方数の和のペアの積はそれ自身2個の平方数の和となるからである. 4個の平方数の和のペアに対するもう一つの同様な公式がある. 本章の後半でこの公式を与える. 実際, $3 = 1^2 + 1^2 + 1^2$ と $5 = 0^2 + 1^2 + 2^2$ はそれぞれ3個の平方数の和の一組であるが, $15 = 8 \cdot 1 + 7$ はそうではない.

さらに, 読者は「なぜ」そのような公式がないのかと疑問をもつかもしれない. 実際, ある難しい定理は, このような公式は2個, 4個そして8個の整数平方に対してしか存在しない, と述べている.

後で, 一般の b に対して「何通りの方法で n は b 個の平方数の和として表されるか」ということを議論するとき, 再び b が偶数であるときと b が奇数

であるときの間の違いは著しいものとなるだろう．また，奇数 b の場合は非常に難しいので，さらに何かの考察をすることはせず単に述べるだけにするであろう．平方数の偶数個と奇数個の間の差異に対する分析的な理由を与えることができると思う．しかし，何らかの初等的な解説であるようには見えないかもしれない．

2. 幕間

4 個の平方数に進む前に，いくつか注意をしたい．最初に，$8k + 7$ が 3 個の平方数の和ではないという我々の証明は 4 個の平方数ではうまく機能しない．$1 + 1 + 1 + 4$ と加えることによって，$7 \pmod{8}$ を得ることができる．それゆえ，そのことがすべての数は 4 個の平方数の和であるということに対するヒントである．実際，以下のことが成り立つ．

定理 3.2：すべての正の数は 4 個の平方数の和である．

二番目に，以下の公式を提示する．

$$(a^2 + b^2 + c^2 + d^2)(A^2 + B^2 + C^2 + D^2)$$
$$= (aA + bB + cC + dD)^2 + (aB - bA + cD - dC)^2$$
$$+ (aC - cA + dB - bD)^2 + (aD - dA + bC - cB)^2. \quad (3.3)$$

腕力で (3.3) を検証することができる．単に両辺をそれぞれ計算して展開すればよい．もし読者が 4 元数について知っていれば，この公式は 4 元数の積のノルムはそれぞれのノルムの積であるという事実を表現していることが理解されるだろう．したがって (3.3) から，定理 3.2 を証明するためには，すべての素数が 4 個の平方数の和であることを示せばよいことが分かる．

3. 4 個の平方数

次に，最初はラグランジュにより発見された 4 平方数定理（定理 3.2）の証明を議論しよう．公式 (3.3) によって，任意の素数 p が 4 個の平方数であることを示すことができれば十分である．ゆえに，p を素数とする．

$p = 2$ ならば，$2 = 0^2 + 0^2 + 1^2 + 1^2$ であるから，準備はできている．次

に，p が奇数であると仮定しよう．p が4で割ったとき余りが1であるならば，証明は終わる．なぜなら，そのとき，p は2個の平方数の和であることを知っているから，あとは単に $0^2 + 0^2$ を加えればよい．

さて，p は4で割ったとき余りが3であると仮定してもよい．そして手際よく試してみよう．p から以下の性質をもつより小さい素数 q を引いてみよう．

(1) q は4で割ったとき余りが1である．ゆえに，それは2個の平方数の和である．

(2) $p - q$ もまた2個の平方数の和である．（第2章より，これは $p - q$ のすべてのIII型素因数は，$p - q$ の素因数分解において偶数指数をもって現れることを意味している．）

より一般的に言えば，q としてそれ自身2個の平方数の和である任意の数をとることができたとしよう．

そうだとして，それではあまりに巧妙すぎる．うまくいくようには思えない．ある数から別の数を引くことは，通常その差の素因数を簡単な方法で見つけ出す方向に導かないからである．

再び，試してみよう．p はなお4で割ったとき余りが3である奇素数と仮定している．何をなすべきかというアイデアを得るために，p は4個の平方数の和であると仮定する．$p = a^2 + b^2 + c^2 + d^2$ としよう．明らかに，a や b, c, d のすべてが0であることはない．（「一目見て分かる」ことは明らかである．）しかし，それらは明らかにすべて同じく p より小さい．そこで，a は $0 < a < p$ をみたすと仮定してよい．そのとき，a は p を法とする逆元 w をもつ．前の章で行ったように，合同式 $0 \equiv a^2 + b^2 + c^2 + d^2 \pmod{p}$ に w^2 を掛けて，両辺から -1 を引くことができる．すると，p が4個の平方数の和であるならば，-1 は p を法として3個の平方数の和である，という事実を得る．

2個の平方数についての我々の経験は，-1 は p を法とする1個の平方数の和であることを示すことが，一歩を踏み出すための良い方法であったことを教えている．ここで，そのうえ，-1 が p を法として3個の平方数の和であることは p が4個の平方数の和であるための必要条件であるから，そのことを証明することによって一歩を踏み出す試みをして，それから降下法の議論を

用いて証明を完成させたい．

補題 3.4： 奇素数 p は 4 で割ったとき余りが 3 ならば，-1 が p を法として 3 個の平方数の和である．

証明： 実際，-1 が p を法として **2** 個の平方数の和であることを示すことができる．1 は平方数（すなわち，平方剰余）であり，$p-1$（すなわち，-1）は p を法として非剰余であることを知っている．したがって，1 から出発して上へ数えていけば，ある整数 n は平方剰余でかつ $n+1$ は非剰余である時点が存在しなければならない．それゆえ，$n \equiv x^2 \pmod{p}$ と表すことができ，x^2+1 は平方非剰余であることが分かる．

第 1 章，第 4 節で，「平方非剰余 × 平方非剰余 = 平方剰余」であることを見た．したがって，$(-1)(x^2+1)$ は平方剰余である．$-(x^2+1) \equiv y^2 \pmod{p}$ と表せば，そのとき $-1 \equiv x^2+y^2 \pmod{p}$ が成り立つことが分かる． □

補題 3.4 を用いて，$-1 \equiv a^2+b^2+c^2 \pmod{p}$ と表すことができる．したがって，適当な a や b, c, d（ここで，実際 $d=1$）によって $0 \equiv a^2+b^2+c^2+d^2 \pmod{p}$ が成り立つ．このとき，ある整数 $m>0$ が存在して $a^2+b^2+c^2+d^2 = pm$ と表される．a や b, c, d を $-p/2$ と $p/2$ の間にとれば，m は p より小さいことが確保できる．

このとき，代数的に少し複雑ではあるが第 2 章で実行した降下法のような議論を構成することができる．すなわち，等式 $a^2+b^2+c^2+d^2 = pm$ から，pM を 4 個の平方数の和として与える新しい等式を導き出すことができる．ただし，正の数 M は厳密に m より小さい（$M < m$）．鍵となる考え方は第 2 章，第 4 節で実行した方法に類似している．今回は (3.3) を用いており，そしてまた m^2 で割っている．

4. 4 より大きい個数の平方数の和

4 より大きい個数の平方数の和を考察することについては何も言えないように思われる．そして，n が 4 個の平方数の和であるならば，このことは任

意の正の整数 n に対して成り立つが，そのとき n は 24 個の平方数の和でもある．これはただ 0^2 の束を加えればよい．しかし，ここでさらに非常に興味ある問題を問うことができる．これは 2 個，3 個，あるいは 4 個の平方数の和にも適用できる．すなわち，

　　正の整数 k と n が与えられたとき，**何通りの方法**で n を k 個の平方
　　数の和として表すことができるのか？

第 10 章，第 2 節において，どのようにしてその異なった方法を数えるのか，そして，この問題が母関数とモジュラー形式の理論へとどのようにして我々を導いていくのかを正確に説明しよう．

第 4 章
高次のベキの和：ウェアリングの問題

1. $g(k)$ と $G(k)$

すべての正の整数は 4 個の平方数の和であることを学んだ．ただし，0 を一つの平方数として数えている．多くの一般化が考察された．もちろん，もっとも興味あるものの一つが 1770 年におけるエドワード・ウェアリングの主張，すべての数は 4 個の平方数の和，9 個の立方数の和，19 個の 4 乗ベキの和である，等々，から導き出される．ウェアリングの主張のもっとも興味ある部分は「等々」というところである．それは次のことを意味している．正の整数 k を選ぶと，ある整数 N が存在してすべての正の整数は N 個の非負整数の k 乗ベキの和である．ウェアリングが内心に証明をもっていたとはありそうもないことであり，その最初の証明は 1909 年にヒルベルトによって公表された．

記号 $g(k)$ は，慣例ですべての正の整数が N 個の非負の k 乗ベキの和であるという性質をみたす最小の整数 N を表す．（この章では，不必要な繰り返しを避けるために k 乗ベキについて言及するとき，非負整数の k 乗ベキを意味することにする．）この術語では，等式 $g(2) = 4$ は同時に以下のことを意味している：

- すべての整数は 4 個の平方数の和である．
- 3 個の平方数の和で表されない整数が存在する．

我々は前章においてこれらの主張の前者を証明する方法を示した．後者の主張は，試行錯誤によって 7 が 3 個の平方数の和として表すことはできないことを実証することの結果として従う．

ウェアリングの主張は最初に $g(3) \leq 9$ と $g(4) \leq 19$ であり，次にすべての正の整数 k に対して $g(k)$ は有限である，というものである．整数 23 は 8 個

の立方数の和として表すことができないことを検証するのは難しくない．一方，$23 = 2 \cdot 2^3 + 7 \cdot 1^3$ であるから，23 は 9 個の立方数の和である．同様に，$79 = 4 \cdot 2^4 + 15 \cdot 1^4$ であり，再び試行錯誤により 79 は 18 個の 4 乗ベキの和ではないことが分かる．ウェアリングはもちろんこれらの計算に気がついていた．ゆえに，彼の最初の主張は実際 $g(3) = 9$ と $g(4) = 19$ である．

さらに興味あることは，$g(k)$ に関して平方数の和については真でないが，立方数とより高次のベキの和について真であるということである．最初に，立方数について考えよう．

23 は 9 個の立方数の和であり，それ以下の立方数では表されないことを見た．もう少し計算してみると，$239 = 2 \cdot 4^3 + 4 \cdot 3^3 + 3 \cdot 1^3$ であり，再び 239 は 9 個より少ない個数の和として表されないことが分かる．しかしながら，これら二つの数だけが 8 個の立方数の和として表されない数であることを証明することができる．

この状況において，数学者たちは 23 と 239 に関するこれらの事実を数量的に風変わりなものとして扱うことを決めた：これら二つの数を 8 個の立方数の和として表すために利用できるほど十分に立方数がない．しかしながら，他のすべての数は 8 個の立方数の和として表すことができる．この主張は専門家によって，すべての数は 9 個の立方数の和であるという主張より，深く興味あるものとして考えられている．これもまた証明することはかなり難しい．そこで，すべての十分大きな整数が N 個の非負の k 乗ベキの和として表されるという性質をみたす，最小の整数 N を表すために記号 $G(k)$ が用いられる．

平方数の場合には，$g(2) = 4$ であることだけでなく，$G(2) = 4$ であることも知っている．なぜか？ 7 は 3 個の平方数の和として表すことはできないことを注意したが，それ以上のことを証明するのは容易である．これはすでに第 3 章において異なった形で述べられているが，非常に短い議論を繰り返しておこう．

定理 4.1：$n \equiv 7 \pmod{8}$ ならば，n は 3 個の平方数の和ではない．

証明：整数 $1, 2, \ldots, 7$ を平方すると，a が任意の整数ならば，$a^2 \equiv 0, 1$ または $4 \pmod{8}$ であることが分かる．$n = a^2 + b^2 + c^2$ と仮定す

る．すると，$n \equiv a^2 + b^2 + c^2 \pmod{8}$ であり，試行錯誤により $n \not\equiv 7 \pmod{8}$ であることが分かる． □

我々の立方数の和に関する以前の主張は $G(3) \leq 8$ であった．実際，少しコンピュータープログラムの助けを借りれば，10^6 より小さいすべての正の整数の立方数の和を教えてくれるが，8個の零でない立方数の和として表されるのは非常に少ない．そして，それらの中でもっとも大きい数が454である．別の言い方をすれば，455と 10^6 の間にあるすべての整数は7より大きい個数の立方数の和として表されない．ゆえに，$G(3) \leq 7$ と推測したくなる誘惑に駆られる．この不等式は証明できるし，部分的な結果の初等的な証明がボクラン–エルキーズ (Boklan and Elkies, 2009) にある．しかしながら，$G(3)$ の正確な値は知られていない．

けれども，定理 4.1 と同様な方法で推論すれば，$G(3) \geq 4$ を示すことは容易である．

定理 4.2：$n \equiv \pm 4 \pmod{9}$ ならば，n は3個の立方数の和ではない．

証明：a が任意の整数ならば，数 $0, 1, \ldots, 8$ を3乗して，$a^3 \equiv 0, 1$ または $-1 \pmod{9}$ であることが分かる．したがって，$n = a^3 + b^3 + c^3$ ならば，$n \not\equiv \pm 4 \pmod{9}$ を得る． □

したがって，$4 \leq G(3) \leq 7$ であることが知られている．コンピューターの実験により，10^9 より小さい整数で比較的少ない数が6個の立方数の和として表されないことが分かるが，これは $G(3) \leq 6$ であることを示唆している．ある専門家たちは大胆にも数値的な証拠に基づいて $G(3) = 4$ であると予想している．

2. 4乗ベキの和

4乗ベキは2乗ベキの2乗であるから，$g(4)$ が有限であることの初等的な証明を与えることができる．我々はハーディ–ライト (2008) における議論に従う．

定理 4.3：$g(4)$ は高々 53 である．

証明：単調で退屈な検証より以下の代数的恒等式が得られる．

$$6(a^2+b^2+c^2+d^2)^2 = (a+b)^4 + (a-b)^4 + (c+d)^4 + (c-d)^4$$
$$+ (a+c)^4 + (a-c)^4 + (b+d)^4 + (b-d)^4$$
$$+ (a+d)^4 + (a-d)^4 + (b+c)^4 + (b-c)^4.$$

したがって，$6(a^2+b^2+c^2+d^2)^2$ という形の整数は 12 個の 4 乗ベキの和として表される．任意の整数 m は $a^2+b^2+c^2+d^2$ という形に表されるから，$6m^2$ の形の任意の整数は 12 個の 4 乗ベキの和であることが分かる．

いま，任意の整数 n は $6q+r$ という形に表される．ただし，r は $0, 1, 2, 3, 4$ または 5 である．整数 q は $m_1^2+m_2^2+m_3^2+m_4^2$ と表される．ゆえに，$6q$ は 48 個の 4 乗ベキの和である．余り r が可能であるもっとも大きな値は 5 である．そして，$5 = 1^4+1^4+1^4+1^4+1^4$ であるから，求める結果はこれから得られる． □

4 乗ベキに対しても定理 4.1 と同様な結果が得られる．

定理 4.4：$n \equiv 15 \pmod{16}$ ならば，n は 14 個の 4 乗ベキの和ではない．

証明：いくつかのかなり面白くない計算により，$a^4 \equiv 0$ または 1 $\pmod{16}$ であることが分かる．したがって，$n = a_1^4+a_2^4+\cdots+a_{14}^4$ ならば，$n \not\equiv 15 \pmod{16}$ となる． □

言い換えると，$G(4) \geq 15$ であることが分かる．試行錯誤により，31 は 15 個の 4 乗ベキの和ではないことが分かる．定理 4.4 を変形した定理を用いれば，任意の整数 m に対して $16^m \cdot 31$ が 15 個の 4 乗ベキの和ではないことが示される．ゆえに，$G(4) \geq 16$ である．

実際，この不等式の下限は実際の値，$G(4) = 16$ をとる．これは 1939 年のダベンポートによって証明された結果である．

3. 高次のベキ乗

$g(k)$ に対する自明でない下界を求めることは難しくはない．その要領は 3^k より小さい数 n を一つ選ぶことである．すると，n は $a \cdot 1^k$ と $b \cdot 2^k$ の和として表されるはずである．正確に言うために，q を商 $3^k/2^k$ より小さい最大の整数とする．$n = q \cdot 2^k - 1$ とおけば，すぐに $n < 3^k$ であることが分かる．少し考えると，$n = (q-1)2^k + (2^k - 1)1^k$ であることが分かり，ゆえに n は $(q-1) + (2^k - 1)$ 個の k 乗ベキの和である．ゆえに，次を得る．

定理 4.5：$g(k) \geq 2^k + q - 2$.

専門家は，実際 $g(k) = 2^k + q - 2$ であると予想している．たとえば，$g(4) = 2^4 + 5 - 2$ が成り立つ．この場合 $3^4/2^4 = 81/16 = 5 + \frac{1}{16}$ であるから，q は 5 である．$g(k)$ に対するこの等式はいまのところ，k の有限個の値以外に対しては正しいことが知られている（マーラー (Mahler)，1957 年）．

前に注意したように，$G(k)$ の値はより重要である．なぜなら，それは小さい数値の奇妙さから独立しているからである．問題となっている数学もまたもっと難しい．最初の結果はハーディとリトルウッドによって，彼らが「円周法」(circle method) と名づけた方法を用いて得られた．その方法はヴィノグラードフ (Vinogradov) により，改良され，彼は次の不等式を証明した．

$$G(k) \leq k(3\log k + 11).$$

この問題の研究は，活発な研究主題であり続けている．

第 5 章
単純な和

1. 最初の段階にもどる

　我々は足し算を子供に教える．彼らは足し算の表を $9+9$ まで覚えるか，または少なくともそれらに慣れる．そのとき子供たちは，任意の大きさの数を足すために，少なくとも理論においては位取り記数法を用いることができる．

　数学の威力はここで我々をちょっと立ち止まらせるだろう．数学には証明することはできるが，しかし完全には例証できないものがある．たとえば，学生は加法が交換可能であることを学ぶ．すなわち，任意の二つの整数 x と y に対して $x+y = y+x$ が成り立つ．彼らはこれを $23+92 = 92+23$ のような小さい整数で検証することができる．しかし，加法の交換可能性は**任意**の二つの整数に対して真である．生涯のうちにそれらを読んだり，書き下したりすることができないほど大きい整数がある．それらの二つをとってみよう——それらの和はいずれの順序でも同じになるだろう．（そして有限個の数以外のすべてはこの大きさである．）

　読者が手計算でそれらを，たとえば 1 年がかりで足すことができるような，かなり大きな数 a と b を選んだとしよう．そして，今年は $a+b$ を足し，次の年は $b+a$ を足す．我々は読者が同じ答えを得られないことに賭けよう．しかし，そのことは読者が疲れたり，足すときに間違ったりすることが理由であり，ある非常に大きな数に対して交換可能法則が成り立たないためではない．数学はまさに経験的な科学ではないのである．

　より小さい数にもどろう．10 進法で書かれた数は一つの和である．たとえば，数 2013 は $2000+10+3$ を表している．これは加法を検証するために**九去法** (casting out nines) を使うことを可能にする．10 進法で表された数から 9 を捨てることはその数のすべての数字を足して，それからその答えの数のすべての数字をまた足して，唯一の数字になるまでこれを続けることを

意味している．どの段階でも，9 または足して 9 になる数字の束を捨てると，最後に数字 $0, 1, 2, 3, 4, 5, 6, 7$ または 8 の一つを得る．

$a + b = c$ の加法を検証するために（これら 3 個の数は 10 進法で表されている）a, b と c から 9 を捨てる．a と b から 9 が捨てられた数字を足して，その和からさらに 9 を捨てる．すると，c から 9 が捨てられた数字を得るだろう．たとえば，次のような和を考える．

$$2013 + 7829 = 9842.$$

検証：九去法によれば，2013 は 6 を与え，7829 は 8 を与える．6 と 8 を足して 14 になり，これは 2 桁の数字であり，$1 + 4 = 5$ を与える．そのとき，想定された右辺の和 9842 について検証すると，そう，これも 5 を与える．ゆえに，我々が正しく足し算を実行したかどうかを確かめるよい検算になる．結局，間違いはほとんどちょうど一つの数字に影響を与え，これは合計された和との一致することを壊す（その数字の間違いが 0 と 9 の入れ換えでなければ）．もちろん，多くの数を足す場合に九去法を用いて非常に長い和を検証すれば，偽の一致の機会が生じる．それでもなお普通の毎日の問題に対しては役に立つ——計算機を使わないか，あるいは使ったとしても（なぜなら，計算機にその数を入力するときに間違いをするかもしれない）．九去法は引き算や掛け算を検証するために用いることもできる．

なぜ九去法は機能するのであろうか？ 10 進法で表された数は一つの和である．たとえば，$abcd = 10^3 \cdot a + 10^2 \cdot b + 10 \cdot c + d$ と表される．いま，$10 \equiv 1 \pmod 9$ が成り立ち，ゆえに，任意の正の整数 k に対して $10^k \equiv 1 \pmod 9$ となる．したがって，$abcd \equiv a + b + c + d \pmod 9$ が成り立つ．9 を捨てることで我々がしていることは，単にある数を 9 で割ったときにその数の余りを見出すことである．すると，我々が検証していることは次のようである．$x + y = z$ が正確ならば，さらにいっそう $x + y \equiv z \pmod 9$ は正しい．

2. 低いベキ乗の和

整数の連続したベキ乗を加えることに進もう．零次のベキ乗から出発すれば，左辺に n 個の項があるとき

$$1 + 1 + \cdots + 1 = n$$

という公式が成り立つ．それは難しくない．[1] この等式は整数 n の定義として考えられるかもしれないが，ことによるとそれは乗法 $1 \cdot n = n$ を表しているかもしれない．我々はこのような哲学的考察を省いて，1次のベキ乗に進もう．

$$1 + 2 + 3 + \cdots + n = \frac{n(n+1)}{2}. \tag{5.1}$$

その結果は n 次の三角数と呼ばれている．その理由は図 5.1 から分かるであろう．

図 **5.1** 三角数

この公式はどのようにして示すことができるだろうか？ ガウスは小さい子供のとき，これを次のようにして発見したと言われている．[2] 1 と n を一組にして $n+1$ を与え，2 と $n-1$ を一組にして $n+1$ を与え，これを続ける．いくつの組ができるだろうか？ $\frac{n}{2}$ 個の組ができるだろう．というのは，n 個の数があり，各組は二つの仲間があるからである．全体として，$\frac{n}{2}$ 掛ける $n+1$ となり，これは主張している結果である．（我々は n が奇数のとき，この議論によって読者が困惑することを望んでいる．その場合，読者は少しその議論を修正する必要がある．我々はそれを読者に演習問題として委ねよう．）

公式 (5.1) を証明するためのより正式な方法は数学的帰納法を用いることである．科学において，「帰納法」とは経験においてあることが多数出現することを調べて，そして規則正しさに注意することを意味している．これは数学において帰納法が意味していることではない．我々の問題において，帰納

---

[1] しかしながら，本書 p.iv の『鏡の国のアリス』からの引用句を参照せよ．
[2] この話をもっと知りたければ，第 6 章の第 1 節を参照せよ．

法は変数 n に依存しているある主張を証明するための一つの特別な方法である．ここで，n は正の整数である．または，帰納法を，その各主張が整数 n によって添え字が付けられている，無限個の主張を証明するものとして考えることもできる．どのようにして帰納法は機能するのか？

数学的帰納法は以下の（我々が真であるとして受け入れなければならない）公理に依存する．

(∗) S を正の整数のある集合とし，かつ S は整数 1 を含み，かつ次の主張

S がすべての正の整数 $N-1$ までのすべての整数を含むならば，S は整数 N も含む．

が真であるならば，S はすべての正の整数の集合である．

そこで，読者が正の整数 n に依存しているある主張を証明しようと仮定する．整数 n に関する主張を P_n と書く．（文字 P は「命題」(proposition) の先頭の文字である．）たとえば，証明したい主張は以下の (5.1) である．

$$1+2+3+\cdots+n = \frac{n(n+1)}{2}. \tag{5.1}$$

そのとき，P_4 は $1+2+3+4 = \frac{4(4+1)}{2} = 10$ という主張になるだろう（ところで，これは真である）．

S を P_m が真であるすべての正の整数 m の集合とする．このとき，P_n がすべての n に対して真であることを示すために，P_1 が真であることと，以下のことを示さねばならない．

(†) 任意の整数 $N \geq 2$ に対して，P_k がすべての $k < N$ に対して真であるならば，P_N は真である．

いま考えている問題でこれを試してみよう．最初に，P_1 を検証すると，これは $1 = \frac{1(1+1)}{2}$ であることを主張している．そう，これは真である．

次に，(†) を試してみよう．N を任意の正の整数として，P_k がすべての $k < N$ に対して真であると仮定する．その仮定のもとで（これを「帰納法の仮定」という），P_N が真であることが導かれることを示す必要がある．いま仮定は特に P_{N-1} が真であることを示している．言い換えると，次が成り立つ．

$$1+2+3+\cdots+N-1 = \frac{(N-1)(N-1+1)}{2} = \frac{(N-1)N}{2}. \quad (5.2)$$

(5.2) が真であると仮定しているので，両辺に N を加えることができ，それでもなお得られた等式は真である．したがって，

$$\begin{aligned}1+2+3+\cdots+N-1+N &= \frac{(N-1)N}{2} + N \\ &= \frac{(N-1)N+2N}{2} = \frac{N^2-N+2N}{2} \\ &= \frac{N(N+1)}{2}.\end{aligned}$$

言い換えると，帰納法の仮定によって，P_N は真である．以上で我々は (†) を検証したので，証明は完成した．すなわち，P_n はすべての正の整数 n に対して真であることを証明したことになる．

1 次のベキ乗を加えたけれども，一つおきに飛ばしたような少し変わったことを試してみることもできる．

$$1+3+5+\cdots+(2n-1) = n^2.$$

この等式の発見的な証明は図 5.2 において理解されるかもしれない．

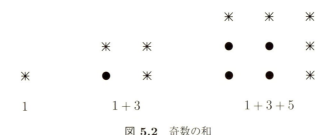

図 **5.2** 奇数の和

読者は数学的帰納法によってこれも証明することができる．これを演習問題として読者に残しておこう．

偶数を足すことは，我々に何か新しいことをもたらすことはない．

$$2+4+6+\cdots+2n = 2(1+2+3+\cdots+n) = 2\left(\frac{n(n+1)}{2}\right) = n(n+1).$$

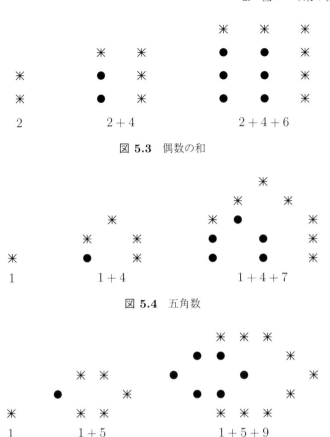

図 5.3 偶数の和

図 5.4 五角数

図 5.5 六角数

これらの数は三角数でもなければ，四角数でもないが，図 5.3 のようにかろうじて四角数である．

毎回二つの数を飛ばしたらどうなるだろうか？
$$1 + 4 + 7 + \cdots + (3n+1) = \frac{3(n+1)^2 - (n+1)}{2}.$$

これらは五角数と呼ばれている．読者は図 5.4 を見ればその名前の由来が分かるだろう．再び，この公式の証明を読者に委ねよう．六角数（図 5.5），七角数，... とこのゲームを続けることもできる．これらの数は**多角数**と呼ばれている．

ここには何か指摘すべき興味あることがある．三角数は正の整数 n により

$n(n+1)/2$ という形をしている．しかし，読者は n に対して 0 あるいは負の数を代入することができる．0 を代入したとき，0 が得られ，0 を名前だけの三角数とすることができる．n に対して負の値を代入したとき，正の値を代入したときと同じ列を得る．

平方数は n^2 という形をしている．再び，0 を名前だけの平方数として何ら混乱は起こらないし，また n に対して負の値を代入したとき，正の値を代入したときと同じ結果を得る．

五角数は $(3n^2 - n)/2$ という形をしている．n の正の値に対して，$1, 5, 12, 22, 35, \ldots$ を得る．再び，0 を名前だけの 5 角数とすることができる．しかし，今度は n の負の値は $2, 7, 15, 26, 40, \ldots$ を与える．これはまったく異なる数列であることに注意しよう．読者はこの数列を五角形と結びつけることができるかどうか試してみることができる．

六角数についてはどうだろうか？ これらの数に対する公式は $2n^2 - n$ であり，その列は $1, 6, 15, 28, 45, \ldots$ である．n の負の値は $3, 10, 21, 36, 55, \ldots$ を与える．この列を六角形と結びつける何らかの方法はあるのだろうか？[3]

本書のいたるところで，すべての正の整数は 4 個の平方数の和であることを見てきた．コーシーは，すべての正の整数は 3 個の三角数の和であり，すべての正の整数は 5 個の五角数の和であり，すべての正の整数は 6 個の六角数の和であり，$\ldots$ などを証明した．しかし，これらは簡単な定理ではない．さらに，高々 4 個の六角数の和ではない最大の整数は 130 である．

連続した平方数を足すとどうなるであろうか？

$$1^2 + 2^2 + 3^2 + \cdots + n^2 = ???$$

自然科学における非数学的な帰納法に関して我々はかなり混乱させられる．それは単に自然科学へ進む方法であるばかりでなく，数学においてもまた良い使用法をもっている．一方，10 億個までのすべての数に対して主張 P_n が真であるとしても，P_n がすべての n に対して真であるという証明として，この数量的な検証を決して受け入れることはできない．他方で，このような発

---

[3] 我々は多角数の話題を，n 番目の「k 角数」に対する公式はつねに変数 n の **2 次多項式** である，ということについて言及する以外に，これ以上探求しない．この特別な多項式はもちろん k に依存する．

見は P_n がすべての n に対して真であるということを証明するように我々を導くであろう．そして，ときには 10 億個の実例も必要ではない．

最初の n 個の平方数の和に対する公式を求めて，それを証明してみよう．ある推測をしよう．最初に，すでに我々が証明した公式を振り返ってみよう．n 個の 1 の和は n である．最初の n 個の 1 乗ベキの和は $\frac{n^2}{2}+\frac{n}{2}$ である．これはほんの不十分な証拠物件であるが，最初の n 個の k 乗ベキの和は定数項をもたない次数が $k+1$ の n に関する多項式になるであろう，ということが推測できる．もしそうなら，次の形の公式を探せばよい．

$$1^2 + 2^2 + 3^2 + \cdots + n^2 = a_3 n^3 + a_2 n^2 + a_1 n.$$

ある一定の「次元」のベキ乗を合計すれば，次のより高い「次元」を得るであろう，ということが意味をもつ．0 のベキ乗の和は 0 であるから，定数項がないということは意味がある．

上の等式では 3 個の未知の係数 a_1, a_2 と a_3 がある．3 個の方程式を用いてそれらを求めてみよう．$n = 1, 2, 3$ に対して，予想した公式を計算してみよう．

$$1 = a_3 + a_2 + a_1,$$
$$5 = 8a_3 + 4a_2 + 2a_1,$$
$$14 = 27a_3 + 9a_2 + 3a_1.$$

ここで，3 個の等式と 3 個の未知数がある．我々は少し骨の折れることであるが，それらを解く方法を知っている．第二の等式から第一の等式の 2 倍を引き，第三の等式から第一の等式を 3 倍を引くと以下の等式を得る．

$$3 = 6a_3 + 2a_2,$$
$$11 = 24a_3 + 6a_2.$$

得られた二つの未知数を含む式で，第二の等式から第一の等式の 3 倍を引くと $2 = 6a_3$ を得る．ゆえに，$a_3 = \frac{1}{3}$ を得る．後者の 2 個の等式からなる連立方程式の一つに代入し直すと，$a_2 = \frac{1}{2}$ を得る．これらの値を 3 個の等式からなる最初の連立方程式に代入すると，$a_1 = \frac{1}{6}$ を得る．これらの値を

$a_3n^3 + a_2n^2 + a_1n$ に代入して因数分解すると,その答えは単に $\frac{n(n+1)(2n+1)}{6}$ として表される.

以上より,次のように予測される.
$$1^2 + 2^2 + 3^2 + \cdots + n^2 = \frac{n(n+1)(2n+1)}{6}.$$

実際,これは正しく,数学的帰納法を用いて証明することができる.

第 6 章
ベキ乗の和,代数を用いて

1. 歴史

　それは本の中にあるもっとも古い話の一つである—しかしそれらの本は詳細については一致していない.以下の話は数学史に関する学部生の教科書の中にある話である(カリンガー (Calinger),1995 年).

　その先生,J.G. ビュットナー先生は,生徒に 1 から 100 までの整数の和を求めるように問題を出した.ガウスは即座に彼の石板にその答えを書いた.

別の出典では(ポリア (Pólya),1981 年)それとは違ったふうに書かれている.

　これは幼いガウスがまだ初等学校に通っているころに起こった.ある日,先生が次のような難しい課題を与えた.$1, 2, 3, \ldots$ と続けて 20 まで合計しなさい.先生は,生徒たちがその長い和を計算している間に自分のための時間が少しとれると期待していた.そのために,ほかの生徒たちがやっとその計算を始めたときに,幼いガウスが前に進み出て先生の机の上に彼の石板を置いて,「これが答えです」と言ったときに先生は不愉快そうに驚いた.

ポリアは次のように付け加えている.「私は特に私自身が子供の頃聴いた「この」話が好きだ.そして,それが根拠があるかないかは気にしない.」
　ここにもう一つ別な話もある(ベル (Bell),1965 年).

　そのとき勇ましいビュットナーにとって,彼自身がすぐに公式によってその答えが分かるような足し算の長い問題を与えることは簡単だった.その問題は次のようなものだった.$81297 + 81495 + 81693 +$

$\cdots + 100899$. 一つの数から次の数までの間隔（ここでは 198）がずっとすべて同じである．そして，与えられた項の数（ここでは 100）を加えるのである．

　最初にその答えを得た少年が，彼の石板を机の上に置くことはその学校の習慣であった．次に答えを得た生徒は彼の石板を最初の生徒の石板の上に置き，そのように続ける．ビュットナーはその問題をほとんど述べ終わらないうちに，ガウスは彼の石板を机の上に置いた．彼は農民ふうの方言で「できました」と言った——

それらはその話の事実に疑いを投げかけるかもしれないが，詳細が異なっていることはそのもとにある数学には影響しない．通常の説明は次のようである．その話の中の一つの見解を取り上げ，$1+2+3+\cdots+100$ を考えてみよう．問題の数の和を S としよう．加法の基本的な性質を使って，二つの異なった方法でその和を表してみよう．

$$1 + 2 + 3 + \cdots + 98 + 99 + 100 = S,$$
$$100 + 99 + 98 + \cdots + 3 + 2 + 1 = S.$$

縦に足して，各列の数は合計 101 となる．100 の列があり，すると，$2S = 100 \cdot 101$ となり，$S = 100 \cdot 101/2 = 5050$ が得られる．

　100 を任意の整数 n によって置き換えると，同じ議論によって $S_1 = 1 + 2 + \cdots + n = n(n+1)/2$ を得る．連続した整数を加えることについてのより詳細については，第 5 章，第 2 節を見直してもよい．

　ベル（1965 年）の本の中で与えられた和をどのようにしたら計算することができるだろうか？　やはり，同じやり方が通用する．

$$81297 + 81495 + 81693 + \cdots + 100899 = S,$$
$$100899 + 100701 + 100503 + \cdots + 81297 = S.$$

縦に加えると，各列は合計して 182196 となる．100 の列があるので，$2S = 18219600$ となり，$S = 9109800$ を得る．

　より一般的に，**等差数列**は次のような形の和である．

$$a + (a+d) + (a+2d) + \cdots + (a+(n-1)d).$$

和は n 個の項を含み，連続した項の間の差は d である．その項の順序を逆転させ，縦に加えると，各列の和は $2a+(n-1)d$ となる．そして n 個の列がある．したがって，その和は $n(2a+(n-1)d)/2$ となる．この公式を導き出すもう一つの方法は，前段の S_1 に対する結果を用いて $a+(a+d)+(a+2d)+\cdots+(a+(n-1)d)=na+d(1+2+\cdots+(n-1))=na+dn(n-1)/2$ を得る．我々の最初の例は $a=1, d=1$ かつ $n=100$ であるから，和は $100\cdot 101/2$ となる．2番目の例は $a=81297, d=198$ かつ $n=100$ であるから，和は前に得たように $100(182196)/2=9109800$ となる．

2. 平方

さらに前に進もう．次に考えるべき自然な問題は $S'=1^2+2^2+3^2+\cdots+100^2$ に対する公式を求めることである[1]．$S'=100^2+99^2+\cdots+2^2+1^2$ と表して，——今度は同じやり方は役に立たない．なぜなら，違う列の和は異なる数になる．たとえば $100^2+1^2\neq 99^2+2^2$ である．

前進させようと試みる一つの方法は，前の問題の我々の解答を別の形で置き換えてみることである．和の記号を用いて我々のうまいやり方で置き換えることができる．$S_1=\sum_{i=0}^{n} i$ とする．和に 0 を加えてもその値は変わらないが，その和を 1 から始めるより 0 から始めるほうが，我々の大切なものをより簡単にすることになる．このように順序を付け直すと，結局 $S_1=\sum_{i=0}^{n}(n-i)$ と同じになる．加えると，$2S_1=\sum_{i=0}^{n}(i+(n-i))=\sum_{i=0}^{n}n=n(n+1)$ となる．なぜなら，上式において $n+1$ 個の項があり，それらの項はすべて n に等しいからである．最後に，前と同じように $S_1=n(n+1)/2$ を得る．

さていま，次のようにおくことができる．

---

[1] x^k を積分しようとして，微積分の基本定理を知らないとき，この問題は特に自然な問題である．言い換えると，パスカルやフェルマーと数学的に同時代人であるときに，この問題は自然に発生する．積分との関係は
$$\int_0^1 x^k dx = \lim_{n\to\infty}\frac{1^k+2^k+3^k+\cdots+n^k}{n^{k+1}}$$
であり，この積分は右辺のリーマン和として書き表せば分かることである．

$$S_2 = \sum_{i=0}^{n} i^2 = \sum_{i=0}^{n} (n-i)^2.$$

すると,

$$2S_2 = \sum_{i=0}^{n} i^2 + \sum_{i=0}^{n} (n-i)^2 = \sum_{i=0}^{n} (i^2 + n^2 - 2ni + i^2)$$
$$= \sum_{i=0}^{n} (2i^2 + n^2 - 2ni) = \sum_{i=0}^{n} 2i^2 + \sum_{i=0}^{n} n^2 - 2n\sum_{i=0}^{n} i$$
$$= 2S_2 + (n+1)n^2 - 2nS_1.$$

ここで $2S_2$ の項は上式の両辺において消去され, $(n+1)n^2 - 2nS_1 = 0$ が残る. これは真であるが, 残念ながらこれは我々がまだ知らないことを何も教えてくれない.

　道を間違えたということはどのように進むべきかを示唆するということであるから, この時点で我々は楽観的であるべきである. S_2 に対する公式は得られなかったが, S_1 に対する公式の異なった証明が得られた. 同様にして $S_3 = 1^3 + 2^3 + 3^3 + \cdots + n^3$ に対する公式を求めようとすること, それは実際 S_2 に対する公式を与えるだろう.

$$S_3 = \sum_{i=0}^{n} i^3 = \sum_{i=0}^{n} (n-i)^3,$$
$$2S_3 = \sum_{i=0}^{n} i^3 + \sum_{i=0}^{n} (n-i)^3 = \sum_{i=0}^{n} (i^3 + n^3 - 3n^2 i + 3ni^2 - i^3)$$
$$= \sum_{i=0}^{n} (n^3 - 3n^2 i + 3ni^2) = n^3(n+1) - 3n^2 S_1 + 3nS_2$$
$$= n^3(n+1) - \frac{3}{2} n^3(n+1) + 3nS_2 = -\frac{1}{2} n^3(n+1) + 3nS_2.$$

したがって, 次の式を得る.

$$3nS_2 - 2S_3 = \frac{1}{2} n^3(n+1).$$

これは見込みがありそうに見えない. なぜかというと, いま我々がよく知らない二つの量 S_2 と S_3 を扱っているからである. しかし, もう一度試してみよう. 今度は S_4 を計算してみよう.

$$S_4 = \sum_{i=0}^n i^4 = \sum_{i=0}^n (n-i)^4,$$
$$2S_4 = \sum_{i=0}^n \bigl(i^4 + (n-i)^4\bigr) = \sum_{i=0}^n (i^4 + n^4 - 4n^3 i + 6n^2 i^2 - 4n i^3 + i^4)$$
$$= 2S_4 + n^4(n+1) - 4n^3 S_1 + 6n^2 S_2 - 4n S_3.$$

この等式の両辺から $2S_4$ を消去して，S_1 の分かっている値を代入すると次のようになる．

$$0 = n^4(n+1) - 2n^4(n+1) + 6n^2 S_2 - 4n S_3$$
$$= -n^4(n+1) + 6n^2 S_2 - 4n S_3,$$
$$6n^2 S_2 - 4n S_3 = n^4(n+1).$$

我々は残念ながら再度 S_2 と S_3 の間の同じ関係を導き出してしまった．

さらに新しい工夫が必要である．一つの方法は S_3 に対する公式にもどることである．$i=0$ の項を取り除き，「添え字の付け直し」と呼ばれる総和をとる技術を用いる．

$$S_3 = \sum_{i=0}^n i^3 = \sum_{i=1}^n i^3 = \sum_{i=0}^{n-1} (i+1)^3,$$
$$S_3 + (n+1)^3 = \sum_{i=0}^n (i+1)^3 = \sum_{i=0}^n (i^3 + 3i^2 + 3i + 1)$$
$$= S_3 + 3S_2 + 3S_1 + (n+1).$$

ここで，両辺から S_3 を消去して，S_1 に対する我々の公式を用いることはさらにより有効である．

$$(n+1)^3 = 3S_2 + \frac{3}{2}n(n+1) + (n+1),$$
$$n^3 + 3n^2 + 3n + 1 = 3S_2 + \frac{3}{2}n^2 + \frac{5}{2}n + 1,$$
$$n^3 + \frac{3}{2}n^2 + \frac{1}{2}n = 3S_2,$$
$$\frac{n(n+1)(2n+1)}{2} = 3S_2,$$
$$\frac{n(n+1)(2n+1)}{6} = S_2.$$

こうして S_2 に対する公式が得られ，すると $3nS_2 - 2S_3 = \frac{1}{2}n^3(n+1)$ という関係から S_3 に対する公式を導き出すことができる．しかし，同時にその導き出されたものは数学的に正しいけれども，審美眼的には満足がいくものではない．

3. 嬉遊曲：二重和

問題をより複雑にすることは，しばしば最後にその問題を単純化することにつながる．我々の和 S_2 の場合には，その複雑さは一つの和を二重和として書くことにある．

我々は $2^2 = 2+2, 3^2 = 3+3+3$ であること，一般に，$i^2 = \overbrace{i+i+\cdots+i}^{i\text{回}}$ であることを知っている．これを $i^2 = \sum_{j=1}^{i} i$ と書けば，次の式が成り立つ．

$$S_2 = \sum_{i=1}^{n} i^2 = \sum_{i=1}^{n} \sum_{j=1}^{i} i.$$

ここで，2番目の和が少し異なれば前進できることに注意しよう．2番目の和が $\sum_{j=1}^{n} i$ であったとすれば，それは in となり，そのとき，次のようになる．

$$\sum_{i=1}^{n} \sum_{j=1}^{n} i = \sum_{i=1}^{n} in = n \sum_{i=1}^{n} i = n \frac{n(n+1)}{2}.$$

この等式を逆転させると

$$n\frac{n(n+1)}{2} = \sum_{i=1}^{n}\sum_{j=1}^{n} i = \sum_{i=1}^{n}\sum_{j=1}^{i} i + \sum_{i=1}^{n}\sum_{j=i+1}^{n} i = S_2 + \sum_{i=1}^{n}\sum_{j=i+1}^{n} i.$$

重要な細部に気づいた読者に対しては，$i = n$ のとき後者の和は 0 であると定義する．というのは，そのとき j を $n+1$ から n まで動かすことになるからである．

この最後の二重和をどのように扱ったらよいのだろうか？　下の図で，最初の行は 1 の束の和であることに注意しよう．次に 2 のより少ない束の和，次に 3 のさらに少ない束の和，...

$$
\begin{array}{cccccccc}
1 & + & 1 & + & 1 & + & 1 & + & \cdots & + & 1 & + \\
 & & 2 & + & 2 & + & 2 & + & \cdots & + & 2 & + \\
 & & & & 3 & + & 3 & + & \cdots & + & 3 & + \\
 & & & & & & 4 & + & \cdots & + & 4 & + \\
 & & & & & & & & \cdots & + & 5 & + \\
 & & & & & & & & \cdots & + & \cdots & + \\
 & & & & & & & & & & n-1
\end{array}
$$

ここでこれらを垂直方向に足せば，すでに知っている公式を適用できるので，我々の進む方向を進展させる方法が見つかる．第1列より $1 = \frac{1 \cdot 2}{2}$，第2列より $1 + 2 = \frac{2 \cdot 3}{2}$，第3列より $1 + 2 + 3 = \frac{3 \cdot 4}{2}$，このようにして足していけば $1 + 2 + \cdots + (n-1) = \frac{(n-1)n}{2}$ を得る．言い換えると次のようである．

$$\sum_{i=1}^{n} \sum_{j=i+1}^{n} i = \sum_{k=1}^{n-1} \frac{k(k+1)}{2} = \sum_{k=1}^{n-1} \frac{k^2}{2} + \sum_{k=1}^{n-1} \frac{k}{2}$$
$$= \frac{1}{2} \sum_{k=1}^{n-1} k^2 + \frac{1}{2} \sum_{k=1}^{n-1} k = \frac{1}{2} \sum_{k=1}^{n-1} k^2 + \frac{(n-1)n}{4}.$$

最後に $\frac{n^2}{2}$ を加えて引けば次を得る．

$$\sum_{i=1}^{n} \sum_{j=i+1}^{n} i = \frac{1}{2} \sum_{k=1}^{n} k^2 + \frac{(n-1)n}{4} - \frac{n^2}{2} = \frac{S_2}{2} + \frac{(n-1)n}{4} - \frac{n^2}{2}.$$

全体を一緒にすると，

$$n \frac{n(n+1)}{2} = S_2 + \sum_{i=1}^{n} \sum_{j=i+1}^{n} i = S_2 + \frac{S_2}{2} + \frac{(n-1)n}{4} - \frac{n^2}{2}.$$

避けられない少し混乱した代数計算をすると，

$$\frac{3S_2}{2} = \frac{n^3 + n^2}{2} + \frac{n^2}{2} - \frac{n^2}{4} + \frac{n}{4} = \frac{n^3}{2} + \frac{3n^2}{4} + \frac{n}{4},$$
$$S_2 = \frac{n^3}{3} + \frac{n^2}{2} + \frac{n}{6} = \frac{2n^3 + 3n^2 + n}{6} = \frac{n(n+1)(2n+1)}{6}.$$

S_2 に対する元の二重和に直接適用できるもう一つの方法がある．これは「和の順序の交換」と呼ばれている．詳細は省略するが，それを楽しみたい読

者のために以下にその計算を書いておこう．

$$S_2 = \sum_{i=1}^{n} i^2 = \sum_{i=1}^{n}\sum_{j=1}^{i} i = \sum_{j=1}^{n}\sum_{i=j}^{n} i = \sum_{j=1}^{n}\left[\frac{n(n+1)}{2} - \frac{(j-1)j}{2}\right]$$

$$= n\frac{n(n+1)}{2} - \sum_{j=1}^{n}\frac{j^2}{2} + \sum_{j=1}^{n}\frac{j}{2}$$

$$= n\frac{n(n+1)}{2} - \frac{S_2}{2} + \frac{n(n+1)}{4}.$$

S_2 を移項して整理すると，次の式を得る．

$$\frac{3S_2}{2} = n\frac{n(n+1)}{2} + \frac{n(n+1)}{4} = \frac{n^3}{2} + \frac{3n^2}{4} + \frac{n}{4}.$$

あとは前と同様に代数的単純化をした後，S_2 に対する同じ公式を用いればよい．

4. 入れ子式の和

以上述べてきた考え方は興味深いが，より高いベキに対してそれらをどのように続けるのかということが明らかではない．パスカルは $S_k = 1^k + 2^k + \cdots + n^k$ を扱う体系的な方法を発見した．彼の技術はこれといった正当な理由はないが，注意深く調べてみると，その方法の巧妙さが見えてくる．この方法に従うためには，二項係数の定義を思い起こす必要がある．すなわち，二項係数は $0 \leq k \leq n$ をみたす整数 k と n に対して $\binom{n}{k} = \frac{n!}{k!(n-k)!}$ と定義される．二項定理を用いて $(x+1)^k$ を $x^k + \binom{k}{1}x^{k-1} + \cdots + \binom{k}{k-1}x + 1$ と表し，右辺の最初の項を左辺に移すと次のようになる．

$$(x+1)^k - x^k = \binom{k}{1}x^{k-1} + \binom{k}{2}x^{k-2} + \cdots + \binom{k}{k-1}x + 1.$$

ここで，$x = 1, 2, 3, \ldots, n$ として，この公式を加える．すると右辺は次のようになる．

$$\binom{k}{1}S_{k-1} + \binom{k}{2}S_{k-2} + \cdots + \binom{k}{k-1}S_1 + n.$$

左辺はどうなるであろうか？ とりあえず $[2^k - 1^k] + [3^k - 2^k] + \cdots + [(n+1)^k - n^k]$ である．ここで，パスカルのアイデアのあるすばらしい部分を見る

ことができる．すなわち，この左辺は単純化されて $(n+1)^k - 1$ となる．（これは「入れ子の和」の例である．）したがって，次の等式を得る．

$$(n+1)^k = \binom{k}{1}S_{k-1} + \binom{k}{2}S_{k-2} + \cdots + \binom{k}{k-1}S_1 + (n+1).$$

この公式により，任意の k に対して S_{k-1} を計算することが可能になる．しかし，最初に $S_1, S_2, \ldots, S_{k-2}$ を計算する必要がある．ここでそれがどのように機能するかを見てみよう．あえて S_1 についてさえ知らないとしよう．$k=2$ の公式を適用すると次が得られる．

$$(n+1)^2 = \binom{2}{1}S_1 + (n+1),$$
$$n^2 + 2n + 1 = 2S_1 + n + 1,$$
$$n^2 + n = 2S_1,$$
$$\frac{n^2+n}{2} = S_1.$$

次に，$k=3$ の公式を適用すると次が得られる．

$$(n+1)^3 = \binom{3}{2}S_2 + \binom{3}{1}S_1 + (n+1),$$
$$n^3 + 3n^2 + 3n + 1 = 3S_2 + 3S_1 + n + 1,$$
$$= 3S_2 + \frac{3n^2}{2} + \frac{3n}{2} + n + 1,$$
$$n^3 + \frac{3n^2}{2} + \frac{n}{2} = 3S_2.$$

これにより，さらにもう一度 S_2 に対する公式が得られる．

単に楽しみのために，さらにもう一段階実行してみよう．次に $k=4$ の公式を適用すると次が得られる．

$$(n+1)^4 = \binom{4}{3}S_3 + \binom{4}{2}S_2 + \binom{4}{1}S_1 + (n+1),$$
$$n^4 + 4n^3 + 6n^2 + 4n + 1 = 4S_3 + 6S_2 + 4S_1 + n + 1,$$
$$= 4S_3 + (2n^3 + 3n^2 + n) + (2n^2 + 2n) + n + 1,$$
$$n^4 + 2n^3 + n^2 = 4S_3,$$

$$\frac{n^2(n+1)^2}{4} = S_3.$$

5. 帰ってきた入れ子

パスカルの入れ子の和の考え方は非常に巧妙なので，以下のようにそれをさらに活用することができる．[2] 我々はすでに差 $(x+1)^k - x^k$ の合計をした．しかし我々の公式においてその合計の左辺は任意の関数 $f(x)$ に対する入れ子になるだろう．$x = 1, 2, \ldots, n$ に対して $f(x+1) - f(x)$ の総計をとることができ，何かあるものに等しくなる $f(n+1) - f(1)$ を得る．問題はできるだけ巧妙に関数 $f(x)$ を選ぶ方法である．理想を言えば，合計すると S_k となるように右辺の「何か」がほしい．それを手配するためのもっとも簡単な方法は $f(x+1) - f(x) = x^k$ をみたす関数 $f(x)$ を見つけることである．そのようにして，入れ子の和の左辺を合計すると，$f(n+1) - f(1)$ を得る．入れ子の和の右辺は $1^k + 2^k + \cdots + n^k = S_k$ となる．$f(x)$ を探そうとするならば，楽観的になり，$p_k(x+1) - p_k(x) = x^k$ をみたす**多項式** $p_k(x)$ を探してもよいだろう．この手に入れにくい多項式を見つけることができれば，$S_k = p_k(n+1) - p_k(1)$ を得る．

このような多項式は実際に存在し，それは**ベルヌーイ数とベルヌーイ多項式**という術語で定義される．そのすべての性質を導き出すもっとも時間のかからない方法は，正当な理由もなく，また使うのも難しいと思われている定義をすることである．二つの変数 x と t の関数 $te^{tx}/(e^t - 1)$ をとり，これを t のベキ級数として展開する．すなわち，次のように定義する．

$$\frac{te^{tx}}{e^t - 1} = \sum_{k=0}^{\infty} B_k(x) \frac{t^k}{k!}$$
$$= B_0(x) + B_1(x)t + B_2(x)\frac{t^2}{2} + B_3(x)\frac{t^3}{6} + \cdots. \qquad (6.1)$$

この右辺にある関数 $B_k(x)$ はベルヌーイ多項式と呼ばれるものである．残念ながら，まだそれらがどのようなものであるか，またそれらをどのように計

---

[2] 注意：この節は指数関数 e^x と初等的な微分積分の知識を必要とする．そしてまた，ある程度の無限級数を用いる．読者は本節を飛ばして，第 7 章と第 8 章を読んだ後ここにもどってもよい．

算するのか，さらにこの等式は実際に何らかの意味をもつかどうかもまったく分からない．

定義 (6.1) から一つのことに気がつく．右辺で $t \to 0$ とすれば関数 $B_0(x)$ を得る．左辺についてはどうであろうか？ 関数 e^y は以下のような良い級数展開をもつ．

$$e^y = \sum_{k=0}^{\infty} \frac{y^k}{k!} = 1 + y + \frac{y^2}{2} + \frac{y^3}{6} + \cdots.$$

したがって，左辺は次のようである．

$$\frac{te^{tx}}{e^t - 1} = \frac{t\left(1 + (tx) + \frac{(tx)^2}{2} + \frac{(tx)^3}{6} + \cdots\right)}{t + \frac{t^2}{2} + \frac{t^3}{6} + \cdots}.$$

この分母と分子の両方から因数 t を消去することができ，その結果次の式を得る．

$$\frac{te^{tx}}{e^t - 1} = \frac{\left(1 + (tx) + \frac{(tx)^2}{2} + \frac{(tx)^3}{6} + \cdots\right)}{1 + \frac{t}{2} + \frac{t^2}{6} + \cdots}.$$

ここで，$t \to 0$ とすると，この商は 1 に収束する．このようにして，$B_0(x)$ は定数 1 であることを導き出すことができた．

これらの関数をさらに計算する前に，最初に関数 $B_k(x)$ は我々が必要な性質をもっていることをいくつか見てみよう．我々は関数 $p_k(x)$ を探している．望むらくは $p_k(x+1) - p_k(x) = x^k$ をみたす多項式である．(6.1) において，x を $x+1$ で置き換え，引き算をして，グループ分けすることによって $B_k(x+1) - B_k(x)$ を以下のように計算することができる．

$$\frac{te^{t(x+1)}}{e^t - 1} = \sum_{k=0}^{\infty} B_k(x+1) \frac{t^k}{k!},$$

$$\frac{te^{tx}}{e^t - 1} = \sum_{k=0}^{\infty} B_k(x) \frac{t^k}{k!},$$

$$\frac{te^{t(x+1)} - te^{tx}}{e^t - 1} = \sum_{k=0}^{\infty} \bigl(B_k(x+1) - B_k(x)\bigr) \frac{t^k}{k!}.$$

もっとも驚くべきことがこの等式の左辺に起こり，このことはなぜ我々が最初にこの神秘的な関数 $te^{tx}/(e^t - 1)$ を取り上げたかという理由を示している．左辺は次のようになる．

$$\frac{te^{t(x+1)} - te^{tx}}{e^t - 1} = \frac{te^{tx+t} - te^{tx}}{e^t - 1} = \frac{te^{tx}(e^t - 1)}{e^t - 1} = te^{tx}.$$

e^{tx} の級数展開を上の式に代入し，t を掛けると

$$\frac{te^{t(x+1)} - te^{tx}}{e^t - 1} = t\left(1 + (tx) + \frac{(tx)^2}{2!} + \cdots\right)$$

$$= t + xt^2 + \frac{x^2 t^3}{2!} + \frac{x^3 t^4}{3!} + \cdots = \sum_{k=1}^{\infty} x^{k-1} \frac{t^k}{(k-1)!}.$$

t^k の係数を比較すると次の等式を得る．

$$\frac{B_k(x+1) - B_k(x)}{k!} = \frac{x^{k-1}}{(k-1)!}.$$

両辺に $k!$ を掛けて分母を払うと $k \geq 1$ に対して $B_k(x+1) - B_k(x) = kx^{k-1}$ を得る．それは十分に具合がよいだろうか？ 答えは，然り（イエス）である．k を $k+1$ で置き換え，$k+1$ で割ると

$$\frac{B_{k+1}(x+1) - B_{k+1}(x)}{k+1} = x^k \tag{6.2}$$

を得る．これは $k > 0$ に対して成り立つ．したがって，我々が求めている多項式は $p_k(x) = B_{k+1}(x)/(k+1)$ である．

さて次に，和 $S_k = 1^k + 2^k + \cdots + n^k$ に対する公式を導くことができる．

$$S_k = \frac{B_{k+1}(n+1) - B_{k+1}(1)}{k+1}. \tag{6.3}$$

たとえば，$k = 2$ のとき，$B_{k+1}(x) = x^3 - \frac{3}{2}x^2 + \frac{1}{2}x$ となることを知るだろう．すると，

$$S_2 = \frac{B_3(n+1) - B_3(1)}{3}$$

$$= \frac{(n+1)^3 - \frac{3}{2}(n+1)^2 + \frac{1}{2}(n+1)}{3} = \frac{n^3}{3} + \frac{n^2}{2} + \frac{n}{6}.$$

したがって，我々がベキの和の問題に対して満足できる答えを得たということを言うために，この神秘的な関数 $B_k(x)$ がどのようなものなのかということを計算して確かめる必要がある．

実際に関数 $B_k(x)$ が多項式であることを示すことは驚くほど簡単である．式 (6.1) にもどり，この式の両辺を x に関して微分する．右辺は次のように

なる．
$$\sum_{k=0}^{\infty} B_k'(x) \frac{t^k}{k!}.$$
左辺は，微分すると次のようになる．
$$\frac{\partial}{\partial x}\left(\frac{te^{tx}}{e^t-1}\right) = \frac{t^2 e^{tx}}{e^t-1} = t\sum_{k=0}^{\infty} B_k(x)\frac{t^k}{k!}$$
$$= \sum_{k=0}^{\infty} B_k(x)\frac{t^{k+1}}{k!} = \sum_{k=1}^{\infty} B_{k-1}(x)\frac{t^k}{(k-1)!}.$$

したがって，式 (6.1) の両辺を微分した等式の左辺と右辺にある t^k の係数を比較すると，次を得る．
$$\frac{B_k'(x)}{k!} = \frac{B_{k-1}(x)}{(k-1)!}.$$
次に，$k!$ を掛けると次の式を得る．
$$B_k'(x) = kB_{k-1}(x). \tag{6.4}$$

(6.4) を繰り返し用いる．$B_0(x)$ が定数関数 1 であることはすでに確かめた．$k=1$ のとき，$B_1'(x) = B_0(x) = 1$ を得る．次に，$B_1(x) = x + C$ を導くことができる．ここで，まだ積分定数が何か分からない（まもなく知ることになる），しかし習慣的にそれを B_1 と書き，**第 1 ベルヌーイ数**という．ゆえに，$B_1(x) = x + B_1$ と書く．次に，$k=2$ として (6.4) を使うと，$B_2'(x) = 2x + 2B_1$ となる．ゆえに，$B_2(x) = x^2 + 2B_1 x + C$ を得る．この積分定数を B_2 と書き，**第 2 ベルヌーイ数**という．再び，同様にすると $B_3'(x) = 3x^2 + 6B_1 x + 3B_2$ が得られ，これを積分すると $B_3(x) = x^3 + 3B_1 x^2 + 3B_2 x + B_3$ が得られる．（容易に推測されるように）B_3 は**第 3 ベルヌーイ数**という．いまや，このパターンの一部分は明らかである．すなわち，これらの関数 $B_k(x)$ のそれぞれは実際に次数 k の多項式で，x^k で始まり定数 B_k で終わる．それら二つの項の間に起こることはおそらく不可思議なことであるが，しかし，我々の目標が少しばかり近くなったということが分かる．すなわち，$B_k(x)$ は次数 k の多項式であるということを導き出したのである．

しかし，まだ終わりに近くなったということではない．式 (6.2) に $x=0$ を代入することができる，そして $k>0$ に対して $B_{k+1}(1) - B_{k+1}(0) = 0$ を得

る．我々の結果を以下のようにより使いやすい形に置き換えることができる．

$$B_k(1) = B_k(0), \qquad k \geq 2. \tag{6.5}$$

さて，次にベルヌーイ数を計算することができる．等式 $B_2(1) = B_2(0)$ は $1 + 2B_1 + B_2 = B_2$ を意味している．すなわち，$B_1 = -\frac{1}{2}$ である．ゆえに，$B_1(x) = x - \frac{1}{2}$ となる．等式 $B_3(1) = B_3(0)$ より，$1 + 3B_1 + 3B_2 + B_3 = B_3$ であることが分かる．すなわち，$1 - \frac{3}{2} + 3B_2 = 0$ であり，ゆえに $B_2 = \frac{1}{6}$ を得る．したがって，いま $B_2(x) = x^2 - x + \frac{1}{6}$ であることが分かる．

このように続けることができるが，しかしまだ開拓すべき式 (6.1) におけるもう一つの対称性がある．その等式を取り上げ，同時に t を $-t$ で，x を $1-x$ で置き換える．すると，右辺は次のようになる．

$$\sum_{k=0}^{\infty} B_k(1-x) \frac{(-t)^k}{k!} = \sum_{k=0}^{\infty} (-1)^k B_k(1-x) \frac{t^k}{k!}. \tag{6.6}$$

(6.1) の左辺はより興味深い変形をうけ，

$$\frac{(-t)e^{(-t)(1-x)}}{e^{-t}-1} = \frac{te^{t(x-1)}}{1-e^{-t}} = \frac{te^{tx}e^{-t}}{1-e^{-t}},$$

分母と分子に e^t を掛けると，次の等式が得られる．

$$\sum_{k=0}^{\infty} (-1)^k B_k(1-x) \frac{t^k}{k!} = \frac{te^{tx}}{e^t - 1} = \sum_{k=0}^{\infty} B_k(x) \frac{t^k}{k!}. \tag{6.7}$$

するといま，式 (6.7) より $(-1)^k B_k(1-x) = B_k(x)$ が成り立つ．これに，$x = 0$ を代入すると，$(-1)^k B_k(1) = B_k(0)$ が得られる．k が偶数ならば，これはまさに (6.5) である．しかし，k が 3 以上の奇数であるとき，$-B_k(1) = B_k(0) = B_k(1)$ であることを導くことができる．これは $B_k(1) = 0$ を意味しており，ゆえに，$B_k(0) = 0$ である．言い換えると，$B_3 = B_5 = B_7 = \cdots = 0$ である．すると，いま $B_3'(x) = 3B_2(x)$ であり，積分定数は 0 であるから，$B_3(x)$ を計算することができる．ゆえに，$B_3(x) = x^3 - \frac{3}{2}x^2 + \frac{1}{2}x$ を得る．

それぞれのベルヌーイ多項式は積分することによって計算することができることを思い出そう（積分定数を除いて定まり，この積分定数は定義によって B_k である）．このことより，ベルヌーイ数によりベルヌーイ多項式に対す

る次の公式が得られる．

$$B_k(x) = x^k + \binom{k}{1}B_1 x^{k-1} + \binom{k}{2}B_2 x^{k-2} + \cdots + \binom{k}{k-1}B_{k-1}x + B_k.$$

どのようにして，この公式を証明することができるか？ k についての帰納法を用いる．最初に，$k=1$ のときを検証する．左辺はちょうど $B_1(x)$ であり，右辺は $x + B_1 = x - \frac{1}{2}$ である．これは前に我々が計算したものと一致する．証明すべき唯一つのことは $B_k'(x) = kB_{k-1}(x)$ である．右辺をとり，微分すると次のようである．

$$\begin{aligned}B_k'(x) &= \left(x^k + \binom{k}{1}B_1 x^{k-1} + \binom{k}{2}B_2 x^{k-2} \right.\\ &\qquad \left. + \cdots + \binom{k}{k-1}B_{k-1}x + B_k\right)' \\ &= kx^{k-1} + (k-1)\binom{k}{1}B_1 x^{k-2} + (k-2)\binom{k}{2}B_2 x^{k-3} \\ &\qquad + \cdots + \binom{k}{k-1}B_{k-1}.\end{aligned}$$

ここに，適用するために良い等式がある．

$$\begin{aligned}(k-j)\binom{k}{j} &= (k-j)\frac{k!}{j!(k-j)!} = \frac{k!}{j!(k-j-1)!} \\ &= k\frac{(k-1)!}{j!(k-j-1)!} = k\binom{k-1}{j}.\end{aligned}$$

これを適用して，帰納法の仮定を用いると，次が得られる．

$$\begin{aligned}B_k'(x) &= k\left(x^{k-1} + \binom{k-1}{1}B_1 x^{k-2} + \binom{k-1}{2}B_2 x^{k-3} \right.\\ &\qquad \left. + \cdots + \binom{k-1}{k-1}B_{k-1}\right) \\ &= kB_{k-1}(x).\end{aligned}$$

我々は次のことを証明した．

$$B_k(x) = x^k + \binom{k}{1}B_1 x^{k-1} + \binom{k}{2}B_2 x^{k-2} + \cdots + \binom{k}{k-1}B_{k-1}x + B_k.$$

$k \geq 2$ に対する公式 $B_k(1) = B_k(0) = B_k$ を用いて，$x=1$ として，等式の

両辺から B_k を引くと，次の等式を得る．

$$1 + \binom{k}{1}B_1 + \binom{k}{2}B_2 + \cdots + \binom{k}{k-1}B_{k-1} = 0, \quad k \geq 2. \tag{6.8}$$

等式 (6.8) はベルヌーイ数を帰納的に定義し，計算するための実際的に標準的な方法である．$k=2$ から出発し，$1+2B_1=0$ を得る．すなわち，$B_1 = -\frac{1}{2}$ である．$k=3$ とすると，$1+3B_1+3B_2=0$ となり，$B_2 = \frac{1}{6}$ を得る．次に，$k=4$ とすると，$1+4B_1+6B_2+4B_3=0$ となり，（予想されるように）$B_3 = 0$ を得る．こうして，好きなだけベルヌーイ数を計算し続けることができる．表 6.1 でそれらのいくつかを表にした．

表 **6.1** ベルヌーイ数

k	0	1	2	4	6	8	10	12	14	16	18
B_k	1	$-\frac{1}{2}$	$\frac{1}{6}$	$-\frac{1}{30}$	$\frac{1}{42}$	$-\frac{1}{30}$	$\frac{5}{66}$	$-\frac{691}{2730}$	$\frac{7}{6}$	$-\frac{3617}{510}$	$\frac{43867}{798}$

これらの値がいかに不可思議な方法で挙動しているかに注意しよう．表 6.2 において多項式 S_k の値のいくつかを表にした．$S_k = 1^k + 2^k + 3^k + \cdots + n^k$ と，これを求めるという全体の探求に対する動機を思い出そう．そして，表 6.2 における多項式は (6.3) から得られる．

表 **6.2** S_k

k	S_k
1	$n(n+1)/2$
2	$n(n+1)(2n+1)/6$
3	$n^2(n+1)^2/4$
4	$n(n+1)(2n+1)(3n^2+3n-1)/30$
5	$n^2(n+1)^2(2n^2+2n-1)/12$
6	$n(n+1)(2n+1)(3n^4+6n^3-3n+1)/42$
7	$n^2(n+1)^2(3n^4+6n^3-n^2-4n+2)/24$

さらに，我々はもう一つの認識に近づいている．ベルヌーイ数はベルヌーイ多項式の定数項であるから，式 (6.1) で $x=0$ とおけば，次のようになる．

$$\frac{t}{e^t-1} = \sum_{k=0}^{\infty} B_k \frac{t^k}{k!} = B_0 + B_1 t + B_2 \frac{t^2}{2} + B_3 \frac{t^3}{6} + \cdots.$$

ここで，テイラー展開の理論を使うと，$f(t) = \frac{t}{e^t-1}$ ならば，$f^{(k)}(0) = B_k$ となる．

6. 余談：オイラー・マクローリンの和

　和によって積分を近似する，あるいはその逆の問題へ以上述べてきたアイデアを適用するみごとな応用がある．$f(x)$ を何回でも微分できる関数であると仮定しよう．そのとき，$\int_0^1 f(x)dx$ を評価することから始めよう．$B_0(x) = 1$ であることを知っているので，$B_0(x)$ を我々の積分の因数として含めることができる．いま，$u = f(x), du = f'(x)dx, dv = B_0(x)dx$，そして $v = B_1(x)$ とおくことによって部分積分を実行することができる．$B_1(x) = x - \frac{1}{2}$ であるから，$B_1(1) = \frac{1}{2}$ かつ $B_1(0) = -\frac{1}{2}$ であることを思い出そう．すると，次の式が得られる．

$$\int_0^1 f(x)dx = \int_0^1 B_0(x)f(x)dx = B_1(x)f(x)\Big|_0^1 - \int_0^1 B_1(x)f'(x)dx$$
$$= \frac{1}{2}(f(1)+f(0)) - \int_0^1 B_1(x)f'(x)dx.$$

我々は次のように述べることによって，この公式を説明することができることを指摘しておこう．すなわち，$x=0$ から $x=1$ までの曲線 $y=f(x)$ の下にある面積は，我々の最初の予想，すなわち，最後の積分により与えられる誤差項はあるが，$x=0$ と $x=1$ におけるこの曲線の高さの平均によって近似される．

　次に $u = f'(x), du = f''(x)dx, dv = B_1(x)dx$，そして $v = B_2(x)/2$ とおくことによってまた部分積分をする．すると，次の式を得る．

$$\int_0^1 f(x)dx = \frac{1}{2}(f(1)+f(0)) - \frac{B_2(x)f'(x)}{2}\Big|_0^1 + \int_0^1 \frac{B_2(x)}{2}f''(x)dx.$$

$B_2(1) = B_2(0) = B_2$ であるから，これは次のように簡単になる．

$$\int_0^1 f(x)dx = \frac{1}{2}(f(1)+f(0)) - \frac{B_2}{2}\big(f'(1)-f'(0)\big) + \int_0^1 \frac{B_2(x)}{2} f''(x)dx.$$

もう少し部分積分をすると，なぜこれが良いアイデアなのか分かる．$u = f^{(2)}(x)$, $du = f^{(3)}(x)dx$, $dv = B_2(x)/2\,dx$, そして $v = B_3(x)/3!$ とおく．($f^{(m)}(x)$ は関数 $f(x)$ の m 次導関数を表すことを思い出そう．) $B_3(0) = B_3(1) = 0$ であるから，まさに次の式を得る．

$$\int_0^1 f(x)dx = \frac{1}{2}(f(1)+f(0)) - \frac{B_2}{2}\big(f'(1)-f'(0)\big) - \int_0^1 \frac{B_3(x)}{3!} f^{(3)}(x)dx.$$

$u = f^{(3)}(x)$, $du = f^{(4)}(x)dx$, $dv = B_3(x)/3!\,dx$, そして $v = B_4(x)/4!$ とおいて再び部分積分をして，$B_4(1)=B_4(0)=B_4$ であることを思い出せば，以下の式を得る．

$$\begin{aligned}\int_0^1 f(x)dx &= \frac{1}{2}(f(1)+f(0)) - \frac{B_2}{2}\big(f'(1)-f'(0)\big) \\ &\quad - \frac{B_4(x)}{4!} f^{(3)}(x)\Big|_0^1 + \int_0^1 \frac{B_4(x)}{4!} f^{(4)}(x)dx \\ &= \frac{1}{2}(f(1)+f(0)) - \frac{B_2}{2}\big(f'(1)-f'(0)\big) \\ &\quad - \frac{B_4(x)}{4!}(f^{(3)}(1)-f^{(3)}(0)) + \int_0^1 \frac{B_4(x)}{4!} f^{(4)}(x)dx.\end{aligned}$$

何回もこれを繰り返した後で，以下の式を得る．

$$\begin{aligned}\int_0^1 f(x)dx &= \frac{1}{2}(f(1)+f(0)) - \sum_{r=1}^{k} \frac{B_{2r}}{(2r)!}\big(f^{(2r-1)}(1)-f^{(2r-1)}(0)\big) \\ &\quad + \int_0^1 \frac{B_{2k}(x)}{(2k)!} f^{(2k)}(x)dx.\end{aligned} \quad (6.9)$$

(6.9) の一つの応用は次のようである．多くの関数 $f(x)$ に対して，この公式の右辺にある積分は非常に小さい (なぜなら $(2k)!$ は非常に大きくなるからである)．したがって，左辺の積分を右辺の積分でない他の項で近似することができる．たとえば，この公式を $f(x) = \cos x$ に適用することができる．その場合，我々は積分の値を知っている．すなわち，$\int_0^1 \cos x\,dx = \sin 1 - \sin 0 \approx 0.8415$ である．(6.9) の右辺にある最初の項はまさにその積分の台形近似である．それは 0.7702 である．次の項は，$-\frac{B_2}{2}(-\sin 1 + \sin 0) \approx 0.0701$ であり，ちょ

うどこれら二つの項の和は 0.8403 である.その次の項は $-\frac{B_4}{24}(\sin 1 - \sin 0) \approx$ 0.0012 であり,するといま近似として小数点以下 4 桁に対する正確な答えが分かったことになる.

一般的には,積分区間を $[0,1]$ から $[1,2]$, $[1,2]$ から $[2,3]$ へ,そのようにして $[n-1,n]$ までスライドさせて (6.9) を適用し,得られた等式を足し合わせる.その「主要項」は再びその積分の台形近似を与え,その他の和は入れ子式の和である.間に合わせに,右辺の積分の和を剰余項 $R_k(n)$ と表せば,次を得る.

$$\int_0^n f(x)dx = \frac{1}{2}f(0) + f(1) + \cdots + f(n-1) + \frac{1}{2}f(n)$$
$$- \sum_{r=1}^k \frac{B_{2r}}{(2r)!}\bigl(f^{(2r-1)}(n) - f^{(2r-1)}(0)\bigr) + R_k(n).$$

オイラー・マクローリンの和を扱っている微積分の本では,剰余項 $R_k(n)$ の評価法に関する詳細な情報を扱っている.

PART TWO

Infinite Sums

無 限 和

第 7 章
無限級数

 以下において，読者が微積分学における極限の概念に親しんでいると仮定する．本章の主題は無限級数であるが，これは無限に多くの数や項の和に関係している．特別な種類の有限和から始めよう．

1. 有限幾何級数

 a の連続したベキを足し合わせると，**幾何級数**を得る．非常に一般的に言えば，有限幾何級数は，0 でない定数 a と c，そして整数 $m \leq n$ によって

$$ca^m + ca^{m+1} + \cdots + ca^n$$

のように表せる．この幾何級数は「公比 a をもつ」という．この和を求める良い公式がある．

$$ca^m + ca^{m+1} + \cdots + ca^n = \frac{ca^m - ca^{n+1}}{1-a}. \tag{7.1}$$

この公式を記憶する一つの方法は，有限幾何級数の和は初項から「最後の項の 1 つ後の項」を引いたもの全体を 1 引く公比で割ったものに等しい，と表現することである．この公式は $a \neq 1$ であるときにのみ成り立つ．（$a = 1$ であるときは，実際どんな公式も必要ない．）

 なぜこの公式は正しいか？ いま，

$$S = 1 + a^1 + a^2 + \cdots + a^{n-m}$$

とする．すると，

$$aS = a^1 + a^2 + a^3 + \cdots + a^{n-m+1}$$

となる．S から aS を引くと，内側の項はすべて消去されて次の式を得る．

$$S - aS = 1 - a^{n-m+1}.$$

しかし，この等式の左辺を次のように書き直すことができる．

$$S - aS = S(1-a).$$

ここで，両辺を $1-a$ で割れば次の式を得る．

$$S = 1 + a^1 + a^2 + \cdots + a^{n-m} = \frac{1 - ca^{n-m+1}}{1-a}. \tag{7.2}$$

両辺に ca^m を掛ければ (7.1) を得る．

たとえば，次のような 2 のベキの和を容易に計算することができる．

$$1 + 2 + 4 + 8 + 16 + \cdots + 2^n = \frac{1 - 2^{n+1}}{1 - 2} = 2^{n+1} - 1.$$

ゆえに，この和は 2^n の次にくるベキ 2^{n+1} より 1 だけ小さい．また，この和は n が増加するとき，限りなく増大することに注意しよう．

同様にして容易に $\frac{1}{2}$ のベキの総和をとることができる．

$$\frac{1}{2} + \frac{1}{4} + \cdots + \frac{1}{2^n} = \frac{\frac{1}{2} - \frac{1}{2^{n+1}}}{1 - \frac{1}{2}} = 1 - \frac{1}{2^n}.$$

この総和は n が増加するとき，一つの極限をもつ．すなわち，1 である．この極限の挙動はゼノンの逆説（パラドックス）の一つと関連している．もしあなたがある部屋から出ようとしたとき，最初にドアまでの中間点まで行かねばならない．それから残りの距離の半分を行かねばならない（これはドアまでの道筋の 1/4 の距離である），これを繰り返す．このようにして，実際あなたは決して部屋の外に出ることはできない．このとき問題となっている和は次のことを意味している．すなわち，この「行程」の n 個の「段階」を経た後で，あなたはさらにはじめに行かねばならない距離の $1/2^n$ の距離が残っている．この逆理（パラドックス）に対する答えは次のようである．これは，あなたが n を無限に大きくしたとき，実際に完了させることができる無限の行程である．$\lim_{n \to \infty} \left(1 - \frac{1}{2^n}\right) = 1$ であるから，そのとき，あなたは全体の距離を行ってしまったであろう時点にいる．（このことは哲学的観点から，この逆理の満足のいくような解決であるとか，あるいは，この逆理が物理的な観点から実際に意味をもつとか，ということを主張しようとしているので

はない.）

我々の公式 (7.1) は負である公比に対しても成り立つ. 興味ある場合は $a = -1$ である. このとき, $1-1+1-1+1-\cdots+(-1)^n = (1-(-1)^{n+1})/(1-(-1))$ である. これは n が奇数であるとき $0/2 = 0$ に等しく, n が偶数であるとき $2/2 = 1$ に等しい.（考えている級数は指数 0 で始まる. $(-1)^0 = 1$ であることに注意しよう.）n が無限に大きくなるとき, 何が起こるだろうか？ 振動する動きが見られる.[1]

我々はまだ複素数については議論していないが, 実際我々の公式は 1 と異なる任意の複素数に対しても成り立つ. 読者は自らそれを確かめるとよい. たとえば, $a = 1+i$, あるいは $a = i$ としてやってみよう.（両方とも試してみるとさらによい.）

2. 無限幾何級数

無限個の項をもつ幾何級数を合計しようとすることを考える. a を任意の零でない実数として, 次の級数を考える.

$$1 + a + a^2 + a^3 + \cdots .$$

読者がもっとも一般的な幾何級数を考えたいならば, ただ定数を掛ければよい. 等式 (7.2) で, $m = 1$ として次のこと学んだ. この級数の最初の n 項の和は次のようである.

$$s_n = 1 + a + a^2 + a^3 + \cdots + a^{n-1} = \frac{1-a^n}{1-a} .$$

絶対値 $|a|$ が 1 より小さいとき, $n \to \infty$ とするならば, これらの和 s_n は極限をもつことがすぐに分かる. この場合, $\lim_{n\to\infty} a^n = 0$ であるから, $\lim_{n\to\infty} s_n = \frac{1}{1-a}$ を得る. このとき, 幾何級数は $\frac{1}{1-a}$ に収束するという.[2] $|a| \geq 1$ ならば, 和 s_n は極限をもたない. 次の非常に重要な定理によって我々の推論を要約することができる.

---

[1] $n \to \infty$ のときに「何が起こるか」, ということの異なった解釈については, 序論の第 2 節を参照せよ.
[2] 部分和の数列が極限をもつとき, 級数は**収束**するという. 本章の第 6 節でより注意深くこれを解説する.

定理 7.3：級数 $1 + a + a^2 + a^3 + \cdots$ が収束するための必要十分条件は $|a| < 1$ である．そのとき，その級数は $\frac{1}{1-a}$ に収束する．

心理学的に重要な手段の一つは，物事を逆に解釈することである．分数 $\frac{1}{1-a}$ はベキ級数 $1 + a + a^2 + a^3 + \cdots$ に展開できる．このことの逆を，後で a を変数によって置き換えることにより考察するだろう．

前の章におけるゼノンの逆理の例にもどると，定理 7.3 は我々がそこで述べたことに一致することが分かる．なぜなら，$\frac{1}{2}$ は 1 より小さい絶対値をもつので，定理が適用できて，次のようになる．

$$\frac{1}{2} + \frac{1}{4} + \frac{1}{8} + \cdots = \frac{1}{2}\left(1 + \frac{1}{2} + \left(\frac{1}{2}\right)^2 + \cdots\right) = \frac{1}{2}\left(\frac{1}{1-\frac{1}{2}}\right) = 1.$$

答え 1 は部屋の外に導く出入り口に実際行き着けることを意味している．

もう一つの例は，無限に繰り返す循環小数 $0.999999\ldots$ は 1 に等しい，というよく知られた事実である．この主張は，それを最初に見たときにしばしばその人を不安にさせる．なぜなら，彼らは無限小数の意味が極限の術語によって与えられねばならないということを理解していないかもしれないからである．我々はこの事実を信じることを拒否する学生や大人の人たちを見かける．本質的に彼らは一種のゼノンの逆理の心理的見解に捕らわれているからである．なぜこの事実は正しいのか？ 小数記号の定義から，この記号 $0.999999\ldots$ は次のように表される．

$$\begin{aligned}
0.999999\ldots &= 0.9 + 0.09 + 0.009 + \cdots \\
&= 0.9\left(1 + \frac{1}{10} + \left(\frac{1}{10}\right)^2 + \cdots\right) \\
&= (0.9)\frac{1}{1 - \frac{1}{10}} = (0.9)\left(\frac{10}{9}\right) = 1.
\end{aligned}$$

3. 二項級数

その有名さにおいてピタゴラスの定理にのみ後れを取ってはいるが，二項定理は数学においてもっとも有名な 2 番目の結果であるかもしれない．サー・アーサー・コナン・ドイル氏による『最後の事件』(The Final Problem) の

中で，人気のある洗練された一つの引用文が見出される．その中で，シャーロック・ホームズは次のように述べている．

> モリアーティ教授はよい家柄の生まれであり，優秀な教育を受け，生まれつき驚くべき数学的才能を付与されている．21才のとき二項定理に関する論文を書き，ヨーロッパで最高の評価を得た．そのおかげで，彼は我々の小さな大学の一つで数学の教授の職を得た．そして，見たところ彼の前途にはもっとも輝かしい将来が待っている．

モリアーティが何を発見したか想像することは難しい．というのは，実際その理論はドイルがホームズについて執筆する前によく理解されていたからである．

n が正の整数であるとき，$(1+x)^n$ の展開式は多くの古典的な文化の中で独立に発見されていた．

$$(1+x)^n = 1 + \binom{n}{1}x + \binom{n}{2}x^2 + \cdots + \binom{n}{n}x^n.$$

この等式は通常高校の生徒たちに教えられており，我々はすでに第6章でそれを用いている．ニュートンは，指数 n が任意の実数である場合に置き換えて一般化したものを発見していた．数 $\binom{n}{r}$ は**二項係数**と呼ばれていることを思い出そう．その定義は，r と n を $0 \leq r \leq n$ をみたす非負整数とするとき，

$$\binom{n}{r} = \frac{n!}{r!(n-r)!} \tag{7.4}$$

である．（$0!$ は1と定義され，これは $r = 0$ または $r = n$ のときも二項係数が定義できることを可能にする．）

興味ある問題は，n を任意の実数 α によって置き換えることによって $\binom{n}{r}$ の定義を拡張できることである．この一般化は，かなりの洞察力を必要とするが説明するのは簡単である．分子と分母において同じ因数を消去することによって (7.4) を書き直すと次のようになる．

$$\binom{n}{r} = \frac{n!}{r!(n-r)!}$$
$$= \frac{n(n-1)(n-2)\cdots(n-r+1)(n-r)!}{r!(n-r)!}$$

$$= \frac{n(n-1)(n-2)\cdots(n-r+1)}{r!}.$$

この式より一般化が得られる．α が任意の実数であり，r が任意の正整数であるとき，次のように定義する．

$$\binom{\alpha}{r} = \frac{\alpha(\alpha-1)(\alpha-2)\cdots(\alpha-r+1)}{r!}.$$

たとえば，

$$\binom{\frac{1}{3}}{4} = \frac{(\frac{1}{3})\cdot(\frac{-2}{3})(\frac{-5}{3})(\frac{-8}{3})}{24} = -\frac{10}{243}.$$

$\binom{n}{0} = 1$ と同様にして，$\binom{\alpha}{0}$ を 1 として定義を拡張する．

この定義によって，二項定理の実数への一般化はただちに得られる：

定理 7.5：$|x| < 1$ であり，かつ α を任意の実数とするとき次が成り立つ．

$$\begin{aligned}(1+x)^{\alpha} &= 1 + \binom{\alpha}{1}x + \binom{\alpha}{2}x^2 + \binom{\alpha}{3}x^3 + \binom{\alpha}{4}x^4 + \cdots \\ &= 1 + \alpha x + \frac{\alpha(\alpha-1)}{2}x^2 + \frac{\alpha(\alpha-1)(\alpha-2)}{6}x^3 \\ &\quad + \frac{\alpha(\alpha-1)(\alpha-2)(\alpha-3)}{24}x^4 + \cdots.\end{aligned} \quad (7.6)$$

たとえば，

$$(1+x)^{1/3} = 1 + \frac{1}{3}x - \frac{1}{9}x^2 + \frac{5}{81}x^3 - \frac{10}{243}x^4 + \cdots. \quad (7.7)$$

定理 7.5 は定理 7.3 を一般化していることに注意しよう．$(1+x)^{\alpha}$ から始めて，x を $-a$ で置き換え，$\alpha = -1$ とすれば，無限幾何級数に対するもう一つの公式を得る．

$$(1-a)^{-1} = 1 - \binom{-1}{1}a + \binom{-1}{2}a^2 - \binom{-1}{3}a^3 + \cdots.$$

読者は自分で $\binom{-1}{r} = (-1)^r$ であることを納得することができるだろう．その結果，二項定理は無限幾何級数の和に対する公式と首尾一貫していることを確かめることができる．

4. 複素数と関数

複素数の使用を認めれば，上で述べてきた理論はもっと面白くなる．複素数に関する基本的な事実を簡単に復習しておくのが適切であろう．通常のように，平面のデカルト座標を表すために x と y を用いる．ゆえに，x と y は任意の実数である．図 7.1 のように座標軸を描くことができる．

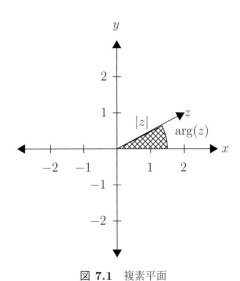

図 **7.1** 複素平面

この図を複素平面として異なったやり方で説明することができる．伝統的に一般の複素変数を表すために z を用いて，$z = x + iy$ と書く．それゆえ，x は z の**実部**であり，y は z の**虚部**である．そして，$x = \mathrm{Re}(z)$，また $y = \mathrm{Im}(z)$ と書く．複素数と複素平面の幾何学は多くの教科書で取り扱われている．読者はそれらを我々の本 *Fearless Symmetry* の第 5 章や，*Elliptic Tales* の第 2 章，第 4 節で復習することもできる．バリー・メイザー (Barry Mazur) は複素数の哲学と詩について非常に面白い本 (Mazur, 2003) を書いた．

複素数 $z = x + iy$ はデカルト座標 (x, y) をもつ平面上の点と**同一視**される．複素数 z の**ノルム**（絶対値とも呼ばれる）は $|z|$ と表され，$\sqrt{x^2 + y^2}$ に等しい（約束で，平方根の記号は正の平方根を表す正数があてがわれる）．これは

その平面において，z から $0 = 0 + 0i$ への距離と同じである．0 から z までの線分を引き，正の x 軸から反時計回りに動かしたときにそれがつくる角度に注意すれば，この角度（ラジアンとして計測される）が z の**偏角**と呼ばれ，$\arg(z)$ と表される．正接（タンジェント）の定義より，$\tan(\arg(z)) = \frac{y}{x}$ であることが分かる．0 の偏角は定義されない．

z のノルムはつねに非負の実数であり，それは $z \neq 0$ ならば正である．約束により，通常 z の偏角は非負で 2π より小さい角度をとる．図形をひと目見れば，どんな複素数もそのノルムと偏角の両方が分かれば決定されることが分かる（ノルムが 0 ならばノルム通りその複素数は 0 である）．ノルムと偏角より，z に対する別の種類の，**極座標**と呼ばれる座標がある．ノルムと偏角は乗法という演算のもとで非常に良い振る舞いをする．すなわち，任意の二つの複素数 z と w に対して $|zw| = |z||w|$ と $\arg(zw) \equiv \arg(z) + \arg(w) \pmod{2\pi}$ が成り立つ．（ここで，合同式の記号を拡張している．$a \equiv b \pmod{2\pi}$ と書いて，$\frac{b-a}{2\pi}$ が整数であることを意味している．）

$\mathbf{C}$ を複素平面全体とみなす．これはまた複素数体を表す記号でもある．その二重の使用は問題とはならない．というのは，各複素数 $z = x + iy$ は平面上で座標 (x, y) をもつ点と同一視するからである．

さて，我々は複素平面 $\mathbf{C}$ を定義したので，複素数を入力して，複素数を出力する関数 $f : \mathbf{C} \longrightarrow \mathbf{C}$ について考えることができる．しばしば，$\mathbf{C}$ の部分集合 A に対してのみ定義される関数 $f : A \longrightarrow \mathbf{C}$ を用いることが必要になる．この状況における我々の目的に対して，つねに A は「開集合」であることが必要になるだろう．

> **定義** 複素平面における開集合とは，次の性質をもつ平面の部分集合 Ω のことである．すなわち，Ω がある点 a を含むならば，Ω は a を中心にもつできる限り非常に小さい開円板を含む．

特に，全平面は開集合である．他の重要な開集合の例としては，単位開円板 Δ^0 と上半平面 H があり，どちらも後で定義される．

「解析関数」と呼ばれる非常に重要な複素関数の種類がある．

> **定義** Ω を開集合とし，$f : \Omega \longrightarrow \mathbf{C}$ を関数とする．$f(z)$ が Ω のす

べての点において z に関して微分可能であるとき，$f(z)$ は Ω 上 z の**解析関数**であるという．すなわち，Ω のすべての点 z_0 に対して次の極限が存在する．
$$\lim_{h \to 0} \frac{f(z_0 + h) - f(z_0)}{h}.$$
この極限が存在するとき，$f(z)$ は $z = z_0$ で**複素微分可能**であるといい，その極限は複素微分係数と呼ばれ，$f'(z_0)$ と表される．さらに，任意の個々の z_0 に対して，複素数 h がどのようなしかたで 0 に近づいても，その極限は同じであるということが必要である．（複素平面では，h が 0 に近づく多くの異なる方向があり，その極限はどの方向でも同じでなければならない．）

たとえば，z に関する任意の多項式は全平面上で解析的であり，ある定理によれば，z に関する任意の収束ベキ級数（本章の第 8 節を参照せよ）はその収束半径の内側では解析的である．解析的であることは関数にかなりきびしい条件を課していることになる．

5. 無限幾何級数，再び

公比が a である無限幾何級数にもどり，a を複素数の集合 $\mathbf{C}$ 上を動かす．それは a を複素数に変えるので，かわりに文字 z を用いるのが伝統的である．ノルムが 1 より小さいすべての複素数の集合を Δ^0 によって表す．すなわち，
$$\Delta^0 = \{z = x + iy \mid x^2 + y^2 < 1\}.$$
Δ^0 を**単位開円板**という．実数の値から複素数の値へ変えることを可能にする一つの不可欠な考察がある．$|z| < 1$ ならば（すなわち，z が Δ^0 の要素ならば），$\lim_{k \to \infty} z^k = 0$ である．（すぐ終わる証明：$|z| < 1$ ならば $\lim_{k \to \infty} |z|^k = 0$ である．ゆえに，$\lim_{k \to \infty} |z^k| = 0$ であり，これは $\lim_{k \to \infty} z^k = 0$ を意味している．）さて，定理 7.3 を言い換えて，次にように言うことができる．

定理 7.8： 関数 $\frac{1}{1-z}$ は単位開円板において無限幾何級数 $1 + z + z^2 + \cdots$ に展開することができる．言い換えると，$|z| < 1$ をみたす任意の複素数 z に対して，次が成り立つ．

$$\frac{1}{1-z} = 1 + z + z^2 + \cdots.$$

これを「無限幾何級数の公式」と呼ぶ.

ここで何も新しいことを述べなかったように思われるかもしれない. 事実として, そうである. しかし心理的にはいま, ある領域におけるすべての z に対して等しい値をとる z に関する**二つの関数**について話をしている. この公式の微積分学的証明を与えることはさらにいっそう価値がある. 右辺は $z = 0$ におけるテイラー級数のように見えることを事実として受け入れる. ゆえに, この無限幾何級数の公式が正しいとすれば, 右辺は左辺のテイラー級数であるべきである.

その領域に 0 をもつ解析的複素関数に対して, $z = 0$ におけるテイラー級数を求める規則は実変数関数のテイラー級数を求める規則と同じである. (複素数の存在が読者を悩ませるならば, ただ z を x に置き換え, テイラー級数の微分をせよ.) $z = 0$ における $f(z)$ のテイラー級数は次のような級数である.

$$a_0 + a_1 z + a_2 z^2 + \cdots.$$

ただし, $a_0 = f(0), a_1 = f'(0), a_2 = \frac{1}{2!} f''(0), \ldots, a_n = \frac{1}{n!} f^{(n)}(0), \ldots$ である. ここで, $f^{(n)}(z)$ は z に関する f の第 n 次複素導関数である.

連鎖律と指数法則を用いて, 次の関数の導関数を求めることができる.

$$f(z) = \frac{1}{1-z} = (1-z)^{-1}.$$

$f(z)$ の導関数は以下のようである.

$$f'(z) = (1-z)^{-2},$$
$$f''(z) = 2(1-z)^{-3}.$$

これを続けると, f の第 n 次複素導関数は

$$f^{(n)}(z) = (n!)(1-z)^{-n-1}$$

である. $z = 0$ とすると, すべての n に対して一般的な次の公式を得る.

$$f^{(n)}(0) = n!.$$

したがって，$f(z)$ のテイラー級数の係数 a_n はすべて 1 に等しい．我々は再び単位開円板 Δ^0 における無限幾何級数に対する公式を証明したことになる．

この証明の方法は (7.6)，すなわち無限二項級数を証明するために一般化される．

6. 無限和の例

次に単なる幾何級数よりもさらに一般的な無限和の公式を考察したい．通常の定義から始める．すなわち，無限級数とは以下のような項の無限和である．

$$a_1 + a_2 + a_3 + \cdots .$$

n が無限に大きくなるとき，「部分和」$a_1 + a_2 + a_3 + \cdots + a_n$ が極限 L に収束するならば，その級数は**収束する**という．このとき，その級数は L に収束する，あるいは，その級数は極限 L をもつという．（L に収束するということは，n が大きくなるにつれてどんどん L に近づくことであり，好きなだけ近くできるし，少なくともある N から先は近くにある，ということを覚えておこう．）収束の定義から，無限級数が収束するならば，n が無限に大きくなるとき個々の項 a_n は 0 に収束しなければならない．そうでなければ，その部分和はあるところから先好きなだけ L の近くにあるということはできない．[3]

次に，収束する無限級数の例をいくつか調べてみよう．最初の例は任意の無限小数である．10 進法で表された整数は隠れた加法の問題であるように（第 5 章第 1 節を参照せよ），任意の無限小数は無限級数である．

たとえば，10 進法の記号の定義により

$$1.23461\ldots = 1 + (2 \times 10^{-1}) + (3 \times 10^{-2}) + (4 \times 10^{-3})$$
$$+ (6 \times 10^{-4}) + (1 \times 10^{-5}) + \cdots .$$

この級数が収束することをどのようにして理解できるだろうか？ この

---

[3] しかしながら，n が無限に大きくなるとき a_n が 0 に収束する，という条件は収束するためには十分ではない．このもっとも有名な例は「調和級数」$\frac{1}{2} + \frac{1}{3} + \frac{1}{4} + \frac{1}{5} + \cdots$ である．この数列の部分和は任意の指示された数よりも大きくなる．すなわち，$\frac{1}{2} + \frac{1}{3} + \frac{1}{4} + \frac{1}{5} + \frac{1}{6} + \frac{1}{7} + \frac{1}{8} + \cdots > \frac{1}{2} + (\frac{1}{4} + \frac{1}{4}) + (\frac{1}{8} + \frac{1}{8} + \frac{1}{8} + \frac{1}{8}) + \cdots = \frac{1}{2} + \frac{1}{2} + \frac{1}{2} + \cdots$ ．これは明らかに限界なく増大する．

部分和をその極限から，たとえば 10^{-14} の範囲内で望むならば，少なくとも 16 項を確実に確保しさえすればよい．なぜなら，残りの項は合計して $0.999999\ldots \times 10^{-15} = 10^{-15}$ より小さいか等しい量になる．これは確かに 10^{-14} より小さい．（その極限が存在するという事実は実数に対する「完備公理」に由来する．完備公理は基本的に実数直線において「穴」がないということを主張している．）

小数が最終的に循環するための必要十分条件は，それが表す数が二つの整数の比で表されることである（すなわち，それは「有理数」である）．このことは無限小数を扱う本であればどの本においても証明されているが，ここでその証明を復習してみよう．実数 b が無限で最終的に循環する小数であり，その繰り返すパターンの長さは k であると仮定する．適当な整数 e に対して 10^e を b に掛けて，小数点を正確に繰り返しが始まるところまで移動し，さらに $f = e + k$ として，b に 10^f を掛けると，そのパターンがその最初の繰り返しを始めるところへ小数点が移動する．ゆえに，

$$10^e b - 10^f b = s$$

が整数となるような非負整数 $e < f$ がある．したがって，$b = s/(10^e - 10^f)$ は有理数である．

たとえば，

$$x = \quad 1.153232323\ldots .$$

すると，

$$100x = \quad 115.323232323\ldots \tag{7.9}$$

であり，また

$$10000x = \quad 11532.323232323\ldots . \tag{7.10}$$

(7.10) から (7.9) を引くと，二つの小数の小数点以下の部分は消去されて

$$10000x - 100x = 9900x = 11532 - 115 = 11417$$

となり，次の式を得る．

$$x = \frac{11417}{9900}.$$

逆に，有理数 $\frac{s}{t}$ が与えられたとして，t によって s を割る長い除法を実行する．各段階で余りの可能性は $t-1$ 個だけであるので，その余りはついには繰り返し始めなければならない．これは，その商における数字もまた繰り返していることを意味している．よって，答えとして循環小数が得られる．

収束する無限級数の第二の例は，公比を z とする無限幾何級数である．

$$1 + z + z^2 + z^3 + \cdots .$$

$|z| < 1$ ならば，この級数は極限 $\frac{1}{1-z}$ に収束する．

これら二つの例は $1.11111111\ldots$ のような無限小数の場合には一致する．これは 1 で始まり，$\frac{1}{10}$ を公比とする無限幾何級数である．$1.11111111\ldots = 1 + \frac{1}{10} + \frac{1}{10^2} + \frac{1}{10^3} + \cdots$．この場合には無限幾何級数の和に対する公式より $\frac{1}{1-1/10} = \frac{1}{9/10} = \frac{10}{9}$ を得る．

7. 指数関数 e^x と e^z

無限級数は実数 e と指数関数 e^x を定義するために用いられる．いまこれを定義してみよう．数 e は近似的に 2.7182818284 に等しい有理数でない実数である．それは次の無限級数の極限として定義される．

$$1 + \frac{1}{1!} + \frac{1}{2!} + \frac{1}{3!} + \frac{1}{4!} + \cdots .$$

この数は初等的な微積分学のなかに出てきて，三角関数においてもまた潜在的に現れている．関数 e^x の特別な性質のゆえに，それは微積分学のなかに現れる．

任意の実数 x に対して，e^x を定義するための一つの方法を思い出そう．まず整数から始めよう．

- $e^0 = 1$.
- $e^n = \overbrace{e \cdot e \cdots e}^{n \text{ 回}}$, n は正の整数．
- $e^{-n} = 1/e^n$, n は正の整数．

これらの公式は任意の整数 n に対して e^n を定義する．m が正の整数であるとき，$e^{1/m}$ を m 次のベキが e となる正の数として定義する．$n \neq 0$ かつ $m > 0$

のとき，$e^{n/m} = (e^{1/m})^n$ とおく．さて，ここまでで任意の有理数 x に対して e^x を定義した．e^x はつねに正であり，決して負や 0 にならないことが分かるだろう．

最後に，x が有理数でないとき，有理数によってますます近く x を近似することができる．$\lim_{k \to \infty} r_k = x$ をみたす有理数 r_k を選ぶ．このとき，$e^x = \lim_{k \to \infty} e^{r_k}$ と定義する．この極限が存在し，その答えが数列 r_k の選び方に依存しないことを確認しなければならない．この種のことはすべて解析学の教科書で証明されている．また，微積分学の授業では，e^x は自分自身の導関数と同じであることを学ぶ．
$$\frac{d}{dx}(e^x) = e^x.$$
実際 e^x は，$f'(x) = f(x)$ かつ $f(0) = 1$ をみたす唯一つの関数 $f(x)$ である．また，関数 e^x をこのような重要な関数にしているのは，e^x の微分学的性質である（この関数 e^x は「指数関数」と呼ばれている）．

マオール (Maor, 2009) がそうしたように，e についての完全な本を書くことができるだろう．e^x の逆関数は**自然対数**関数と呼ばれ，これをつねに $\log x$ によって表そう．

ところで，最初は整数の指数で出発し，すべての実数の指数に対して成り立つようにした e^x の定義において，e のかわりに任意の正の数 a で定義することもできただろう．（負の数 a では機能しない．というのは，負の数は実数の微積分学においては平方根をもたないからである．）同様にして，関数 a^x を定義することができる．そして以前と同様に，a^x は e^x に対するものとほとんど同じ微分方程式を満足する．しかし，次のように入り込んでくる定数がある．
$$\frac{d}{dx}(a^x) = ca^x.$$
この定数 c は a に依存する．実際，$c = \log a$ である．

$z = x + iy$ を任意の複素数として，e^z を定義する必要がある．このとき，e^z を $\mathbf{C}$ 上の関数とすることができる．e^{x+iy} を定義するための最良の方法は，e^x が $x = 0$ のまわりで収束するテイラー級数によって表されることを微積分学で証明することである．すなわち，
$$e^x = 1 + \frac{x}{1!} + \frac{x^2}{2!} + \frac{x^3}{3!} + \frac{x^4}{4!} + \cdots.$$

もし，読者がテイラー級数を覚えていれば，このことは以前の e^x に対する微分学的等式から容易に導くことができる．e^x のすべての導関数はまさに再び e^x であるから，$x=0$ のときすべての導関数は値が 1 である．分母における階乗はすべてのテイラー級数に現れる標準的なものである．

これらの階乗が理由で，この級数は x のすべての値に対して収束する．したがって，この級数によって e^x を定義することができるので，これを用いて e^z を**定義**しよう．この級数で x を任意の複素数 z に置き換えれば，次のように定義することができる．

$$e^z = 1 + \frac{z}{1!} + \frac{z^2}{2!} + \frac{z^3}{3!} + \frac{z^4}{4!} + \cdots. \tag{7.11}$$

これは次のことを意味している．すなわち，任意の複素数 z を右辺に代入せよ．その結果，その極限がある複素数に収束する級数を得る．そしてその答えは定義によって e^z である．したがって，e をある複素数のベキに持ち上げること，このことは最初は不思議なことに思われるが，問題のあることではない．

8. ベキ級数

(7.11) はベキ級数の特別な例であるが，いまこれをより一般的に説明しよう．幾何級数における項の前に係数をおき，その公比を固定された数よりむしろ変数にすれば，ベキ級数を得る．

$$a_0 + a_1 z + a_2 z^2 + a_3 z^3 + \cdots.$$

ここで，$a_0, a_1, a_2, \ldots$ を任意の複素数とすることができ，この級数を変数 z の関数として考えることができる．さらに一般的に，c を固定された複素数として，以下の級数を考察することができる．

$$a_0 + a_1(z-c) + a_2(z-c)^2 + a_3(z-c)^3 + \cdots.$$

再び，z を複素数の変数として考えることができる．

ときどき，ベキ級数を一種の無限に高い次数をもつ多項式として考えることは役に立つ．実際，多項式の性質の多くは適当な修正をすればベキ級数に

ついても成り立つ.

　ベキ級数が**収束半径** R をもつことを証明することはそれほど難しくない. ここで, 収束半径 R とは以下の性質を意味している.

- $R = 0$ ならば, その級数は $z - c = 0$, すなわち $z = c$ のときに限り収束する.
- R が正の数ならば, その級数は $|z - c| < R$ をみたす複素数 z に対して収束し, $|z - c| > R$ をみたす複素数 z に対しては収束しない.
- R は ∞ であることも許容する. このことは, 簡潔に言うと, その級数はすべての複素数 z に対して収束することと同じである.

$|z - c| = R$ をみたす複素数 z に対してどんなことが起きるかという命題についてはどれも省略する. 実際, その解答は z の値とその係数 a_i に決定的に依存し, 決定することは非常に難しいことがあり得るからである.

　収束半径 R が 0 でなければ, その級数は c を中心とする半径 R の円板において関数 $f(z)$ を定義する. この場合, そのベキ級数はまさに c における $f(z)$ のテイラー級数であり, この円板を「c における $f(z)$ の収束円板」と呼ぶ.

　複素解析学からの重要な定理は次のように述べている.

> **定理 7.12**: $\mathbf{C}$ の開集合 Ω と関数 $f: \Omega \longrightarrow \mathbf{C}$ が与えられているとする. このとき, f が解析的であるための必要十分条件は, Ω の中にある任意の c に対して c における $f(z)$ のテイラー級数は正の収束半径をもち, その収束円板が Ω と重複するときはいつでも $f(z)$ に収束することである.

　この定理には二つの重要な結果がある. 最初に, 正の収束半径をもつ収束ベキ級数によって定義される任意の関数は自動的に解析的である. 次に, 任意の解析関数 $f(z)$ はすべての正の整数 k に対して自動的に高次の導関数 $f^{(k)}(z)$ をもつ.

　ベキ級数は関数, 少なくとも解析関数を考察するための柔軟な方法をもたらす. そして多くの重要な関数は解析的である. ちょうど $\frac{1}{1-z}$ は単位開円板 Δ^0 において解析的である. 言い換えると, 幾何級数は収束半径 1 をもつことを見た. もう一つの解析関数の例は指数関数 e^z である. (7.11) でそのテイ

ラー級数を調べた.

$$e^z = 1 + z + \frac{1}{2!}z^2 + \cdots + \frac{1}{n!}z^n + \cdots.$$

この級数は無限の収束半径をもつ.

ベキ級数は微分したり，積分したりすることができ，その二つの得られたベキ級数は最初のものと同じ収束半径をもつことになる．たとえば，$z = 0$ と $z = w$ の間で

$$\frac{1}{1-z} = 1 + z + z^2 + z^3 + \cdots$$

の積分をすると，次の式を得る.

$$-\log(1-w) = w + \frac{1}{2}w^2 + \frac{1}{3}w^3 + \frac{1}{4}w^4 + \cdots.$$

この等式は 1 を中心とする単位開円板上で解析関数として対数の分枝を定義する．（対数関数の分枝の概念についてもう少し知りたい人は p.128 を参照せよ．）

ベキ級数がもつもう一つの柔軟性は，z に対して**関数**を代入できることである．収束半径 R をもつ解析関数を

$$f(z) = a_0 + a_1 z + a_2 z^2 + a_3 z^3 + \cdots$$

とする．w はある開集合 S の中を動く変数と仮定し，また g を S のすべての w に対して $|g(w)| < R$ をみたす S 上の複素数に値をとる関数であると仮定する．このとき，z に対して $g(w)$ を代入することができ，w の新しい関数を得る．すなわち，

$$f(g(w)) = a_0 + a_1 g(w) + a_2 g(w)^2 + a_3 g(w)^3 + \cdots.$$

この新しい関数は「f と g の合成関数」と呼ばれる．$g(w)$ が解析的ならば，$f(g(w))$ もそうである．連鎖律がここでも成り立ち，これより $f'(z)$ と $g'(w)$ が分かれば，$f(g(w))$ の複素導関数を計算することができる．すなわち，

$$\frac{d}{dw}f(g(w)) = f'(g(w))g'(w).$$

$g(w)$ を見たときいつでも $g(w)$ をベキ級数で表すことができ，それを 2 乗

し，3乗し，これを続けて，w の与えられた指数をもつすべての項を結合させると，$f(g(w))$ のテイラー級数が得られるだろうと想像できる．そのことを想像することはできるが，しかし，読者はそれをして自分の時間を費やしたいとは思わないだろうし，そうしたとしてもそんなに遠くまでは行けないだろう．とはいっても，ある場合にはそのすべての仕事をすることなしに w に関するベキ級数のすべての係数を決定することができる．

たとえば，$f(z) = z^3$ であり，かつ $g(w) = (1+w)^{1/3}$ とすれば，$f(g(w)) = g(w)^3 = 1 + w$ である．これを骨の折れる方法で部分的に検証してみよう．(7.7) において次のことを学んだ．

$$(1+w)^{1/3} = 1 + \frac{1}{3}w - \frac{1}{9}w^2 + \frac{5}{81}w^3 - \frac{10}{243}w^4 + \cdots. \tag{7.13}$$

(7.13) の右辺の項を連続的に増やして 3 乗することにより，$1 + w$ にますます近くなる多項式が得られる．

$$\left(1 + \frac{1}{3}w\right)^3 = 1 + w + \frac{1}{3}w^2 + \cdots,$$

$$\left(1 + \frac{1}{3}w - \frac{1}{9}w^2\right)^3 = 1 + w - \frac{5}{27}w^3 + \cdots,$$

$$\left(1 + \frac{1}{3}w - \frac{1}{9}w^2 + \frac{5}{81}w^3\right)^3 = 1 + w + \frac{10}{81}w^4 - \cdots,$$

$$\left(1 + \frac{1}{3}w - \frac{1}{9}w^2 + \frac{5}{81}w^3 - \frac{10}{243}w^4\right)^3 = 1 + w - \frac{22}{243}w^5 + \cdots.$$

別の例としては，$f(z) = e^z$ かつ $g(w) = -\log(1-w)$ として，g に対するベキ級数を f に対するベキ級数に代入すれば，級数 $1 + w + w^2 + w^3 + \cdots$ を得る．すなわち，まさに幾何級数を得たことになる．異なった言い方をすれば，次のようである．

$$e^{-\log(1-w)} = \frac{1}{1-w}.$$

このことは，指数関数と対数関数はお互いに逆関数であることを示しており，これはすでに微積分学で学んだことである．読者がそうしたいのであれば，一つのベキ級数をもう一つのベキ級数に代入することができるし，最初のいくつかの項について調べてみることによって，我々の主張を検証することが

できる．

9. 解析接続

　ベキ級数のもっとも重要な用途の一つは，解析関数の解析接続を定義することである．たとえば，対数関数は，実際単に 1 を中心とする単位開円板よりはかなり大きい領域における解析関数として定義することが可能である．我々はこの話題を *Elliptic Tales*（アッシュ–グロス，pp.192–195）で議論した．ここで簡単に概観してみよう．

　円板は複素平面 $\mathbf{C}$ における形のなかで一番重要な形であるというわけではない．図 7.2 のような複素平面における開集合 A を考えることができるし，関数 $f : A \longrightarrow \mathbf{C}$ を考えることができる．

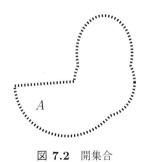

図 **7.2**　開集合

定理 7.12 により，f が解析的であるための必要十分条件は，A のすべての点 a に対して a を中心とする開円板 D で A に含まれるものが存在し，f は D において収束するベキ級数（すなわち，テイラー級数）により表現されるという性質をもつことである．

　いま，関数 $f : A \longrightarrow \mathbf{C}$ があるものとし，それが解析的であると仮定する．A のさまざまな点で，そのテイラー級数についてどのようなことが分かるだろうか？　その異なった級数は互いにどのように関係しているだろうか？　特定の関数 f に対して，テイラー級数に関するこのような質問に答えることは非常に難しい．しかしながら，少なくともどのようなことが起こるかを説明する理論的な方法を想像することはできる．これを次の段落で考えてみよう．

a を A の点とすれば，a を中心とし A に含まれる最大の開円板 U があるだろう（図 7.3 を参照せよ）．

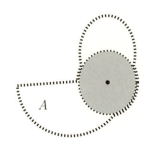

図 **7.3** A に中心をもつ最大の開円板

定理 7.12 により，a における f のテイラー級数は U のすべての点において実際に収束することが分かる．それはおそらく，a に中心をもつもう少し大きな開円板において収束するのではないか？ 次のように質問してみよう．このテイラー級数の収束半径は U の半径よりも大きいだろうか？ もしかするとそうかもしれない．もしそうならば，A にこの大きな開円板を加えて A を大きくすることができる．関数 f に対してより大きな領域 A' を得る．A' の別の点 a' を見てこれを続けることができ，どんどん大きな領域 A'', A''', ... が得られる．それらの上へ次々と関数 f を拡張でき，それが全体の大きな領域の上で解析的であるように拡張できる．

このようにして，f が定義される極大な領域 M を得る．このとき，すぐに生じてくる問題があり，これについて簡単に述べておこう．これは唯一つの極大な領域ではないかもしれない．というのは，一つの円の中をあちこち行くことができるし，出発したところへもどったとき，f の値は最初のものと一致するとは限らない．この現象はモノドロミーと呼ばれている．これを扱うためには平面の世界を離れ，ある抽象的な世界で円板を貼り合わせなければならない．そのとき，一つの自然な極大領域を得ることになる．これは f のリーマン面と呼ばれる．

f をその極大領域へ拡張する過程は「解析接続」と呼ばれる．主要な点は，次のことである．M のいたるところにおける f の値は，最初に出発したとき

と同じ a を中心とするテイラー級数によって決定される.

一つの良い例は，後の章で再び出会うことになるガンマ関数 $\Gamma(z)$ である. $\text{Re}(z)$ が非常に大きい複素数 z に対して，以下の式によって $\Gamma(z)$ を定義する.

$$\Gamma(z) = \int_0^\infty e^{-t} t^{z-1} dt.$$

実部 $\text{Re}(z)$ が非常に大きいという条件は，その積分が収束することを保証する.

部分積分法を用いて，以下の等式を検証することは難しくない.

$$\Gamma(z+1) = z\Gamma(z).$$

z が出発したところから少し左にあれば，$\Gamma(z)$ を等式 $\Gamma(z) = \Gamma(z+1)/z$ によって**定義**することができる. この公式を繰り返し用いて，$z = 0, -1, -2, -3, \ldots$ を除いて z の任意の値に対して $\Gamma(z)$ を定義しよう（$\Gamma(0)$ を定義するためには，0 によって割らなければならないだろう. $\Gamma(0)$ が定義されないとすると，任意の負の整数 n に対して $\Gamma(n)$ を定義することは不可能である.）このようにして，我々はガンマ関数 $\Gamma(z)$ を，正でない整数を除く複素平面のすべてに対して解析接続したことになる.

ここにもう一つの例がある. n を正の実数，s を複素変数として，e^z の定義を用いて n^s を定義する.（ある理由のために，この文脈では伝統的に文字 "s" を用いる.）すなわち,

定義 $n^s = e^{s \log n}$. ここで，$\log n$ は e を底とする n の対数であることを思い出そう.

我々は前に，解析関数に対しても連鎖律が成り立つことを述べた. すなわち，解析関数の合成関数は解析的であり，通常の連鎖律を用いて合成関数の複素導関数を求めることができる. したがって，n^s は**整関数**である（すなわち，s のすべての複素数値に対して解析的である）. そこで，次の和をつくる.

$$Z_k(s) = \frac{1}{1^s} + \frac{1}{2^s} + \frac{1}{3^s} + \cdots + \frac{1}{k^s}.$$

（もちろん，$\frac{1}{1^s}$ は単なる定数関数 1 であるが，そのパターンが明瞭になるようにそのように書いた.）

$Z_k(s)$ は解析関数の有限和であるから,それは解析的である.ところで,解析関数の**無限和**は必ずしも解析関数になるとは限らない.一つの理由として,もしその無限和が収束しなければ,そもそもそれが一つの関数を定義するかどうか分からない.しかしながら,次のようなことが起こることがある.複素数 s の虚部が何であっても[4] s の実部が 1 より大きいような任意の開集合 A をとれば,$k \to \infty$ のとき $Z_k(s)$ の極限は A のそれぞれの s に対して存在し,確かに A 上での解析関数を定義する.この極限関数 $\zeta(s)$ をリーマンのゼータ関数と呼ぶ.

$$\zeta(s) = \frac{1}{1^s} + \frac{1}{2^s} + \frac{1}{3^s} + \cdots.$$

よろしい.我々はまだどんな解析接続もしていない.それができること,そして $\zeta(s)$ の極大な領域は $A = \mathbf{C} - \{1\}$ である,すなわち,1 を除く全複素平面であることが判明する.リーマン仮説 (RH) は次のことを主張している.$\zeta(x+iy) = 0$(ここで我々は拡張された関数について話している)をみたすいかなる値 $s = x + iy$ も $y = 0$ であるか,x は負の偶数であるか,または $x = \frac{1}{2}$ であるかのいずれかをみたす.(標準的な文献はティッチマーシュ (Titchmarsh, 1986) である.)まだ誰もリーマン仮説を証明していない.そして,おそらくそれは今日でもっとも有名な未解決の問題であろう.

リーマン仮説を証明すること,あるいは反証をあげることを非常に難しくしているものは解析接続の神秘的な性質である.ゼータ関数 $\zeta(s)$ は,(たとえば)$s = 2$ を中心とする小さい開円板のすべての $s \neq 0$ における値によって完全に決定される.しかし,どのようにしてこの決定がなされるのかは不透明である.

この章の最後の例に対して,ζ 関数の変形を調べてみよう.我々は各項の前に係数を挿入することによって,幾何級数からベキ級数に進んだ.これをゼータ関数 $\zeta(s)$ に対しても適用し,以下の級数を定義することができる.

$$a_1 \frac{1}{1^s} + a_2 \frac{1}{2^s} + a_3 \frac{1}{3^s} + \cdots.$$

ここで,a_i は複素数である.これは**ディリクレ級数**と呼ばれている.a_i のノ

---

[4] たとえば,$r+1$ に中心をもつ半径 r の開円板,あるいは,s の実部が 1 と $B > 1$ の間にある開集合の帯状領域,あるいはまた,$\mathrm{Re}(s) > 1$ で定義される極大な「右半分 s 平面」などがある.

ルムがあまり大きくないとき，これはある右半平面に制限された変数 s に関する一つの解析関数に収束するだろう．もしその係数があるやり方で「首尾一貫していれば」，A 上でこのように定義された関数はより大きな領域へ，しばしば **C** の全体へも解析接続されるだろう．

　この不可思議な首尾一貫性はその係数がある数論の問題から出てくるとき生じることが多い．このことを第 16 章，第 3 節において見るだろう．

第 8 章
記号の特色

　本章では，後の章で用いるために，いくつかの重要な数や数の集合，そして関数の集合を導入し，復習する．最初に，複素数の重要な部分集合，そして複素指数関数 e^z に関するさらに多くの事実を議論する．実際まだモジュラー形式にたどり着くまで複素関数 q は必要ないが，しかしその定義は本章の中に具合良く組み込まれる．

1. 上半平面 H

　モジュラー形式の研究においてもっとも重要な役割を果たす複素平面 **C** のさまざまな部分集合がある．これらのうちでもっとも重要なものは「上半平面」であり，これは通常文字 "H" のある書式によって表される．本書では H を用いることにする．これは非常に重要な定義である．

$$H = \{\,\text{虚部が正の数である複素数}\,\}$$

それは図 8.1 で斜線が引かれた部分である．読者は H がなぜ開集合であるか分かるだろうか？

　上半平面 H は，19 世紀に発見された非ユークリッド幾何学に対する自然なモデルでもある．その役割によってそれは**双曲平面**と呼ばれている．その幾何学において，二つの点の間の非ユークリッド的直線は，それら二つの点を通り実軸と直角をなす円の弧である．一つの特別な場合がある．すなわち，二つの点が同じ実部をもてば，それらの間の非ユークリッド的直線はそれらを結ぶ垂直な通常の直線である．図 11.3 を参照せよ．もちろん，H の中にある円の部分と直線だけをとる．すなわち，H に関係している部分だけをとり，**C** のその残りは「考えない」．非ユークリッド幾何学は第 11 章で簡潔に考察される．

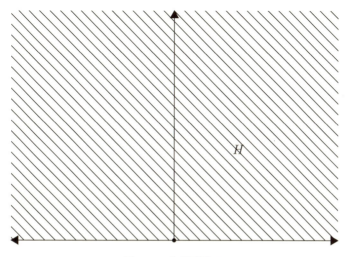

図 8.1　上半平面 H

複素変数 z を複素数全体の上を動かすよりは，z が H に値をとるように制限すれば，我々の目的にさらによく適合している関数が得られることが判明する．

2. 再び指数関数 e^z

我々はさらにもう少し複素指数関数 e^z についての事実が必要である．e^z に対するテイラー級数，(7.11) を用いて，この指数関数のいくつかの重要な性質を確認することはそんなに難しくない．最初に，z と w を任意の二つの複素数とし，n を任意の整数とするとき，次が成り立つ．

$$e^{z+w} = e^z e^w, \tag{8.1}$$

$$(e^z)^n = e^{nz}.$$

次に $z = iy$ を純虚数とする．そのとき，z の偶数ベキは実数であり，z の奇数ベキは純虚数である．e^z に対する定義方程式 (7.11) の右辺にあるベキ級数においてそれらを分離すると，それぞれのベキ級数は余弦関数と正弦関数のそれぞれのテイラー級数として認識することができる．このことは任意の実数 y に対して，次のことを明確に示している．

$$e^{iy} = \cos(y) + i\sin(y). \tag{8.2}$$

これは美しい公式である．[1] $y = \pi$ あるいは 2π とおけば，以下の有名な公式を得る．

$$e^{\pi i} = -1,$$
$$e^{2\pi i} = 1.$$

次節でこれらの公式を用いるであろう．また，ピタゴラスの定理は $\cos^2(y) + \sin^2(y) = 1$ であることを主張していることに注意すれば，そのノルムが $|e^{iy}| = 1$ であることが分かる．

(8.1) と (8.2) を結びつければ，以下の式を得る．

$$e^{x+iy} = e^x e^{iy} = e^x(\cos(y) + i\sin(y)).$$

これは，指数関数が三角関数の背後に隠れていると述べた理由である．

極座標で e^{x+iy} を表示すると，そのノルムは $|e^{x+iy}| = |e^x||e^{iy}| = |e^x||(\cos(y) + i\sin(y))| = e^x$ となることが分かる．そして，e^{x+iy} の偏角は y である．以上より，任意の複素数 $z = x + iy$ に対して，e^z をノルムが e^x で偏角が y である複素数として**定義できる**ことになる．このとき，前にもどって考えれば z に関するベキ級数として e^z に対する表現を得ることができるだろう．

3. q, 穴あき単位円板 Δ^*, と単位円板 Δ^0

モジュラー形式の理論において，以下のようなものとして変数 q を用いることが伝統的である．

$$q = e^{2\pi i z}$$

ただし，z は上半平面 H 上を動く変数である．この制限は $z = x + iy, y > 0$ であることを意味している．すると，$iz = ix - y$ であり，次が成り立つ．

$$q = e^{-2\pi y} e^{2\pi i x}.$$

---

[1] この見解に同意しているのは我々だけではない．Nahin (2011) を参照せよ．

読者は q のノルムは $e^{-2\pi y}$ であり，q の偏角は $2\pi x$ であることが分かるだろう．x が左から右へ実軸に沿って動けば，q は反時計回りにぐるぐると円運動をする．y が小さい正の値から大きい正の値へと動けば，q はノルムがどんどん小さくなる．y がほとんど 0 ならば，q のノルムはほとんど 1 である．また，y が非常に大きければ，q のノルムはほとんど 0 である（しかし，つねに正である）．これらの事実を一緒にすれば，z が上半平面をいろいろ動きまわれば，q が決して 0 にならないということを**除いて**，q は原点 0 を中心として半径 1 の円板をみたす．これを**穴あき円板**と呼び，Δ^* と表す．

$$\Delta^* = \{w \in \mathbf{C} \mid 0 < |w| < 1\}.$$

その穴を埋めることもまた有用であり，前にそうしたように「単位円板」Δ^0 を定義する．

$$\Delta^0 = \{w \in \mathbf{C} \mid 0 \leq |w| < 1\}.$$

それゆえ，穴あき円板 Δ^* は単位円板 Δ^0 から 0 を除いたものである．

ところで，なぜ我々は q を定義したいのであろうか？ はじめに，q は実際 z の関数であることに注意しよう．$q(z)$ と書くべきであるが，記号を複雑にしたくないという理由からそうしないでおく．z の関数として，q は以下の決定的な性質をもつ．

$$q(z+1) = q(z).$$

これを証明しよう．とはいえ，このことは前の段落で「いろいろ動きまわる」という言葉の中に暗黙のうちに意味されているのではあるが．z と $z+1$ は同じ虚部 y をもつが，実部 x は 1 だけ増加することに注意しよう．さらに，$e^{2\pi i} = 1$ であることに注意すれば次のようである．

$$q(z+1) = e^{-2\pi y}e^{2\pi i(x+1)} = e^{-2\pi y}e^{2\pi ix + 2\pi i} = e^{-2\pi y}e^{2\pi ix}e^{2\pi i} = q(z).$$

非常にうまくいく．しかし，それはなぜだろうか？ この性質を，「q は周期 1 をもつ」という．一般に，すべての z に対して $g(z+1) = g(z)$ が成り立つならば，関数 $g(z)$ は周期 1 をもつという．

　　余談：我々が大きさ 1 の周期のみを議論しているという事実は簡潔さのためである．周期 a の周期関数とは，すべての z に対して

$f(z+a) = f(z)$ をみたす関数 $f(z)$ のことである.$a = 0$ にすることはない.なぜなら,その場合この等式は非常に面白くない等式になるからである.さて,$f(z)$ が周期 a をもつならば,式 $F(z) = f(az)$ によって,新しい関数 $F(z)$ を定義することができる.明らかに,これら二つの関数は密接に関連している.そして,それらの一つを理解すれば,他のもう一つの関数を理解できる.ところが,$F(z+1) = f(a(z+1)) = f(az+a) = f(az) = F(z)$ であるから,$F(z)$ は周期 1 をもつ.それゆえ,周期 1 の関数を議論することによってなんら理論的な力を失うことはない.数 1 は非常に具合が良く,かつ単純であるから,これが周期 1 の関数で考えていこうとする理由である.以上のことが,なぜ q を定義しようとするとき,その指数の中に 2π を入れるかという理由である.

周期関数は数学,物理学,そしてほかの多くの科学において巨大な重要性をもつ.多くの物理学的方法は周期的であるか,あるいはほとんど周期的である.たとえば,地球は 24 時間の周期をもつ周期関数に従って回転する.潮汐(潮の干満)は約 24 時間 50 分の周期をもちおよそ周期的である.古典物理学における水素の原子核を回る電子の運動は周期的であり,この周期数は量子力学に対する潜在的重要性をもつ.バイオリンである音を弾く弦の動きは周期的である.など,たくさんの例がある.

フーリエ級数の数学的理論は周期関数を研究するために創始された.それは正弦と余弦によって q に密接に関連している.読者は,これから我々が述べようとしている q の性質に従うフーリエ級数について知る必要はないが,もしもフーリエ級数を学んだならば,読者は我々が次に述べることを信じられるようになるだろう.

我々は,$q(z)$ が上半平面 H で周期 1 をもつ関数であることを学んだ.それはこのような関数だけであろうか? そうではない.容易にこのようなほかの関数を考えることができる.明らかに,定数関数は周期 1 をもつ(読者が好きなほかの任意の周期もまたもつ).さらに面白いことに,任意の関数 G に対して,$G(q(z))$ もまた周期 1 をもつ.

ところで,「任意の関数 G」とは少し広すぎる関数の集合であり,それは制御できない.実際,良い関数とは代数的な関数である.それらは加法,減法,乗法,そして除法によって得られるものである.除法は問題であるかもしれない.というのは,その場合つねに 0 で割ることを心配しなければならないからである.しかし,q は決して 0 にならないということを知っている.多項式関数はもっとも良い関数である.$a_0, a_1, a_2, \ldots, a_n$ が任意の固定された複素数であるとき,関数

$$a_0 + a_1 q + a_2 q^2 + \cdots + a_n q^n$$

は周期 1 をもつ上半平面 H 上の関数である.

しかし,我々は極限もまたとることができる.(第 7 章,第 3 節と比較せよ.)無限個の a_n を選び,それらを十分小さく選べば,無限級数

$$a_0 + a_1 q + a_2 q^2 + \cdots + a_n q^n + \cdots$$

は穴あき円板 Δ^* における q のすべての値に対してある極限をもつだろうと期待することができる.それゆえ,その無限の和は上半平面 H 上で周期 1 をもつ関数を定義する.将来の照会のために,$q(z)$ は $z \in H$ に対して決して 0 にならないけれども,無限和の定めるこの関数は $q = 0$ とおくことにすれば,一様に定義される.ゆえに,それは円板全体 Δ^0 の上で一つの関数を定義する.

我々はまだ除法を用いていない.q の任意のベキにより全体を通して割ることができる.この除法は q の負のベキの出現を引き起こすかもしれないが,次のことを繰り返し言っておこう.$q(z)$ は決して 0 にならないので,q の負のベキは問題ではない.$m > 0$ と仮定する.$n \to \infty$ のとき,十分速く a_n が小さくなるように,固定した複素数 $a_{-m} \neq 0, a_{-(m-1)}, \ldots, a_{-1}, a_0, a_1, a_2, \ldots, a_n, \ldots,$ を選ぶ.このとき,級数

$$\begin{aligned}&a_{-m}q^{-m} + a_{-(m-1)}q^{-(m-1)} + \cdots + a_{-1}q^{-1} + a_0 \\&+ a_1 q + a_2 q^2 + \cdots + a_n q^n + \cdots\end{aligned} \quad (8.3)$$

は周期を 1 とする上半平面 H 上の関数を定義する.

これらの和は,それらが負のベキをもついくつかの余分な項をもつという

ことを除いて，q の正のベキに関するベキ級数に類似している．(8.3) のような級数は「原点において位数 m の極をもつローラン級数」と呼ばれている．

我々は H 上で周期 1 をもつたくさんの関数を挙げてきた．これらですべてであろうか？ もちろん，そうではない．これらのベキ級数はたくさんの良い性質をもっている．そして，$G(q(z))$ がそれらの性質をもたないような異常な関数 G を見出すのは難しくない．（たとえば，すべてのローラン級数は H 上で**連続**な関数を定義するが，不連続な関数 G を選ぶことができる．）このような状況において一つの定理が複素解析学から手に入る．その定理はモジュラー形式の研究のために後で必要になる定理であるが，それは以下のように主張している．

定理 8.4：$f(z)$ を上半平面 H 上で周期 1 をもつ関数とする．これは解析的であり，$y \to \infty$ のとき良い振る舞いをすると仮定する．このとき，$f(z)$ は次の形をしているある級数に等しい．

$$a_0 + a_1 q + a_2 q^2 + \cdots + a_n q^n + \cdots.$$

ただし，$z = x + iy$ であり，x と y は実数，また $q = q(z) = e^{2\pi i z}$ である．

本書はこの定理を証明すべき本ではないが，我々は「良い振る舞いをする」ことの説明を読者にしなければならない．この状況では，それは y が無限に大きくなるとき，x がどのようであっても $\lim_{y \to \infty} f(z)$ が存在することを意味している．

ところで，$f(z)$ が良い振る舞いをすることを除いて，定理で必要とされているすべての性質をもっているならば，それでもそれは一種の q に関する級数として表される．しかし，このときその級数は q に関する負のベキをもつ項を含む可能性がある．しかも，無限に多くのこのような項を含むかもしれない．我々は第 III 部でこれを簡潔に用いる．

第 9 章
ゼータ関数とベルヌーイ数

1. 神秘的な公式

ゼータ関数 $\zeta(s)$ とベルヌーイ数 B_k の間には神秘的な関係がある．以下のことを思い出そう．$\zeta(s)$ は

$$\zeta(s) = 1 + \frac{1}{2^s} + \frac{1}{3^s} + \frac{1}{4^s} + \cdots$$

により，またベルヌーイ数 B_k は次の公式により定義される．

$$\frac{t}{e^t - 1} = \sum_{k=0}^{\infty} B_k \frac{t^k}{k!}. \tag{9.1}$$

このとき，ゼータ関数とベルヌーイ数の不思議な関係は次の公式により与えられる．

$$\zeta(2k) = (-1)^{k+1} \frac{\pi^{2k} 2^{2k-1} B_{2k}}{(2k)!}. \tag{9.2}$$

これは $k = 1, 2, 3, \ldots$ に対して成り立つ．$\zeta(2k)$ は正であるから，(9.2) より，k が増大するとき B_{2k} の符号は交互に入れ替わることに注意しよう．

公式 (9.2) は非常に驚くべき関係を表している．ベルヌーイ数 B_k（そして関係するベルヌーイ多項式 $B_k(x)$）を定義する最初の理由は，それらによって**有限和** $1^k + 2^k + \cdots + n^k$ の数値を求めることが可能になるからである．そしていまは，にわかに式 (9.2) よりベルヌーイ数を用いて，**偶数ベキの逆数の無限和**を求めることができる．

(9.2) を証明する多くの方法がある．左辺は二重積分，あるいはほかの和によって表すことができる．フーリエ級数に関係する方法，そして複素数を用いる方法もある．特に巧妙な証明の一つとして，ウィリアム (Williams, 1953) は $n = 2, 3, 4, \ldots$ に対して成り立つ次の等式を立証した．

$$\zeta(2)\zeta(2n-2) + \zeta(4)\zeta(2n-4) + \cdots + \zeta(2n-4)\zeta(4) + \zeta(2n-2)\zeta(2)$$

$$= \left(n + \frac{1}{2}\right)\zeta(2n). \tag{9.3}$$

一度, $\zeta(2)$ が計算されると, $\zeta(4), \zeta(6), \zeta(8), \ldots$ などが (9.3) とベルヌーイ数を含む等式を用いて計算することができる ($\zeta(2)$ は (9.3) に類似の公式を用いてウィリアム (1953) によって計算された).

我々はそのかわりに, オイラーによる (9.2) のもともとの証明に近いコブリッツ (Koblitz, 1984) の方法に従う方法を選んだ. その証明のいくつかの技術的な詳細は省略しよう.

2. 無限積

定義 x の**モニック多項式**とは, その最高次の係数が 1 である多項式のことである. すなわち, 次のような多項式のことである.

$$x^n + a_1 x^{n-1} + a_2 x^{n-2} + \cdots + a_{n-1}x + a_n.$$

$p(x)$ が複素係数をもつ n 次モニック多項式で, かつ n 個の異なる複素数 $\alpha_1, \ldots, \alpha_n$ に対して $p(\alpha_1) = p(\alpha_2) = \cdots = p(\alpha_n) = 0$ ならば, $p(x)$ は $(x-\alpha_1)(x-\alpha_2)\cdots(x-\alpha_n)$ と分解する. $p(x)$ の定数項は $(-1)^n \alpha_1 \alpha_2 \cdots \alpha_n$ であることに注意しよう.

一方, 多項式 $q(x)$ は $q(0) = 1$ であり, かつ $q(\alpha_1) = q(\alpha_2) = q(\alpha_3) = \cdots = q(\alpha_n) = 0$ という性質をもつ n 次多項式と仮定する. 言い換えると, $p(x)$ はモニック多項式であり (最高次の係数は 1 である), 一方 $q(x)$ は 1 に等しい**定数項**をもつ多項式である. $p(x)$ の分解をとり, $(-1)^n \alpha_1 \alpha_2 \alpha_3 \cdots \alpha_n$ で割ると, 次のように表すことができる.

$$q(x) = \left(1 - \frac{x}{\alpha_1}\right)\left(1 - \frac{x}{\alpha_2}\right)\left(1 - \frac{x}{\alpha_3}\right)\cdots\left(1 - \frac{x}{\alpha_n}\right).$$

ここで, オイラーは思い切った外挿法を用いた. 関数 $f(x) = \frac{\sin x}{x}$ は $f(0) = 1$ を満足し (この主張は最初のセメスターにおける微積分学の標準的な事実である), また $f(\pm\pi) = f(\pm 2\pi) = f(\pm 3\pi) = \cdots = 0$ である. もちろん, $f(x)$ は x の**無限に多くの**値に対して 0 となるが, それにもかかわらず,

オイラーは次のように書いた.

$$\frac{\sin x}{x} = \left(1 - \frac{x}{\pi}\right)\left(1 - \frac{x}{-\pi}\right)\left(1 - \frac{x}{2\pi}\right)\left(1 - \frac{x}{-2\pi}\right)$$
$$\times \left(1 - \frac{x}{3\pi}\right)\left(1 - \frac{x}{-3\pi}\right)\cdots.$$

より正確には，彼は二つ一組の項を結びつけて，次のように書いた.

$$\frac{\sin x}{x} = \left(1 - \frac{x^2}{\pi^2}\right)\left(1 - \frac{x^2}{4\pi^2}\right)\left(1 - \frac{x^2}{9\pi^2}\right)\left(1 - \frac{x^2}{16\pi^2}\right)\cdots. \quad (9.4)$$

この公式は実際正しく，厳密な方法でそれを導き出すのは複素解析学コースの標準的な内容である．我々はこれをさらに証明することなしに用いることにする.

(9.4) を用いてすぐに $\zeta(2)$ を計算することができるし，実際これはオイラーがその公式を書き下すやいなやすぐに以下のように実行したことである．右辺を掛け合わせると，x^2 の係数は $-\frac{1}{\pi^2} - \frac{1}{4\pi^2} - \frac{1}{9\pi^2} - \frac{1}{16\pi^2} - \cdots$ であることが分かる．左辺はどのように扱えばよいであろうか？ 微積分学から次の公式を思い出そう.

$$\sin x = x - \frac{x^3}{6} + \frac{x^5}{120} - \frac{x^7}{5040} + \cdots.$$

これを x で割ると，次を得る.

$$\frac{\sin x}{x} = 1 - \frac{x^2}{6} + \frac{x^4}{120} - \frac{x^6}{5040} + \cdots.$$

この表現から，x^2 の係数は $-\frac{1}{6}$ であることが分かる．したがって，

$$-\frac{1}{6} = -\frac{1}{\pi^2} - \frac{1}{4\pi^2} - \frac{1}{9\pi^2} - \frac{1}{16\pi^2} - \cdots$$

が得られ，$-\pi^2$ を掛けると次が得られる.

$$\frac{\pi^2}{6} = \frac{1}{1} + \frac{1}{4} + \frac{1}{9} + \frac{1}{16} + \cdots.$$

右辺は $\zeta(2)$ であるから，$\zeta(2) = \frac{\pi^2}{6}$ と結論することができる.

少し努力すれば，読者は (9.4) の両辺にある x^4 の係数を調べて，$\zeta(4) = \frac{\pi^4}{90}$ を計算することができる．さらにもう少し計算すれば，$\zeta(6) = \frac{\pi^6}{945}$ を示すことができる．しかし，もう少し微積分学の計算に関係したある巧妙さを用い

れば，$\zeta(2n)$ と B_{2n} の間の関係を引き出すためのよりよい方法が得られる．

3. 対数微分法

正の偶数 s に対して $\zeta(s)$ の数値を求めることをさらに進展させるために，(9.4) において $x = \pi y$ を代入し，π のベキを消去し，分母を払うと次の等式を得る．

$$\sin \pi y = (\pi y)\left(1 - \frac{y^2}{1}\right)\left(1 - \frac{y^2}{4}\right)\left(1 - \frac{y^2}{9}\right)\left(1 - \frac{y^2}{16}\right)\cdots. \quad (9.5)$$

そのとき，最初に (9.5) の両辺の対数をとり，それからその結果を微分することによって，(9.2) を導き出すことが完成する．

右辺から始めよう．積の対数はその対数の和であるから，(9.5) の右辺の対数は次のようである．

$$\log \pi + \log y + \sum_{k=1}^{\infty} \log\left(1 - \frac{y^2}{k^2}\right).$$

いまさらに前に進むことができる．微積分学における標準的な結果は以下の無限級数である．

$$\log(1-t) = -t - \frac{t^2}{2} - \frac{t^3}{3} - \frac{t^4}{4} - \cdots$$
$$= -\sum_{n=1}^{\infty} \frac{t^n}{n}.$$

この等式は $|t| < 1$ に対して成り立つ．（この公式は前に第 7 章，第 8 節で学んだ．）したがって，次の等式を得る．

$$\log\left(1 - \frac{y^2}{k^2}\right) = -\sum_{n=1}^{\infty} \frac{y^{2n}}{nk^{2n}}.$$

すると，(9.5) の右辺の対数は次のようになる．

$$\log \pi + \log y - \sum_{k=1}^{\infty} \sum_{n=1}^{\infty} \frac{y^{2n}}{nk^{2n}}.$$

$0 < y < 1$ に対して，この和は絶対収束するので，[1] 和をとる二つの Σ は交換

---

[1] 実数または複素数の級数は，その絶対値の和 $\sum |a_n|$ が収束するとき **絶対収束** するという．級数が絶対収束すれば，その級数は収束する．しかし，それ以上のことが成り立つ．あな

可能であり，以下の式を得る．

$$\log \pi + \log y - \sum_{n=1}^{\infty} \sum_{k=1}^{\infty} \frac{y^{2n}}{nk^{2n}} = \log \pi + \log y - \sum_{n=1}^{\infty} \frac{y^{2n}}{n} \sum_{k=1}^{\infty} \frac{1}{k^{2n}}$$
$$= \log \pi + \log y - \sum_{n=1}^{\infty} \frac{y^{2n}}{n} \zeta(2n).$$

(9.5) の左辺の対数はまさに $\log \sin \pi y$ であり，ゆえに次が成り立つ．

$$\log \sin \pi y = \log \pi + \log y - \sum_{n=1}^{\infty} \frac{y^{2n}}{n} \zeta(2n).$$

これを微分すると，次が得られる．

$$\frac{\pi \cos \pi y}{\sin \pi y} = \frac{1}{y} - \sum_{n=1}^{\infty} 2y^{2n-1} \zeta(2n).$$

両辺に y を掛けると，次のようになる．

$$\frac{\pi y \cos \pi y}{\sin \pi y} = 1 - \sum_{n=1}^{\infty} 2y^{2n} \zeta(2n).$$

さらにもう一つ代入をしてみよう．y を $z/2$ で置き換えると次を得る．

$$\frac{\pi(z/2)\cos(\pi z/2)}{\sin(\pi z/2)} = 1 - \sum_{n=1}^{\infty} \frac{z^{2n}}{2^{2n-1}} \zeta(2n). \tag{9.6}$$

$e^{i\theta}$ と $e^{-i\theta}$ に対するオイラーの公式を思い出してみよう．

$$e^{i\theta} = \cos \theta + i \sin \theta,$$
$$e^{-i\theta} = \cos \theta - i \sin \theta.$$

加法と減法により，

$$\cos \theta = \frac{e^{i\theta} + e^{-i\theta}}{2},$$

たが望むやり方で絶対収束級数の項を並べ替えたとき，その結果それでもその級数は収束し，またそれらの異なった並べ替えた級数はすべてもとの級数と同じ極限に収束する．$1 - \frac{1}{2} + \frac{1}{3} - \frac{1}{4} + \cdots$ のような絶対収束しない収束級数と比較してみよう．このような級数はそれが異なった値に収束したり，あるいはそれが発散するように並べ替えることが可能である．

が得られ,ゆえに

$$\frac{\cos(\pi z/2)}{\sin(\pi z/2)} = i\frac{e^{i\pi z/2} + e^{-i\pi z/2}}{e^{i\pi z/2} - e^{-i\pi z/2}} = i\frac{e^{i\pi z} + 1}{e^{i\pi z} - 1}$$
$$= i\frac{(e^{i\pi z} - 1) + 2}{e^{i\pi z} - 1} = i\left(1 + \frac{2}{e^{i\pi z} - 1}\right) = i + \frac{2i}{e^{i\pi z} - 1}.$$

これらの変換を (9.6) にすべて入れると,次のようになる.

$$\frac{\pi i z}{2} + \frac{\pi i z}{e^{\pi i z} - 1} = 1 - \sum_{n=1}^{\infty} \frac{z^{2n}}{2^{2n-1}}\zeta(2n).$$

ベルヌーイ数を定義する関係式 (9.1) を思い出し,それを用いて次のように表す.

$$\frac{\pi i z}{e^{\pi i z} - 1} = \sum_{k=0}^{\infty} B_k \frac{(\pi i z)^k}{k!} = 1 - \frac{\pi i z}{2} + \sum_{k=2}^{\infty} B_k \frac{(\pi i z)^k}{k!}.$$

ここで,$B_0 = 1$ と $B_1 = -\frac{1}{2}$ という事実を用いた.いくつかの項を消去すると,次のようになる.

$$\sum_{k=2}^{\infty} B_k \frac{(\pi i z)^k}{k!} = -\sum_{n=1}^{\infty} \frac{z^{2n}}{2^{2n-1}}\zeta(2n).$$

次に,$B_3 = B_5 = B_7 = \cdots = 0$ を思い出し,$k = 2n$ を代入し,また $i^{2n} = (-1)^n$ であることを思い出そう.すると,次の式が得られる.

$$\sum_{n=1}^{\infty} B_{2n}\frac{(\pi z)^{2n}}{(2n)!}(-1)^n = -\sum_{n=1}^{\infty} \frac{z^{2n}}{2^{2n-1}}\zeta(2n).$$

この等式のそれぞれの辺にある z^{2n} の係数を等しいとおけば,次を得る.

$$\frac{B_{2n}\pi^{2n}(-1)^n}{(2n)!} = -\frac{\zeta(2n)}{2^{2n-1}}.$$

すなわち,

$$\zeta(2n) = (-1)^{n-1}\frac{2^{2n-1}\pi^{2n}B_{2n}}{(2n)!}.$$

4. さらに続く二つの小道

正の奇数 $n = 3, 5, 7, \ldots$ における $\zeta(n)$ の値に対して,知られている偶数の

場合のような類似の公式はない．しかしながら，すべての奇数の指数に対して類似の結果をもつ以下のような交代和がある．

$$1 - \frac{1}{3} + \frac{1}{5} - \frac{1}{7} + \frac{1}{9} - \cdots = \frac{\pi}{4},$$

$$1 - \frac{1}{3^3} + \frac{1}{5^3} - \frac{1}{7^3} + \frac{1}{9^3} - \cdots = \frac{\pi^3}{32},$$

$$1 - \frac{1}{3^5} + \frac{1}{5^5} - \frac{1}{7^5} + \frac{1}{9^5} - \cdots = \frac{5\pi^5}{1536},$$

$$1 - \frac{1}{3^7} + \frac{1}{5^7} - \frac{1}{7^7} + \frac{1}{9^7} - \cdots = \frac{61\pi^7}{184320}.$$

公式 $\zeta(2) = \pi^2/6$ のもう一つの可能な一般化がある．和 $\zeta(2)$ を平方の逆数の和としてみれば，ほかの多角数の逆数の和について問うことができる．偶数辺をもつ多角形に対するあざやかな初等的解答についてはダウニー達 (Downey et al., 2008) を参照せよ．簡単のため，n 次三角数 $\frac{n(n+1)}{2}$ を表すために記号 $P(3, n)$ を，n 次四角数 n^2 を表すために記号 $P(4, n)$ を，... などを用いる．最初のいくつかは，以下の表 9.1 のようになる．

表 **9.1** 多角数の逆数の和

k	$P(k,n)$	$\sum_{n=1}^{\infty} \frac{1}{P(k,n)}$
3	$\dfrac{n^2+n}{2}$	2
4	n^2	$\dfrac{\pi^2}{6}$
5	$\dfrac{3n^2-n}{2}$	$3\log 3 - \dfrac{\pi\sqrt{3}}{3}$
6	$2n^2-n$	$2\log 2$

第10章
方法を数える

1. 母関数

　私はあなたをどのように評価するか？　私にその評価の方法を数えさせてください[1]．

　しばしば数学における正否 (yes/no) 問題はそれが数える問題になるとき，より面白くなる．このことに対する一つの理由は，数えるということはその資料あるいはその問題の概念的な枠組みに，より繊細な構造を導入することができるかもしれない，ということである．同様にして，ときどき数える問題は，それが群論の問題に変わるときさらに面白くなる．ときに，正否問題は明瞭な答えをもつが，それでもなお数え上げ問題は魅力ある美しい理論を提供する．数え上げ問題を解くもう一つの理由は，我々がより自然に最初に始めた単純な二項のパズルよりさらに正確でかつ計量的な問題に興味をもつからである．もちろん，興味ある解答に上首尾で成功していなければ，さらに複雑な方法で満足することになるだろう．

　本書の鍵となる例は平方の和の問題である．我々は単に，「この数は二つの平方数の和になるだろうか？」あるいは，「どの数が二つの平方数の和になるだろうか？」と問うのではなく，「**何通りの方法でこの数は二つの平方数の和として表せるだろうか？**」と問うのである．4 個あるいはさらに多くの平方数の場合には，すべての正の数は平方数の和であることを知っている．しかし，「何通りの方法で」という条件を付けた問題にすると，さらに良い問題になる．

　もう一つの例は 1 次のベキの和である．これは最初面白くもないように思

---

[1] 訳注：この第 1 行目の原文は "How do I sum thee? Let me count the ways." である．これは，詩人エリザベス・バレット・ブラウニングの代表作「ポルトガル語からのソネット」という詩集の 43 番目に掲載された英詩の第 1 行目 "How do I love thee? Let me count the ways." をひねった意味合いがある．"love" を "sum" に置き換えている．

われる．言い換えれば，「すべての数はほかの数の和として表されるか？」である．もちろん，どんな数 n も 0 と n の和である．通常，「和」の概念を一つの数の和，そして数のない和さえも含めて拡張する．n の「和」（それ自身ですべて）は約束として n をとることにする．

数の空集合の和とは何か？ あなたが計算機で数を加えようとしたとき，最初に計算機を消去しなければならないということを理解するだろう．すなわち，レジスターの目盛りを 0 にしなければならない．すると計算機のスクリーンは 0 を示している．それから，あなたは数を加えることを始める．もし，加える数がなければ，スクリーンは 0 のままである．それで，数のない和は約束で 0 をとることにする．同じような計算機に関連する想像は，なぜちょうど n だけの和が n であるのかを説明する．計算機を消去して，0 になり，そして，n を算入する．これで終わりである．答えは n である．

1 次のベキの和にもどろう．このとき，良い問題とは，与えられた正の整数 n が，すべてが必然的に n より小さいかまたは n に等しい正の整数の和として表せるかどうかではなく，何通りの方法で表せるかである．これは**分割の問題**と呼ばれている．この問題は数論の広大な領域を生成した．そのほんの少しの部分を後で議論する．

我々は次のような非常に一般的な形の問題を設定することができる．S を整数の集合とする．これは有限集合でも無限集合でもよい．たとえば，S は集合 $\{1, 2, 3\}$ でもいいし，すべての素数の集合，正の整数の集合，あるいは 0 を含むすべての平方数の集合でもよい．

S から出発して，任意の非負の整数 n に対して以下のような関数 $a(n)$ を定義することができる．

擬定義：$a(n)$ は，n を S の要素の和として表す方法の数に等しい．

この擬定義はあまりに漠然としている．与えられた和の中に 1 回以上 S の同じ要素を使用することが許されるか？ 加える数の順序を重要なものとして考えるか？ たとえば，S をすべての平方数の集合とする：$S = \{0, 1, 4, 9, \dots\}$．このとき，$a(8)$ を求めようとするとき，$4 + 4$ を認めるのか？ また $a(25)$ に対して，$9 + 16$ と $16 + 9$ は一つの方法と数えるのか，それとも二つと数えるのか？ $0 + 0 + 9 + 16$ と $0 + 0 + 9 + 16$ は二つの方法と数えるのか？（ここ

で，0の順序を入れ換えた——どちらかというとこれは形而上学的なことであるが—— しかし，確かに考えられることではある．）

ここで，どの選択をなすべきかは個々の問題に依存する．これらの問題にとりかかるために用いる構造は，我々がなすべき選択に決定的に依存している．間違った選択は手に負えない問題に導くし，正しい選択はすばらしい理論に導くだろう．

擬定義をより正確にするもう一つの方法は，与えられた和において用いることが可能な S の要素を制限することだろう．たとえば，0 が S の要素であり，加える要素の数に制限がなければ，$a(n)$ はつねに無限となり，あまり面白くない．たとえば，平方数の和について問題とするとき，何個であるかを明記する．たとえば，2 個の平方数，4 個の平方数，6 個の平方数，あるいは任意の個数の平方数の和など．

一方，あるときには加える数の個数を制限したくないときもある．分割問題は，n が正の整数の和として何通りの方法で表されるかを問うものであり，良い問題を得るためにその個数を制限する必要はない．

集合 S と関数 $a(n)$ の正確な定義を明細に仮定したとすると，非負整数の列

$$a(0), a(1), a(2), a(3), \ldots$$

を得る．この列を，場合によっては関数 $a(n)$ に対する公式を求めることによって決定したい．$n \to \infty$ のとき，$a(n)$ が極限をもつか？ というような，この列のほかの性質もまた知りたいことである．$a(n)$ はしばしば果てしなく 0 に近くなる？ いったい，$a(n)$ は 0 に等しくなるのか？ $a(n)$ はきれいな性質をもつか？ （たとえば，おそらく，$a(n)$ は n が 5 の倍数であるときはいつでも 5 の倍数である．）これらのきれいな性質は単にきれいであるように見えるかもしれないが，それらは実際非常に美しく，数論において，かなり深い重要性をもつある非常に困難な研究を刺激するかもしれない．したがって，この列を研究するために我々は何をするべきか？ もちろん，一つはまさにその問題そのものを考察することである．たとえば，S を平方数の集合とし，n を 4 個の平方数の和として表す方法の個数を $a(n)$ とすると（加える数の可能な順序変更についてどうするかといった，何らかの決定をした後で），そのとき定理 3.2 から，すべての n に対して $a(n) \geq 1$ が成り立つことが分

かる.

　しかし，さらに想像力をかきたてられることは，すべての $a(n)$ を要約して一つの新しい変数の関数にまとめることである．最初の印象では，この過程は不自然であるように見え，我々をどこにも導いていかないように思われたが，実際それは多くの場合我々を非常に遠いところまで連れて行くことになる．たとえば，その係数が $a(n)$ であるような x のベキ級数を以下のように書き表すことができる．

$$f(x) = a(0) + a(1)x + a(2)x^2 + a(3)x^3 + \cdots.$$

　この多項式 $f(x)$ を列 $a(0), a(1), a(2), a(3), \ldots$ に対する**母関数**と呼ぶ．驚くことに，数列 $a(n)$ が良い数論の問題から生じているとき，その問題の構造は母関数 $f(x)$ 上にある性質を反映させ，その性質は我々が母関数 $f(x)$ を考察することを可能にし，その結果もとの数列 $a(n)$ に関する情報を引き出せるようにする．これが本書のこれからの主要テーマの一つである．

　列を要約してまとめる別の方法は**ディリクレ級数**を構成することである．この場合，$n=0$ でなく，$n=1$ で列を始めなければならない：

$$L(s) = \frac{a(1)}{1^s} + \frac{a(2)}{2^s} + \frac{a(3)}{3^s} + \cdots.$$

ここで，複素平面のある右半平面において，すべての s に対してこの無限級数が収束することが望ましい．すなわち，ある正数 M が存在して，その級数はその実部が M より大きいすべての複素数 s の解析関数に収束する．このとき，それは半平面上で一つの関数 $L(s)$ を定義する．$L(s)$ は解析接続されて s の値の大きい集合の上で定義されることを期待することができる．もしそうなれば，この大きい集合の中のある点における $L(s)$ の値はしばしば大きな数論的興味をもつことになる．

　ベキ級数の形の母関数やディリクレ級数の場合に，それらの関数は特別な性質をもっている可能性がある．その性質はそれらの関数からもとの数列 $a(n)$ に関する情報を知ることを可能にし，最後にどんな数論体系がその数列 $a(n)$ を生み出したかについて知ることを可能にする．

2. 母関数の例

$1, 1, 1, 1, 1, \ldots$ のような単純な列さえ一つの母関数をつくり出す．このことはすでに見てきた．そのベキ級数に対して，次を得る．

$$1 + x + x^2 + x^3 + \cdots = \frac{1}{1-x}.$$

これは絶対値が 1 より小さい任意の x に対してある関数を定義する．ディリクレ級数については，リーマンのゼータ関数 $\zeta(s)$ を得る．すなわち，

$$\zeta(s) = \frac{1}{1^s} + \frac{1}{2^s} + \frac{1}{3^s} + \cdots.$$

どちらの場合においても，その母関数は全複素平面上に解析接続される．ただし，最初のベキ級数の場合は $x = 1$ を除いて，後者のディリクレ級数の場合は $s = 1$ を除く全複素平面である．我々は幾何級数を非常によく理解していると感じているが，しかし，ゼータ関数 $\zeta(s)$ にはまだそれに付随している多くの神秘的なことがある．特に，リーマン仮説はいまなお未解決の問題である（p.100 を参照せよ）．

分割の理論からの二つの例を挙げる前に，正式に分割の定義をすべきだろう．

> **定義** 正の整数 n の**分割**とは，m_i を正の整数とする表現 $n = m_1 + m_2 + \cdots + m_k$ のことである．二つの分割は，その右辺が互いに並べ替えることができるときに同じであると数える．そこで，$p(n)$ を n の分割の個数とする．数 $m_1, \ldots, m_k$ はその分割の**部分**と呼ばれる．

前節からの一般的な術語として，集合 S をすべての正の整数の集合にとる．このとき，$p(n)$ は n を S の要素の和として表す方法の個数である．ただし，繰り返しを許し，その順序を気にしない．その順序は考慮しないのであるから，その和を増大する順序で書くことができる．たとえば，4 の分割は 4 や $1+3, 2+2, 1+1+2, 1+1+1+1$ である．それらは 5 通りあるので，$p(4) = 5$ である．定義によって，0 は分割をもたないのではあるが，有用な約束として $p(0) = 1$ とする．実に驚くべきことであるが，$p(n)$ に対する単純な公式は知られていない．

$p(n)$ に対する母関数を表すベキ級数は，次のように書き下すことができる．

$$f(x) = p(0) + p(1)x + p(2)x^2 + p(3)x^3 + \cdots.$$

この設定を変えることができる．たとえば，$p_m(n)$ を n の高々 m 個の部分への分割の個数とする．あるいは，$s(n)$ をすべての部分が奇数であるような n の分割の個数とする．このようにして，限りのない変形を考えることができ，それらのいくつかは非常に難しいが，しかし面白い数学に導き，その多くは本書の範囲を超えている．

我々は，$f(x)$ を求めるための異なった方法に注意することによって，分割を研究する第一歩を踏み出すことができる．これは，母関数を用いた方法の柔軟性をどのようにして使い始めることができるか，ということを実例を出して説明する．最初に，以下の幾何級数で始めよう．

$$\frac{1}{1-x} = 1 + x + x^2 + x^3 + \cdots.$$

自明ではあるが，x^n の係数は 1 であることに注意しよう．このことを，1 を超える部分をもたない n の分割は $n = 1 + 1 + \cdots + 1$ 唯一つである，ということによって説明することができる．これは不思議なことであるが，しかしこのことを我々に教えるものとして項 x^n を考えることができる．

さて次に，以下の幾何級数を見てみよう．

$$\frac{1}{1-x^2} = 1 + x^2 + x^4 + x^6 + \cdots.$$

ここで，我々の生まれたての解釈する仕組みによれば，x^6 という項は何を意味しているだろうか？ それは，6 が唯一つの分割をもつことを意味している．それはその部分がすべて 2 である分割，すなわち，$6 = 2 + 2 + 2$ である．

これはなお不可思議なことに思われるかもしれないが，いまこれら二つの等式を掛け合わせてみよう．無限級数を掛けることについて心配する必要はない．なぜなら，それらを大きな次数のところで切り捨て多項式にして，それらを多項式として掛ければよいからである．その後で，その次数を無限にしていけばよい．言い換えると，自然であるように思われることをすればよい．すると，以下を得る．

$$\left(\frac{1}{1-x}\right) \cdot \left(\frac{1}{1-x^2}\right) = (1 + x + x^2 + x^3 + \cdots)(1 + x^2 + x^4 + x^6 + \cdots).$$

最初に右辺を掛けることから始めて，与えられた x の 1 つの指数の項をまとめると，$1+x+2x^2+2x^3+3x^4+\cdots$ を得る．たとえば，x^4 の係数 3 はどこから生じるか？ 積として x^4 を得る 3 つの方法がある．すなわち，$1\cdot x^4$, $x^2\cdot x^2, x^4\cdot 1$ である．これらは 4 の分割 $2+2, 1+1+2, 1+1+1+1$ に対応している．それはどのようにしてであろうか？ これらの積の一つ $x^d\cdot x^e$ を考えてみよう．項 x^d は $\frac{1}{1-x}$ から生じる．ゆえに，我々の規則によれば，それは d 個の 1 の和として解釈される．項 x^e は $\frac{1}{1-x^2}$ から生じる．ゆえに，我々の規則によれば，それは $\frac{e}{2}$ 個の 2 の和として解釈される．したがって，その積は d 個の 1 と $\frac{e}{2}$ 個の 2 の和に対応し，これらの和は合計して $d+e=4$ となる．言い換えると，部分が 2 を超えない 4 の分割を得る．それらは正確に 3 通りあり，このことがこの積において x^4 の係数が 3 であることの意味である．

このパターンを続けていくと，次のことが分かる．
$$\left(\frac{1}{1-x}\right)\left(\frac{1}{1-x^2}\right)\cdots\left(\frac{1}{1-x^m}\right)=1+a_1 x+a_2 x^2+\cdots.$$
ただし，a_n はどの部分も m を超えない n の分割の個数を表している．

これは非常に冷静な考察であり，我々は無限級数を掛けることについて不安をもたずにすむので，同様にしてそれらの無限個の級数を掛けることができる．

注意：このような無限級数に対する扱い方は必ずしも確かな結果をもたらすものではない——読者はある適正な意味において「収束する」ことを確かなものにしておかなければならない．

いま考えている場合では，新しい因数 $\frac{1}{1-x^m}=1+x^m+x^{2m}+\cdots$ に目を向けると，m より小さい指数をもつ x に関する項をもたない（定数項 1 に対するものを除いて）．この考察は次のことを意味している．指数が m より小さい指数をもつ x のベキのどんな係数も動かさないのであるから，すべての m に対して不安なくそれらのベキ級数を掛けることができる．そして，我々は分割に対する母関数は以下の等式を満足するという美しい事実を得る．

$$f(x)=\frac{1}{(1-x)(1-x^2)(1-x^3)\cdots}. \tag{10.1}$$

部分の大きさに関する制限のない，n の部分への分割の個数を $p(n)$ とすると，

$f(x)$ は $p(x)$ に対する母関数であることを思い出そう．等式 (10.1) は最初オイラーによって証明された，言い換えると，注目された．我々は後ろの章で，モジュラー形式の理論がどのようにして $f(x)$ に結び付けられるようになったのかを見ることになるだろう．

指数を変えることによって，ほかの母関数を導き出すこともできる．たとえば，n を奇数の部分だけに分割するという方法に対する母関数は

$$f_{\text{odd}}(x) = \frac{1}{(1-x)(1-x^3)(1-x^5)\cdots} \tag{10.2}$$

などである．

次に，これらの母関数により容易に証明される気のきいた定理がある（ハーディ-ライト，2008，定理 344）：

定理 10.2：n の等しくない部分への分割の個数は，奇数部分への分割の個数と一致する．

証明：すぐ上で以下のことを見た．

$$f_{\text{odd}}(x) = \frac{1}{(1-x)(1-x^3)(1-x^5)\cdots}, \tag{10.3}$$

そして，(10.3) は巧妙に入れ子式の積として次のように表すことができる．

$$f_{\text{odd}}(x) = \frac{(1-x^2)}{(1-x)} \cdot \frac{(1-x^4)}{(1-x^2)} \cdot \frac{(1-x^6)}{(1-x^3)} \cdot \frac{(1-x^8)}{(1-x^4)} \cdots .$$

ここで，右辺の分子の指数は $2, 4, 6, 8, \ldots$ で，分母の指数は $1, 2, 3, 4, \ldots$ であるから，分子の因数は分母の因数の半分と消去されて，分母は奇数の指数だけが残る．

さて，次に初等的代数から $(a-b)(a+b) = a^2 - b^2$ であることを知っている．$a = 1$ とおけば，これを $\frac{1-b^2}{1-b} = (1+b)$ と書き直すことができる．$b = x$ とおけば，$\frac{1-x^2}{1-x} = (1+x)$ である．$b = x^2$ とおけば，$\frac{1-x^4}{1-x^2} = (1+x^2)$ である．$b = x^3$ とおけば，$\frac{1-x^6}{1-x^3} = (1+x^3)$ である．以下，同様に続けることができる．したがって，右辺を書き直して以下の式を得る．

$$f_{\text{odd}}(x) = (1+x)(1+x^2)(1+x^3)(1+x^4)\cdots . \tag{10.4}$$

ここで，(10.4) の左辺は $1 + \sum_{n=1}^{\infty} p_{\text{odd}}(n) x^n$ と表される．ただし，$p_{\text{odd}}(n)$ は n の奇数部分への分割の個数である．右辺をベキ級数として書き表すと，$1 + \sum_{n=1}^{\infty} c(n) x^n$ を得る．ただし，$c(n)$ は n の等しくない部分への分割の個数である．（読者はなぜか分かるだろうか？）x^n の係数を等しいとおけば，定理が得られる． □

定理を $n = 5$ の場合に確かめてみよう．5 の奇数部分のみへの分割は 3 個ある．それらは，$5 = 5, 1 + 1 + 3, 1 + 1 + 1 + 1 + 1$ である．一方，5 の等しくない部分への分割もまた 3 個あり，それらは，$5 = 5, 4 + 1, 3 + 2$ である．非常にきれいである．

役に立つ母関数のもう一つの例がある．平方数の和を考察したいと仮定してみよう．S を正の平方数のすべての集合としてとることができる．正の整数 k を選び固定する．n を S の k 個の要素の和として表す方法の個数を $r'_k(n)$ とする．ただし，我々の分割の定義と等しく，加える数の順序は考えない．$r'_k(n)$ を係数とするベキ級数を母関数とするとき，その得られた関数は取り扱いがやさしいようには思われない，ということが判明する．

その代わりとして，$r_k(n)$ を，k 個の平方数の和として n を表す方法の個数とするのであるが，今度は 0^2 を含め，かつ，—これが重要であるが—，$a \neq 0$ のとき $(-a)^2$ と a^2 を平方数を表す**異なる方法**として数える．また，平方数を加えるとき，その順序が異なるものを区別して数える．ゆえに，$a \neq b$ のとき，$a^2 + b^2$ は一つの方法であり，また $b^2 + a^2$ は別の方法である．読者は我々が分割を数えたときの方法とはかなり異なっていることに気が付くだろう．

たとえば，$k = 2$ として，二つの平方数の和を考えてみよう．このとき，$r_2(0) = 1$ である．なぜなら，$0 = 0^2 + 0^2$ であり，0 を二つの平方数の和として表すほかの方法はないからである．しかしながら，$r_2(1)$ は読者が考えるよりも大きい．すなわち，$1 = 0^2 + 1^2 = 0^2 + (-1)^2 = 1^2 + 0^2 = (-1)^2 + 0^2$．したがって，$r_2(1) = 4$ である．

そこで，以下のように母関数を構成する．

$$F_k(x) = r_k(0) + r_k(1) x + r_k(2) x^2 + r_k(3) x^3 + \cdots.$$

後で見るように，これをモジュラー形式として解釈するとき，この関数は命を吹き込まれる．この関数は，平方数の偶数個の和のほうが（すなわち k は偶数），平方数の奇数個の和を研究するよりもかなりやさしい，——これらの問題はどちらもそのままでやさしいと言うわけではない——，ということに関する手がかりを与えてくれるであろう．

$k=2$ のとき，関数 $F_2(x)$ と，**楕円関数**と呼ばれる特別な種類の複素解析関数の間に密接な関係がある．楕円関数は良い性質をたくさんもっており，ヤコビは次の定理を証明するために楕円関数を用いた．

定理 10.5： $n>0$ ならば，$r_2(n) = 4\delta(n)$ が成り立つ．

$\delta(n)$ を定義した方がよいだろう．それは $\delta(n) = d_1(n) - d_3(n)$ と定義される．ここで，$d_1(n)$ は n を 4 で割ったとき余りが 1 になる n の正の約数の個数を，$d_3(n)$ は n を 4 で割ったとき余りが 3 になる n の正の約数の個数を表す．（「I 型素数」と「III 型素数」を思い出してみよう？ そうすれば，4 による割り算の余りがここに現れることはそれほど驚くべきことではないだろう．）

たとえば，$\delta(1)$ はどのような数であろうか？ さて，1 は唯一つの正の約数をもつ．すなわち，1 であり，1 を 4 で割ったとき余りは 1 である．ゆえに，$d_1(1) = 1$ かつ $d_3(1) = 0$ となる．したがって，$\delta(1) = d_1(1) - d_3(1) = 1 - 0 = 1$ を得る．以上より，確かに $r_2(1) = 4\delta(1) = 4$ が成り立つ．

4 で割ってより簡単な公式が得られるかもしれないと考えることができる．なぜなら，一般的に，a と b が異なる正の整数ならば，加える数の異なる順序と異なる符号の平方根を異なるものとして数えねばならないということを思い出せば，$a^2 + b^2 = n$ は 8 回数えることができる．しかしながら，その計算はより微妙である．たとえば，$8 = 2^2 + 2^2$ であるが，これはむしろ 8 回ではなく 4 回だけ数えられる（なぜなら $(\pm 2)^2 + (\pm 2)^2$ であるから）．なぜなら，ここでは加える数を交換しても新しいものは得られないからである．

さらに，$r_2(8)$ に対する公式を検証することを続けてもいいだろう．8 を二つの平方数の和として表す方法は上記のほかにはないので，$r_2(8) = 4$ である．さて，8 の正の約数は 1, 2, 4 と 8 である．4 で割ったとき余りが 1 になるのは唯一つであり，4 で割ったとき余りが 3 になる約数はない．ゆえに，$\delta(8) = 1$ となり，再び公式は正しいことが分かる．

0 を含む例については，$r_2(9)$ を調べてみよう．$9 = 0^2 + (\pm 3)^2 = (\pm 3) + 0^2$ であるから，4 個の方法がある（$0 = -0$ であるから，8 個ではない）．ほかの方法はない．ゆえに，$r_2(9) = 4$ である．9 の正の約数は $1, 3$ と 9 である．これらの約数のうち，4 で割ったとき余りが 1 になるのは 2 個であり，4 で割ったとき余りが 3 になるのは 1 個である．ゆえに，$\delta(9) = 2 - 1 = 1$ となり，公式は再び正しい．

読者自身の例を実行してみるのはきわめて楽しいことだろう．定理 10.5 の公式から簡単に導ける一つのかなり明らかな事実と一つの付け加えるべき事実がある．

(1) n を二つの平方数の和として表す方法（規定したように数えて）の個数はつねに 4 で割り切れる．

(2) すべての正の整数 n に対して，$d_1(n) \geq d_3(n)$ が成り立つ．

定理 10.5 は母関数を使わなくても直接的に証明できる（ハーディ–ライト，2008，定理 278）．その証明はガウスの整数（すなわち，a と b を通常の整数として $a + bi$ という形の複素数のことである）の一意分解性に依存している．しかし，母関数を用いた方法は，ひとたび二つより多くの平方数の和を考える場合には，より実り豊かなものとなる．

3. 母関数の最後の例

母関数の有用性の最後の例として，それを微分することによって母関数を巧みに操作しようと思う．前に述べたリーマンのゼータ関数 ζ を思い出そう．それは s に関する複素解析関数であるから，s に関して微分することができる．

我々は素数の集合を考察したいと仮定しよう．そのとき，非常に単純である次のような関数を用いようと思う．

$$a(n) = \begin{cases} 0 & n \text{ は素数でない}, \\ 1 & n \text{ は素数}. \end{cases}$$

このとき，n を 1 から N まで動かして $a(n)$ を合計したものは，1 から N の間のすべての素数の個数を教えてくれるだろう．その数を $\pi(N)$ と名づけよう．この定義は素数定理を研究するときのまさに最初の誕生の第一歩である．

3. 母関数の最後の例　　127

素数定理は $\pi(N)$ の良い近似を我々に提供する．

素数定理は，そのもっとも単純な形では以下のように表される．

$$\lim_{N \to \infty} \frac{\pi(N)}{N/\log N} = 1.$$

$a(n)$ は取り扱うためには非常に簡単な関数というわけではない，ということが明らかになる．数は掛けられることを好むので，次に考えるのは以下のような関数を考えて利用することである．

$$b(n) = \begin{cases} 0 & n \text{ は素数のベキでない}, \\ 1 & n \text{ は素数のベキである}. \end{cases}$$

これは都合が良いのだが，まだ非常に良いというわけではない．問題は，n が実際に素数 p のベキであるとき，$b(n)$ は p の指数が何であるかには依存しないということである．最終的に，次のようにしてみよう．

$$\Lambda(n) = \begin{cases} 0 & n \text{ は素数のベキでない}, \\ \log p & n = p^m, \text{ ある素数 } p \text{ に対して}. \end{cases}$$

ここで，文字 Λ の選び方は伝統的なものである．

この記号を用いて，母関数であるディリクレ関数を構成することができる．

$$g(s) = \frac{\Lambda(1)}{1^s} + \frac{\Lambda(2)}{2^s} + \frac{\Lambda(3)}{3^s} + \cdots.$$

そのとき，驚くべき定理が成り立つ（ハーディ–ライト，2008，定理 294）．

$$g(s) = -\frac{\zeta'(s)}{\zeta(s)}. \tag{10.6}$$

この等式は，$\zeta(s)$ の性質が素数の理論に対して強力な結果をもたらす可能性があることを強く暗示している．

(10.6) を証明しよう．議論はかなり複雑である．しかし，それはいかに母関数をさまざまな方法で関数として巧みに扱うかを示しており，さらに幾何級数公式の連続的な使用は実際に読者をしかるべき場所に連れていくことが可能である．第一歩は以下の公式を書き下すことである．

$$\zeta(s) = \left(\frac{1}{1-2^{-s}}\right)\left(\frac{1}{1-3^{-s}}\right)\left(\frac{1}{1-5^{-s}}\right)\cdots. \tag{10.7}$$

等式 (10.7) は $\zeta(s)$ に対する**オイラー積**と呼ばれている．(10.7) がなぜ成り立つかを見てみよう．この等式の右辺にある積の一般項は $\frac{1}{1-p^{-s}}$ である．ただし，p は素数である．幾何級数の公式を使って，次のように書くことができる．

$$\frac{1}{1-p^{-s}} = 1 + p^{-s} + (p^2)^{-s} + (p^3)^{-s} + \cdots.$$

この公式が成り立つためには，その公比 p^{-s} が絶対値において 1 より小さいように制限しなければならない．これは s を実部が 0 より大きい複素数に制限することによって実現することができる．実際，より良い収束を必要とする後での目的のために，s の実部が 1 より大きいことが必要である．

さていま，すべての素数に対して，これらすべての無限級数を掛けることを考えてみよう．（収束性の問題を無視すれば—— その詳細を追跡するとき，それはすべてうまく機能する．）指数法則を用いて，その項をまとめる．たとえば，その積における 60^{-s} の係数は何か？ ここで，60^{-s} を得るためには $(2^2)^{-s}, 3^{-s}$ と 5^{-s} を掛けなければならない．これは，$60 = 2^2 \cdot 3 \cdot 5$ でかつ，指数法則によって，$-s$ は各因数の指数になるからである．（すなわち，$60^{-s} = (2^2)^{-s} \cdot 3^{-s} \cdot 5^{-s}$ である．）$(2^2)^{-s}$ は $\frac{1}{1-2^{-s}}$ から生じ，$(3)^{-s}$ は $\frac{1}{1-3^{-s}}$ から生じ，等々．正確に一つ，60^{-s} はこのようにして得られる．そしてこれは 60^{-s} を得ることのできる唯一つの方法である．なぜであろうか？ それは整数の素因数分解は**一意的**であるからであり，これが (10.7) がなぜ成り立つかという理由である．実際，オイラー積は母関数によって一意分解定理を再定式化することができる！

ところで，対数は乗法を加法に変えるので，次の式が得られる．

$$\log(\zeta(s)) = \log\left(\frac{1}{1-2^{-s}}\right) + \log\left(\frac{1}{1-3^{-s}}\right) + \log\left(\frac{1}{1-5^{-s}}\right) + \cdots. \quad (10.8)$$

複素関数の対数には多義性がある．任意の整数 k に対して $e^z = e^{z+2\pi i k}$ が成り立つことを思い出そう．$w = e^z$ であるとき，事情は楽観視でき，z があまりにたくさん変化しない限り，z が変化するとき一貫して，値 $z, z+2\pi i, z-2\pi i, \ldots$ の一つを $\log w$ として選ぶことができる．これは対数の「分枝を選ぶ」と呼ばれている．(10.8) が成り立つように $\log(\zeta(s))$ の分枝を選ぶことができ，実際にそうする．

次に，両辺を s に関して微分する．（再び，収束性の問題を無視して——詳細はうまく実行される．）$\log(s)$ の導関数は $1/s$ であることを思い出し，合成関数の微分法を用いる．すると，任意の解析関数 $f(s)$ に対して，対数関数 $\log f(s)$ の分枝を定義することができるので，$\frac{d}{ds}\log f(s) = f'(s)/f(s)$ が成り立つ．合成関数の微分法と，指数関数は自分自身を導関数としてもつという事実を用いて，$\frac{d}{ds}n^{-s} = \frac{d}{ds}e^{(-\log n)s} = -(\log n)e^{(-\log n)s} = -(\log n)n^{-s}$ となることを確かめることも必要である．

(10.8) の左辺については，次を得る．
$$\frac{d}{ds}\log \zeta(s) = \frac{\zeta'(s)}{\zeta(s)}.$$
右辺では，素数 p に関する項について
$$\frac{d}{ds}\log\left(\frac{1}{1-p^{-s}}\right) = -\frac{d}{ds}\log(1-p^{-s}) = -\frac{(1-p^{-s})'}{1-p^{-s}}$$
$$= \frac{-(\log p)p^{-s}}{1-p^{-s}} = \frac{-\log p}{p^s - 1}$$
である．最後の等式の部分は，分母と分子に p^s を掛けた．

以上のことをすべて一緒に適用すると，次のようなきれいな等式を得る．
$$\frac{\zeta'(s)}{\zeta(s)} = -\frac{\log 2}{2^s - 1} - \frac{\log 3}{3^s - 1} - \frac{\log 5}{5^s - 1} - \cdots.$$
ここで，何を推測するだろうか？ 再び，次の幾何級数の公式を用いる．
$$\frac{1}{p^s - 1} = \frac{p^{-s}}{1-p^{-s}} = p^{-s} + (p^2)^{-s} + \cdots = \sum_{m=1}^{\infty} p^{-ms}.$$
すると，以下の公式が得られる．
$$\frac{\zeta'(s)}{\zeta(s)} = -\log(2)\sum_{m=1}^{\infty} 2^{-ms} - \log(3)\sum_{m=1}^{\infty} 3^{-ms} - \log(5)\sum_{m=1}^{\infty} 5^{-ms} - \cdots.$$
和の和は絶対収束するので，それを望むままに並べ替えることができる．特に，次のように言うことができる．
$$\frac{\zeta'(s)}{\zeta(s)} = -\sum_{n=1}^{\infty} \Lambda(n)n^{-s} = -g(s).$$
これが証明すべきことであった．

その二つの母関数 $\zeta(s)$ と $g(s)$ の定義のみを考えて (10.6) を見るならば，それは奇跡のように思われるかもしれない．ζ の導関数をとり，ζ で割る．しかし，ゼータ関数 ζ は単に正の整数に関する非常に単純な定義をもつ．（もちろん，それらは複素数のベキに持ち上げられるが...）我々が手に入れたものは g である．g はどの整数が素数のベキであり，どれがそうでないかを示し，素数の対数にもまた関係している．これらの対数を避けた方が良かったかもしれないが，しかしあまりに欲張りになってはいけない．対数はベキ s に持ち上げることにより現れてくる—それらはこの公式においては不可避である．

PART THREE

Modular Forms and Their Applications

モジュラー形式とその応用

第11章
上半平面

1. 復習

　最初に第8章で定義したいくつかの記号を復習しておこう．$z = x + iy$ を用いて，複素数あるいは複素変数を表す．ゆえに，x はその実部であり，y はその虚部である．z を複素平面 $\mathbf{C}$ 上のある点として見ることができる．ここで，$\mathbf{C}$ はデカルト xy 平面と同一視される．z の絶対値（あるいはノルム）は $|z| = \sqrt{x^2 + y^2}$ である．z の偏角 $\arg(z)$ とは，複素平面において原点から z へ引いた線分が正の x 軸となす角（ラジアンで計測される）のことである．上半平面 H は次のように定義される．

$$H = \{\text{ 虚部が正である複素数 }\}.$$

図 7.1 と図 8.1 を参照せよ．さらに，$H = \{z \in \mathbf{C} \mid 0 < \arg(z) < \pi\}$ と表されることに注意せよ．

　次のように定義した関数 $q(z)$ を用いることも必要になるだろう．

$$q = e^{2\pi i z}.$$

ここで，z は上半平面 H 上を動く変数である．見て分かるように，複雑な公式を容易に読めるようにするために，その記号から z への依存性を通常省略する．$q(z)$ は H を穴あき単位円板 Δ^* の上に移す関数であることを説明した．

$$\Delta^* = \{w \in \mathbf{C} \mid 0 < |w| < 1\}.$$

また，q の重要な次の性質を用いることになるだろう．

$$q(z+1) = q(z).$$

この性質から，どのようにしてたくさんの周期1の関数が得られるかという

ことを 8.3 節で説明した．そして，次の重要な性質について述べた．

定理 11.1：$f(z)$ を上半平面 H 上周期 1 の解析関数とし，$y \to \infty$ のとき良い振る舞いをすると仮定する．このとき，$f(z)$ は以下の形をしたある級数に等しい．

$$a_0 + a_1 q + a_2 q^2 + \cdots + a_n q^n + \cdots.$$

関数 q の幾何的側面を少し議論しよう．

2. 帯

関数 $q: H \longrightarrow \Delta^*$ をもっと厳密に見てみよう．この関数は全射（の上への関数）である．q が全射であるとは，穴あき単位開円板 Δ^* の任意の複素数 w は q の像の中にあることを意味している．このことは，任意の $w \in \Delta^*$ に対して，未知の $z \in H$ の方程式

$$q(z) = w$$

をつねに解くことができる，と言い換えられる．この主張は対数を用いて証明される．

いま，この方程式に対して**何個の解があるか？** という問題を考えてみたい．q は周期 1 の周期関数であることを思い出して，もし z がその解ならば $z+1$ も，そして $z-1$ もまたその解となることを認めねばならない．しかし，これを繰り返せば，z がその解ならば，任意の整数 k に対して $z+k$ もまたその解となることが分かる．したがって，つねに無限個の解をもつことになる．

さらに，これら無限に多くの解は都合の良いくくり方ができる．すなわち，それらの差は正確に整数全体を与える．重要な問題は「そのほかに解はあるのか？」ということである．これに答えるためには，その方程式をもっとよく調べなければならない．関数 q を定義している性質を用いて，以下の方程式を解けばよいことが分かる．

$$e^{2\pi i z} = w.$$

第 8 章において少し計算したことによれば，$z = x + iy$ として，関数 q は次

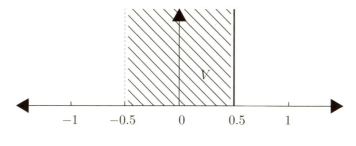

図 11.1　垂直の帯 V

のように表された．
$$q = e^{-2\pi y} e^{2\pi i x}.$$

$q(z)$ のノルムは $e^{-2\pi y}$ であり，$q(z)$ の偏角は $2\pi x$ である．ただし，通常のように $z = x + iy$ と表している．

上半平面における複素数はそのノルムとその偏角により決定される．求める w のノルムは $a > 0$ であり，w の偏角は θ であると仮定しよう．[1] $q(z) = w$ をみたす $z = x + iy$ を求めるために，$e^{-2\pi y} = a$ をみたす y の値と，$2\pi x - \theta$ が 2π の整数倍となる x の値を求めることに帰着される．そのとき唯一つの可能な y がある．すなわち，$y = -\frac{1}{2\pi} \log(a)$ である．しかしながら，無限に多くの x がある．すなわち，任意の整数 k に対して $x = \frac{1}{2\pi}\theta + k$ をとることができる．

実際我々は，$q(z) = w$ を解いた z の任意の値に対して，ほかの解，すなわち，任意の整数 k に対して $q(z+k) = w$ をみたすことをすでに知っている．前段における計算より，これらだけが $q(z) = w$ に対する解である．

実部が $-1/2$ と $1/2$ の間にあるすべての複素数の「垂直帯」V を考えることにより，我々の発見したことを幾何学的に表現することができる．（$\pm 1/2$ のかわりにここで，お互いの距離が 1 離れている任意の二つの実数 b と $b+1$ を選ぶことができる．）もっと注意深くしさえすれば，その境界を明細に述べることができる：

---

[1] 複素数 z の偏角は 2π の整数倍を除いて決定される．我々は通常偏角を 0 から 2π の区間にあるものとして明記するけれども，z を変えることなしに，つねにその偏角に 2π を加えることができる．

$$V = \{z = x + iy \in H \mid -\frac{1}{2} < x \leq \frac{1}{2}\}.$$

図 11.1 を参照せよ．図の左側の直線は点線で表され，それは V の一部ではないことを示している．右側の連続した直線はそれが V の一部であることを示している．

このとき，少し考えれば，$q(z) = w$ は V において一つの解をもち，かつ唯一つの解 z をもつ，という事実が分かる．V を $q(z) = w$ の解の集合に対する**基本領域**と呼ぶ．

あとで引用するために，このことを装飾的な言葉で言い直すことができる．1 の何倍かを表す整数だけ，上半平面を右あるいは左へと平行移動させることによって得られる H の変換「群」をもつ．言い換えると，この群の g_k と名づけられた要素は次の規則によって H に「作用」する．ここで k はある特別な整数である，

$$g_k(z) = z + k.$$

このとき，垂直帯 V はこの群の H への作用に対する「基本領域」であるという．というのは，任意の個々の点 $z \in H$ はある g_k を用いて移動させることができ，それは V の点になり，そして V における唯一つの移動した点になるからである．まったく数学的に言えば，任意の $z \in H$ に対して，$g_k(z) \in V$ をみたす唯一つの整数 k が存在すると言うことができる．唯一性により，z_1 と z_2 が**両方とも** V に属していて，ある k によって $g_k(z_2) = z_1$ となるならば，このとき実際 $z_1 = z_2$ となる，と言うこともできる．

我々は本書の後半で，より複雑な場合にこの術語に再び出会うだろう．

3. 幾何学とは何か？

上半平面は双曲的な非ユークリッド平面に対する一つのモデルである．このことの十分な説明は，ほどよくもう一冊分の本の分量をみたすことになるだろう．そこで起こっていることの概要を少し述べてみよう．

幾何学は陸地の小区画を測量することから始まった，おそらくエジプトで．（それはギリシャ語でその言葉が意味している事柄である，すなわちギリシャ語の "geo-metry" は「陸地を測量する」ことを意味している．）古代ギリシャ

で，それは我々が生活している空間（であるように見えるもの），2次元と3次元の両方の研究になった．現代数学においては，「幾何学」(geometry) という言葉は非常に広大な範囲の意味をもっている．

なお，我々は「平面幾何学」という言葉に固執するかもしれない．これは2次元の幾何学のことである．この一つの例はユークリッドの『原論』において研究された平面である．ユークリッドにとっての主要な対象は点や直線，円である．（この文脈では，我々が「直線」(straight line) を意味するとき，通常「線」(line) という．）『原論』では，「直定規」（目盛りのない定規）を用いて二つの点を線分で結ぶことができる．コンパスで円を描くこともできる．また，線分をその長さを変えることなく，コンパスを用いて一つの場所から別の場所へ移すこともできる．ゆえに，このユークリッド平面を，任意の二つの点の間の距離を測る「計量」をもつ点の「2次元の多様体」として見ることができる．任意の二つの点は，それらが両方ともその上にある唯一つの直線を定める．

任意の二つの直線は唯一つの点で交わるだろうか？ 実にそうではない．平行な直線はまったく交わらないからである．ユークリッド幾何においては，任意の点とその点を通らない任意の直線に対して，その点を通り，最初の直線を決して通らない唯一つの新しい直線が存在する．図 11.2 を参照せよ．

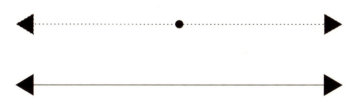

図 **11.2** 平行線公準

新しい直線と古い直線は互いに平行であるという．平行直線の存在に関する我々の主張は，ほかのすべての公理と公準を与えているユークリッドの『原論』における第 5 公準と同値である．それは「平行線公準」と呼ばれている．

すべての図形を消去して，ユークリッドの『原論』の本を取り上げたと仮定しよう．このとき，すべての公理と公準を実例をあげて示している点の集

合を求めることができるだろう．（定義を飛ばして読みなさい．そこでユークリッドは「点」と「直線」のような術語によって正確に何を意味しているかを説明しようとした．）このような集合を見出したら，それをユークリッド幾何学の「モデル」と呼ぶことができる．たとえば，通常の距離（2点間の距離の概念）によってあらゆる方向に果てしなく延びている慣れ親しんだ理想化された平面は，ユークリッド幾何学の一つのモデルである．その平面の点は点であり，それらを結ぶ直線は直線であり，ほかも同様である．これは驚くことではない．なぜなら，それはユークリッドが彼の心に描いた理想的な平面だからである．

ところが，驚いたことに，ユークリッド幾何学のほかのモデルを創造することができる．次の例に対する何らかの特別な理由をもたないが，空間における放物面 P をとることができる．P の点を我々の点であると宣言する．このとき，P 上のある曲線を我々の直線であると宣言する方法がある．ユークリッド幾何学のすべての公理と公準がこの構成のなかで真になるような P 上の距離を選択する方法がある．そして，それゆえに，ユークリッドの『原論』のすべての定理もまたそれ（放物面 P）に対して真となる．これが，ユークリッド幾何学のすべての公理，公準，そして定理に関する限り，平坦な平面とは異なってはいるが，同値であるユークリッド幾何学のもう一つのモデルである．

もう一つ別の例：境界のふちのない充填された正方形 E をとり，ある点の集合を直線であると宣言することができる．E がさらにユークリッド平面のもう一つのモデルとなるようなある距離を定義することができる．E の反対側の辺の近くの点は，この新しい距離に関して巨大な距離だけ離れていることになる．

デカルトは，さらにユークリッド幾何学のあるモデルを創造するためのもう一つの方法を我々に教えている．実数のすべての組み (x, y) の集合を D とする．このような各組みを我々のモデルにおける点であると宣言する．このモデルにおける直線を $ax + by = c$ という形の方程式の解の集合であると宣言する．ただし，a, b と c は実数の定数である（a または b，または両方とも零になることはない．）二つの点 (x, y) と (t, u) の間の距離を $\sqrt{(x-t)^2 + (y-u)^2}$ に等しいとおくことによって距離を定義する．再び，ユークリッド幾何学の

すべての公理，公準，そして定理がこれらの宣言により D に対して真となる．しかし，D はなんら実際の幾何的な点ではない数の組から構成されるのである．

4. 非ユークリッド幾何学

何世紀もの間，ある人々は平行線の公準がほかの公理と公準から導き出せることを証明しようとしてきた．19世紀に，これは不可能であることが示された．どのようにしてだろうか？ 数学者たちは，ほかのすべての公理と公準は成り立つが，平行線公準は成り立たないようなさまざまなモデルを構成した．

このことはユークリッド自身は考えたかもしれないが，ギリシャ人たちはそのようには考えなかった．ユークリッドは彼が心に描いたこと——理想的なユークリッド平面——を説明したいと望んだように思われる．そして，それはそれである．彼あるいは彼の同僚が第5公準を証明しようとしたかどうかは分からない．そして，彼らはそれができなかったとき，まさにそれを一つの公準として残した．彼らがそのように試みたと推測する誘惑に駆られる．

我々は次に上半平面 H を取り上げ，それを用いて，ユークリッドのほかのすべての公理と公準は成り立つが，平行線公準は明確に成り立たないという幾何学に対するモデルをつくる．我々のモデルにおける点として，上半平面 H の点をとる．我々のモデルの直線は説明するためには少し複雑である．ここで，以下においてそれを説明しよう．H の任意の二つの異なる点 p と q は唯一つの直線を決定しなければならない．p と q が同じ実部をもつとき，それらを結ぶ H におけるその垂直な半直線を我々が構成しようとしているモデルにおける「直線」であると宣言する．そうでないとき，p と q の二つの点を通り，x 軸上にその中心をもつただ一つの半円が存在する．この半円を我々のモデルにおける「直線」であると宣言する．また，p と q を結ぶ「直線」に沿うある積分の術語によって距離を記述することができる．すなわち，上半平面 H における p と q の間の距離は次の量に等しい．

$$\int_L \frac{ds}{y}.$$

ここで，L は p と q を結ぶ「線分」（すなわち，半円の弧，あるいは垂直な線分）であり，ds は $\mathbf{C}$ における標準的なユークリッドの距離 (すなわち，$ds^2 = dx^2 + dy^2$) である．（読者はこの積分が正確に何を意味しているか分からなければ，これらの詳細を無視してもよい．ただ，これが 2 点間の距離の正確な定義があるということを知っている必要がある．）

もし読者が望むならば，ユークリッドの公理と公準のすべてがこの幾何学のモデルに対して成り立つことを検証することができる．ただし，次のことを除いて．q を通る「直線」L とその「直線」上にない点 p が与えられたとき，p を通り L と交わらない直線は唯一つではないだろう．それどころか，無限にたくさんある．たとえば，図 11.3 において，二つの直線 L_1 と L_2 は p を通り，どちらの直線も L と交わらない．

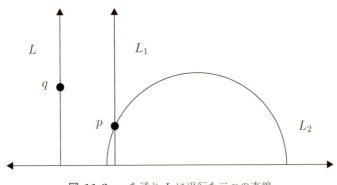

図 **11.3** p を通り L に平行な二つの直線

したがって，これらの点や直線，距離の定義によっては，ユークリッドの『原論』の定理の多くは上半平面 H に対して成り立たない．たとえば，三角形の内角の和は 180° より小さい．

「直線」という言葉はいまや不明瞭になっている．上半平面 H を眺めて，この言葉を用いるとき，ユークリッドの直線を意味しているかもしれないし，あるいは非ユークリッド直線（これは前段において，カギ括弧付の直線である）を意味しているかもしれない．この混乱を避けるために，非ユークリッド平面における直線に言及するときにはしばしば「測地線」という術語を用

いる．

　この上半平面 H 上に設定した幾何学のモデルは「双曲平面」のモデルと呼ばれている．双曲平面のモデルはほかにもある．たとえば，点の集合としてその代わりに単位開円板をとり，ある適当なやり方で測地線と距離を定義することができる．これについては我々はここで深入りする必要はない．

5. 群

　19世紀の後半においてすでに，フェリックス・クラインの指導の下に，多くの数学者が幾何学を考察する方法において決定的な変化が始まっていた．その基本的なアイデアはある種の「群」において我々の興味を大いに刺激する．この群は我々のモジュラー形式の研究において非常に重要になるであろう．そして，この群を考えることなしにモジュラー形式の理論はあり得ない．

　最初に，群とは何か？[2] それはその上に「乗法」という演算が定義された集合のことである．この演算は通常の乗法とはなんら関係はない．それはその集合の二つの要素をとり，それらを結びつけて第三の要素を得る特別な方法のことである．g と h の乗法を単にそれらを近接して並べ gh と書く．一つの群は「中立要素」と呼ばれる一つの特別な要素を含まねばならない．中立要素は乗法によって事態をそのままにする．たとえば，その中立要素を e とすれば，その群の任意の要素 g に対して $ge = eg = g$ が成り立つ．ge と eg と書いていることに注意しよう．というのは，乗法が交換法則に従わなければならないと述べている群とは関係がないからである．

　群が必要とするもう一つの性質は次のようなものである．その群の任意の要素 g に対して，(一意的に定まる) ある要素 j が存在して $gj = jg = e$ が成り立つ．この j は，もちろん g に依存して，g^{-1} と表され，g の逆要素といわれる．(英語の話し言葉では "g-inverse" という．) たとえば，$ee = e$ であるから，e はそれ自身の逆要素であり，$e = e^{-1}$ と書く．通常一つの要素の逆要素はもとの要素とは異なる要素であるが，自分自身を逆要素としてもつけれども e とは異なる要素があり得る．またはそうではないかもしれない．それ

---

[2] ここでは非常に簡潔にしておこう．詳しい解説については，*Fearless Symmetry* (アッシュ–グロス，第2章と第11章) を参照せよ．

はその群に依存する．

　群にとって最後の性質は乗法の結合法則である．すなわち，その群の任意の要素 g や h,k に対して $(gh)k = g(hk)$ が成り立つ．結合法則のおかげで，典型的な例では 3 つの要素の積に対して，括弧を外して単に ghk と書くことができる．

　甚大な数の群がある——実際無限に多くの種類の群があり，しばしば各種類の場合に無限に多くの実例がある．本書では，詳細に議論することが必要となる唯一つの群は行列の群である．しかし，読者はすでにある群を知っている．たとえば，実数 $\mathbf{R}$ である．実数 $\mathbf{R}$ において，その「乗法」を通常の加法として宣言すれば $\mathbf{R}$ は群になる．その中立要素は 0 であり，x の逆要素は $-x$ である．そして，$\mathbf{R}$ はすべての必要な条件を満足することが確かめられる．

　読者が見てきたように，我々は「乗法」という語によって混乱しているかもしれない．ある規則によって群の二つの要素を結びつけてそれらの「積」を創設するが，ときどき，その規則を異なった名前で呼ぶだろう．すなわち，この規則を「群の演算」と呼ぶだろう．したがって，前の例では「実数 $\mathbf{R}$ は加法の群演算」によって群であるという．

　さて，ほかの群を考えることもできる．たとえば，群の演算を加法として整数の全体を取り上げることができる．あるいは，群の演算を乗法として 0 でない実数の全体もある．（この例では，中立要素は 1 である．）

　これらの例はすべて数値的な例であり，それらの演算は交換可能である．（すなわち，群の要素のすべてのペア g,h に対して $gh = hg$ である．）関数の集合はたくさんの興味ある群の例を提供しているが，たいていは群演算が交換可能でない群であった．たとえば，T を 3 個以上の要素をもつ集合とし，G を T からそれ自身へのすべての 1 対 1 対応 f の集合とする．f を T から T への関数と考える．T の要素 t が与えられたとき，1 対 1 対応 f のもとで t に対応する要素を記号 $f(t)$ を用いて表す．

　群演算を関数の合成として定義する．すなわち，f と g が G に属しているとき，fg は，T の任意の要素 t に対して t を $f(g(t))$ に移す 1 対 1 対応であるとして定義される．（この定義で f と g の順序に注意せよ．）この演算によって，G は群である．中立要素 e は，T における各要素をそれ自身に移す 1 対 1 対応である．すなわち，T のすべての要素 t に対して，$e(t) = t$ である．こ

の群は決して交換可能にはならない．（なぜなら，T は少なくとも 3 個の要素を含むからである．）

さてここで我々の問題にもどって，フェリックス・クラインの考え方を説明することができる．クラインは，ある人が興味をもった幾何学のモデルを見て言った．与えられた点，測地線，そして計量の概念をもつ集合 T から構成されるモデルを仮定する．これらの概念を**保存する**すべての 1 対 1 対応 $f: T \longrightarrow T$ の集合 G を考える．言い換えると，$f(1\text{つの点}) = 1\text{つの点}$，であり，かつ，$f(1\text{つの直線}) = 1\text{つの直線}$，である．[3] さらに，その計量により二つの点 t と u の間の距離がある数 d であるとするならば，二つの点 $f(t)$ と $f(u)$ の間の距離も同じ数 d に等しい．

G はつねに少なくても一つの要素，すなわち，中立要素である 1 対 1 対応 e をもつことに注意しよう．G は，関数の合成を演算として群になることが容易に検証できる．この群は明らかに，読者が最初に出発点とした幾何学と関連するものをたくさんもっている可能性がある．その幾何学が十分「等質的」(homogeneous) ならば，読者は実際その群 G のみの知識から最初の幾何学を再構成することができる．このことは，抽象的に与えられた十分等質的な群から出発して，クラインが新しい幾何学を創始するための一般的な方法を提案することを可能にした．彼の考え方はきわめて生産的であった．

たとえば，T をユークリッド平面に対する一つのモデルとする．具体的にするために，それをデカルトモデルとしてとり，D と呼ぶことにする．この幾何に対する群 G を構成したとき，それはどのような種類の要素をもつか？ 我々は点や直線，距離を保存する D からそれ自身への 1 対 1 対応を考えなければならない．我々の幾何学の点はまさに集合 D の点であるから，点を保存するのは自動的である．直線は 2 点間の最短距離の唯一つの曲線であるから（自明な事実ではない），距離を保存すれば直線も保存することになる．そこで，我々は次のような問を発することになる．D からそれ自身への距離を保存する 1 対 1 対応の全体を求めよ．

さて読者はどのように考えるか？ デカルトモデル D をある点に関して回転することができるし，あるベクトルに沿って D を平行移動させることがで

---

[3] ここで，通常の，そして有用な記号を用いている．A が T の任意の部分集合であるとき，$f(A)$ は A のすべての要素 a に対してすべての像 $f(a)$ からなる部分集合を表す．

きる．また，これら二つのタイプの機能を合成することもできる．結局これが求めるものであることが判明する．その群 G は，ある固定された点に関してある角度に回転し，そしてある方向にある固定された距離だけ平行移動して得られる D からそれ自身へのすべての 1 対 1 対応から構成される．

この群 G は伝統的に**ユークリッドの運動群**と呼ばれている．公式を用いて G の要素を記述できる．G のすべての要素は，$(0,0)$ のまわりに反時計回りにある θ ラジアンだけ回転し，それから，ある与えられたベクトル (a, b) だけ平行移動することによって得られることが分かる．このことを次のように公式として表すことができる．

$$(x, y) \longrightarrow g(x, y) = (a + x\cos\theta - y\sin\theta, b + x\sin\theta + y\cos\theta).$$

図 11.4 を参照せよ．

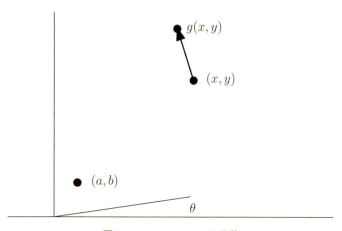

図 **11.4** ユークリッド運動

ところで，我々は嘘をついている．というのは，我々は G のすべての要素の半分しか記述していないからである．もし望むなら，どんな運動も，ある与えられた直線に沿って平面を反転させる折り返し（鏡映）の結果として得られる．たとえば，y 軸に沿う反転は次の公式によって得られる．

$$(x, y) \longrightarrow (-x, y).$$

そうしたければ，これを前の公式に付け加えて，G におけるもっとも一般的なユークリッド運動に対する公式を得る．

クラインは，点，直線，そして距離は不可侵のものではないと教えた．ときどき読者は，たとえば距離について忘れたいと思うかもしれない．このようにして，読者は射影幾何学，そして有限幾何学さえも含むより一般的な幾何学を定義することができる．有限幾何学では点や直線は有限個のみ存在するのである！

次節では，ユークリッド運動を行列を用いてどのように表現するのかを示そう．それから，我々はクラインの見地から双曲平面に本気で再訪するつもりである．

6. 行列群

本書では，2行2列の行列についてのみ考察することが必要となるだろう．2行2列の行列とは何か？　それは次のような数の配列である．

$$\begin{bmatrix} a & b \\ c & d \end{bmatrix}.$$

ここで，a や b, c, d は任意の数である．a や b, c, d の属している実数全体 **R** や複素数全体 **C** のような数の体系[4] を固定したとき，この数の配列の集合を $M_2(\mathbf{R})$ や $M_2(\mathbf{C})$ と表す．A を任意の数の体系としたとき，集合 A に属する成分をもつ2行2列のすべての配列の集合を $M_2(A)$ と書くことができる．下付き文字2は，我々が2行2列の配列を扱っていることを教えている．

行列の乗法は次の規則によって与えられる．

$$\begin{bmatrix} a & b \\ c & d \end{bmatrix} \begin{bmatrix} e & f \\ g & h \end{bmatrix} = \begin{bmatrix} ae+bg & af+bh \\ ce+dg & cf+dh \end{bmatrix}.$$

それは最初少し複雑であるかもしれないが，正当な定義である．この規則を用いて，読者は行列

$$I = \begin{bmatrix} 1 & 0 \\ 0 & 1 \end{bmatrix}$$

---

[4] すべての数の体系において，$1 \neq 0$ であり，加法と乗法は結合法則と交換法則，そして，その乗法は加法に対して分配的であることを仮定する．

が行列の乗法に対する中立要素であることを確かめることができる．代数の少し骨の折れる作業をすれば，読者は行列の乗法がつねに結合法則を満足することを確かめることができるだろう．

それでは，群の演算を行列の乗法として，$M_2(A)$ は群になることを意味しているだろうか？　行列

$$O = \begin{bmatrix} 0 & 0 \\ 0 & 0 \end{bmatrix}$$

は掛けたとき，すべての行列を O にするという性質をもっている．ゆえに，O は逆要素 O^{-1} をもつことはできない．というのは，O^{-1} は $OO^{-1} = I$ という性質をみたさなければならないからである．群の規則は逆要素を必要とするので，この考察より，$M_2(A)$ は行列の乗法に関して群ではあることはできない．

実はそれほど完全である必要はなく，ある要素は逆元をもたなくてもよい．たとえば，次の行列

$$\begin{bmatrix} 1 & 0 \\ 1 & 0 \end{bmatrix}$$

は行列の乗法に関して逆要素をもたない．そして，ほかにも多くのそのような例がある．

この好ましくない状況に立ち向かい，全体の集合より小さい $M_2(A)$ のある部分集合を考えなければならない．この集合は，行列の乗法に関して逆要素をもち，この逆要素もまた A に成分をもつ2行2列の行列である．この部分集合を $\mathrm{GL}_2(A)$ と表す．（文字 GL は「一般線形群」(general linear group) の頭文字を表している．）

幸いにも，2行2列の行列が行列の乗法に関して逆要素をもつか，もたないかを判定する簡単な方法があることが分かる．次の公式によって，2行2列の行列の「行列式」を定義する．

$$\det \begin{bmatrix} a & b \\ c & d \end{bmatrix} = ad - bc.$$

たとえば，$\det(I) = 1 \cdot 1 - 0 \cdot 0 = 1$，そして $\det(O) = 0 \cdot 0 - 0 \cdot 0 = 0$ である．行列式は「乗法的」である．すなわち，2行2列の行列 K と L に対して

6. 行列群　147

$\det(KL) = (\det K)(\det L)$ が成り立つ．

定理 11.2：行列 K が行列の乗法に関して $\mathrm{GL}_2(A)$ において逆要素をもつための必要十分条件は，その行列式 $\det(K)$ が A において逆要素をもつことである．

この定理は証明することはそう難しくないが，証明することはしない．しかし，簡単なほうだけ示してみよう．すなわち，$\det(K)$ が数の体系 A に乗法逆要素をもてば，行列 K の逆要素に対する公式を書き下すことができる．もちろん，そのことは K が逆要素をもつことを示している．$ad - bc \neq 0$ と仮定して，以下にその公式を書いておこう．

$$\begin{bmatrix} a & b \\ c & d \end{bmatrix}^{-1} = \frac{1}{ad-bc} \begin{bmatrix} d & -b \\ -c & a \end{bmatrix}.$$

記憶術：対角成分を入れ換え，対角成分でない成分は符号を反対にし，その行列式で割る．

いま一般線形群 $\mathrm{GL}_2(A)$ の定義の代案を与えることができる．$\mathrm{GL}_2(A)$ の定義は次のようである．

$$\mathrm{GL}_2(A) = \{K \in M_2(A) \mid \det(K) \text{ は } A \text{ で乗法逆要素をもつ}\}.$$

たとえば，数体系が実数の全体 $\mathbf{R}$ のとき，すべての非零である数は $\mathbf{R}$ で乗法逆要素をもつので，$\mathrm{GL}_2(\mathbf{R})$ は次のように表される．

$$\mathrm{GL}_2(\mathbf{R}) = \{K \in M_2(\mathbf{R}) \mid \det(K) \neq 0\}.$$

同様な定義は $\mathrm{GL}_2(\mathbf{C})$ に対しても機能する．

一方，数体系が整数全体の集合 $\mathbf{Z}$ であるとき，1 と -1 のみが $\mathbf{Z}$ において乗法逆要素をもつ．ゆえに，

$$\mathrm{GL}_2(\mathbf{Z}) = \{K \in M_2(\mathbf{Z}) \mid \det(K) = \pm 1\}.$$

我々が「どの数体系において」考えているかに注意しなければならない．たとえば，行列

$$K = \begin{bmatrix} 1 & 2 \\ 3 & 4 \end{bmatrix}$$

は行列式の値は -2 であり，その逆行列は

$$\begin{bmatrix} -2 & 1 \\ \frac{3}{2} & -\frac{1}{2} \end{bmatrix}$$

である．ゆえに，K は $\mathrm{GL}_2(\mathbf{R})$ の要素であるが，$\mathrm{GL}_2(\mathbf{Z})$ の要素ではない．

行列を用いて平面のすべてのユークリッド運動を列挙することができる．以下に述べるそれぞれがユークリッド運動であることを検証するのは難しくはない．そしてもう少し努力すれば，この列挙した一覧表はユークリッド運動のすべてを含んでいることが示されるだろう．以上のようにして，ユークリッドの運動群はペア (K, v) の集合として記述することが可能となる．ただし，K は

$$K = \begin{bmatrix} \pm\cos\theta & -\sin\theta \\ \pm\sin\theta & \cos\theta \end{bmatrix}$$

という形の $\mathrm{GL}_2(\mathbf{R})$ の行列であり，v は次の形のベクトルである．

$$v = \begin{bmatrix} a \\ b \end{bmatrix}.$$

ペア (K, v) は，ベクトル x を新しいベクトル $Kx + v$ に移す平面の運動に対応している．群演算は少し複雑であり，我々はそれを必要としないのでここではその議論を止めておこう．そして，上半平面 H に対して記述するためには，次節のように事態は簡単である．

7. 双曲的非ユークリッド平面の運動群

いったん，クラインの考え方を採用すれば，多くの異なった種類の幾何学があることになる．クライン以前においてさえ，数学者たちは 2 次元の異なった非ユークリッド幾何学があったことを理解していた．たとえば，双曲平面と球である．「幾何学」という術語の正確な定義に基づいて，いくつの異なった幾何学が存在するのだろうか．本書の残りにおいて，**双曲平面**と呼ばれる，

7. 双曲的非ユークリッド平面の運動群

非ユークリッド幾何学の唯一つの型にのみ関心をもつだろう．本書では，伝統的な習慣に従って，双曲平面を指して「非ユークリッド平面」という術語を用いる．というのは，それが平行線に関するユークリッドの第5公準に従わないということを強調するためである．我々はここでこの伝統的な使用法を続ける．

G を双曲的非ユークリッド平面の運動群とする．我々のモデルとして，上半平面 H をとる．そこで，点（これは自動的である）や測地線，距離を保存する性質をもつ1対1対応 $f : H \longrightarrow H$ を探している．

それをする前に，測地線を保存するということは，f は任意の与えられた垂直な半直線を別の（同じかもしれない）垂直な半直線に，あるいは，x 軸上に中心をもつ半円に移すということを思い出そう．それはまた任意のそのような半円を別の（同じかもしれない）半円に，あるいは，垂直な半直線に移さなければならない．

G には一つの明白な性質をもつ関数 f がある．すなわち，実数 b による平行移動である．言い換えると，b が任意の実数であるとき，H 上の関数

$$z \longrightarrow z + b$$

は垂直な直線を垂直な直線に，半円を半円に移す — それはちょうど，すべてを b だけスライドさせたようである．実際，この関数は距離も保存し，ゆえにこの関数は群 G に属している．

ほかには何があるだろうか？ 我々が見つけることができるもう一つは，複素共役を用いて表現される折り返しである．

$$z \longrightarrow -\bar{z}.$$

（$z = x + iy$ であるとき，$\bar{z} = x - iy$ かつ $-\bar{z} = -x + iy$ である．）この折り返しは測地線と距離関数を保存する．

第三に，それほど明らかではない関数は伸張である．a を任意の正の実数とするとき，a を掛ける乗法は測地線と距離を保存することを検証することが可能である．これを a による「伸張」と呼ぶ．

$$z \longrightarrow az.$$

a が正であることを確実にしたほうがよいということに注意しよう．なぜなら，a が負の数のとき，それは上半平面を下半平面に移すからである．

これらすべてのことを一緒にすると，次の形の関数を得る．

$$z \longrightarrow az+b \quad \text{または} \quad a(-\overline{z})+b.$$

これがすべてであったとすると，我々は非常に面白い群をもたないことになるだろう．一つには，これらの運動のすべては平面全体 **C** にわたる．また，それらは半直線を半直線に，そして半円を半円に移す．それらはそれらを混ぜ合わせることはない．しかし，物事を非常に面白くさせる第 4 の種類の非ユークリッド運動がある．

「反転」と呼ばれる運動を考える：

$$\iota(z): z \longrightarrow -1/z.$$

零による割り算をする危険はないことに注意しよう．すなわち，z は上半平面にあり，$z \neq 0$ だからである．$x = 0$ により与えられる垂直な半直線に何が起こるのかを見てみよう．このとき，$z = iy$ であり，かつ $\iota(z) = -1/(iy) = i/y$ である．なぜなら，$i^2 = -1$ は $1/i = -i$ を意味しているからである．ところで，それは見たところ非常に面白いというわけではない．すなわち，ι はこの特別な垂直半直線をそれ自身に移すのであるが，実際それはこの半直線を転倒させる．これは少し驚くことではある．

それは別の垂直半直線に対してはどうだろうか．たとえば，$x = 3$ により与えられる半直線についてはどうか？ このとき，$z = 3 + iy$ であり，そして

$$\iota(3+iy) = -\frac{1}{3+iy} = -\frac{3-iy}{(3+iy)(3-iy)} = -\frac{3-iy}{3^2+y^2}.$$

y が 0 から ∞ に行くとき，$w = -\frac{3-iy}{3^2+y^2}$ はどのような曲線を描くか？ $\xi = -\frac{3}{3^2+y^2}$ でかつ $\eta = \frac{y}{3^2+y^2}$ とおけば，$w = \xi + i\eta$ である．y を消去して，ξ と η を関係づける方程式を導かなければならない．簡単にするために，$t = 3^2 + y^2$ とおく．すると，

$$\xi = -\frac{3}{t}, \quad \xi^2 = \frac{9}{t^2}, \quad \text{そして} \quad \eta^2 = \frac{y^2}{t^2} = \frac{t-9}{t^2}.$$

$t = -\frac{3}{\xi}$ であるから，$\eta^2 = (-\frac{3}{\xi} - 9)(\frac{\xi^2}{9}) = -\frac{\xi}{3} - \xi^2$ となる．

7. 双曲的非ユークリッド平面の運動群

w は方程式 $\xi^2 + \frac{\xi}{3} + \eta^2 = 0$ をみたす円の上にある．これを書き直して平方完成をすると，以下のようになる．

$$\left(\xi + \frac{1}{6}\right)^2 + \eta^2 = \frac{1}{36}.$$

これは $(-\frac{1}{6}, 0)$ を中心として半径 $\frac{1}{6}$ の円の方程式である．y が 0 から ∞ へ行くとき，t は 9 から ∞ へ行き，ξ は $-\frac{1}{3}$ から 0 へ向かい，それはすべて統一体をなしている．すなわち，円全体が得られるのではなく，単に上半平面にある円の部分である．なぜなら，その中心は実軸上にあり，正確に半円を得る．この半円は実軸に直角に交わる．言い換えると，ι は $x = 3$ により与えられる垂直な測地線をこの半円からなる測地線に移す．

読者は前の計算を省略したかもしれないが，いずれにしても，このような計算により，ι はすべての測地線を別の測地線（同じかもしれない）に移すことが分かるだろう．実際，ι は距離関数を保存し，群 G の中にある．

G のほかの要素がどのようにして得られるか？さて，G の任意の二つの要素を合成したら，再び G の要素を得る．たとえば，関数 $z \to az + b$ と ι を合成すれば，$z \to -1/(az+b)$ を得る．すべての可能な合成をすれば，合成によって閉じている関数の集合が得られ，これが全体の群 G であることが証明される．このとき，我々が思いつかない驚きや不思議な関数は存在しない．

さて，G はその中に折り返しが入っているので，少し具合が悪い．我々は折り返しが好きではない．というのは，それらは z に関する複素微分可能[5]な関数ではないからである．それゆえ，以後それらを話題にするための真に良い理由を見出すまで認めないことにする．そこで，G^0 は非ユークリッド平面の折り返しでないすべての運動のつくる群を表すことにする．

いままさに記述した計算と合成を実行すれば，G^0 のすべての要素は次の形として表現される．

$$z \longrightarrow \frac{az+b}{cz+d}.$$

---

[5] $z \to \bar{z}$ の差商を計算すると，$(\overline{z+h} - \bar{z})/h$ を得る．z における微分係数は複素数 h が 0 に収束するときの，この差商の極限である．（存在するとき）その微分係数を計算しよう．$\lim_{h \to 0} \bar{h}/h$ を得る．しかし，h が実軸に沿って 0 に行くとき，1 を得る．一方，h が虚軸に沿って 0 に行くとき，-1 を得る．ゆえに，この極限は存在しない．そして，この複素微分係数もまた存在しない．

ただし，$ad - bc > 0$ である．この不等式は上半平面 H を H に移すために必要である．

また，群 G^0 はその内部に初期の非ユークリッド双曲平面のすべてを含んでいる．クラインは，その上半平面モデルにおいて双曲平面をさらによく理解したいと思うならば，この群について熟考することを我々に教えている．それは双曲幾何学者がなすことである．我々数論研究者がかわりにするであろうことは，G^0 のある「部分群」とそれらから発展させられる驚くべき数論を考察することである．

我々がまさに表示した群 G^0 の要素は，2 行 2 列の行列として簡潔に表される：
$$\gamma = \begin{bmatrix} a & b \\ c & d \end{bmatrix}.$$
これをするとき，対応している非ユークリッド運動を
$$z \longrightarrow \begin{bmatrix} a & b \\ c & d \end{bmatrix}(z)$$
として表すか，または簡潔に $z \to \gamma(z)$ と表すことができる．このタイプの z の関数は「分数線形変換」と呼ばれる．

さてここに読者がなすべき練習問題がある．この演習問題は，読者がこれまでの議論のすべてをいかによく理解したかを試すであろう．ユークリッド運動の群演算は関数の合成である．行列の群演算は行列の積である．すばらしいことは，これら二つの群演算が両立していることである．γ と δ が正の行列式をもつ $M_2(\mathbf{R})$ の二つの行列とするとき，次が成り立つ．
$$\gamma(\delta(z)) = (\gamma\delta)(z).$$
ここで，この等式の左辺は関数の合成を表しており，右辺は二つの行列の掛け算をして，その積を z に適用したものである．

練習問題：単純な代数を用いて，次のことを検証せよ．$\gamma = \begin{bmatrix} a & b \\ c & d \end{bmatrix}$, $\delta = \begin{bmatrix} e & f \\ g & h \end{bmatrix}$, そして，$\gamma\delta = \begin{bmatrix} p & q \\ r & s \end{bmatrix}$ とするとき，次式を示せ．
$$\frac{a\frac{ez+f}{gz+h} + b}{c\frac{ez+f}{gz+h} + d} = \frac{pz+q}{rz+s}.$$

たとえば，この演習問題より，行列 I を z に適用すると，すべての点をそれ自身に移す中立運動を生じることが分かる．（これは検証するのは非常に簡単である：$a = d = 1$ かつ $b = c = 0$ とすれば，$z \to (az+b)/(cz+d) = z/1 = z$ を得る．）また，行列の逆行列は逆運動を与えることも分かる．

$M_2(\mathbf{R})$ において正の行列式の値をもつ行列のつくる群は $\mathrm{GL}_2^+(\mathbf{R})$ と表される．それで，この群は G^0 と同じ群だろうか？ まったく同じというわけではなく，少し足りない．行列によって運動を表すとき，本来備わっている余剰がある．次の行列を考えてみよう．

$$\gamma = \begin{bmatrix} a & b \\ c & d \end{bmatrix}.$$

λ を零でない実数とする．このとき，次のような新しい行列を定義することができる．

$$\lambda\gamma = \begin{bmatrix} \lambda a & \lambda b \\ \lambda c & \lambda d \end{bmatrix}.$$

分数線形変換を構成するとき，λ は分母と分子から消去されて，すべての z に対して $\gamma(z) = (\lambda\gamma)(z)$ を得る．したがって，$\lambda \neq 1$ であるとき，γ と $\lambda\gamma$ は異なる行列であるが，同じ運動を与える．たとえば，行列 $\begin{bmatrix} \lambda & 0 \\ 0 & \lambda \end{bmatrix}$ は任意の零でない実数 λ に対して中立運動を与える．

第12章
モジュラー形式

1. 術語

　数学の専門用語では，関数とはある集合（「始集合」）のすべての要素に対してもう一つの集合（「終集合」）のある要素を対応させる規則のことである．伝統的に，ある種の関数は「形式」(form) と呼ばれている．これはその関数が特別な性質をもつときに起こる．「形式」という言葉はほかの意味もある——たとえば，「空間形式」(space form) という語句はある種の形状をもつ多様体を表すために用いられる．

　数論においては，「形式」という術語はしばしばある関数が変数変換によって，ある種のやり方で振る舞うときに用いられる．たとえば，多項式関数 $f(v)$ は，すべての数 a に対して $f(av) = a^n f(v)$ をみたすときに重み n の「形式」と呼ばれる（ここで，v は1変数，あるいは多変数のベクトルでもよい）．例として重み2の2次形式を考えてみよう．たとえば，$x^2 + 3y^2 + 7z^2$ であり，あるいは，重み3の3次形式がある．たとえば，$x^3 + x^2y + y^3$ などがある．以下において，我々は，はるかに複雑な性質の変換に関する「モジュラー形式」の振る舞いに関心をもつだろう．

　モジュラー形式は，まもなくこれを定義するが，「保型形式」(automorphic form) の特別な種類 (class) である．「保型」という言葉は「モジュラー」よりもずっと説明的である．なぜなら，ギリシャ語で "auto" は "self"（自身）を意味しており，"morphe" は "shape"（形態）を意味している．そして，形容詞「保型」("automorphic") はあるものが一定の変数変換によって同じ形を保つという文脈のなかで用いられるからである．このことは，それが変数変換によって自分自身に恒等的に等しいということを意味しているのではなく，それはある意味で自分自身に近くあるということである．変換された関数をもとの関数で割ったその商は注意深く規定され，それは「保型因子」と

呼ばれる．モジュラー群に対する保型形式を扱うときには，伝統的に「保型」のかわりに「モジュラー」という術語を用いる．

2. $SL_2(\mathbf{Z})$

前章において，その要素が行列である一連の群を定義した．$SL_2(\mathbf{Z})$ はそれらのもう一つの群である．このとき，我々の考えている数の体系は $\mathbf{Z}$，すなわち整数全体の集合である．整数から出発するのであるから，その結果は数論において重要なものになるであろうということは想像に難くない．しかし，このことが起こる道筋が実に驚くべきことである．

$GL_2(\mathbf{Z})$ から出発しよう．この群は，成分が整数である 2 行 2 列の行列で，かつその行列式が ± 1 であるすべての 2 行 2 列の行列の集合として前章で定義された．以下に，$GL_2(\mathbf{Z})$ のいくつかの要素を挙げておこう．

$$\begin{bmatrix} 1 & 2 \\ 3 & 7 \end{bmatrix}, \begin{bmatrix} 1 & 1 \\ 0 & 1 \end{bmatrix}, \begin{bmatrix} 1 & 0 \\ 0 & -1 \end{bmatrix}, \begin{bmatrix} 2 & 3 \\ 3 & 4 \end{bmatrix}.$$

この群演算は前章において定義した行列の積である．$I = \begin{bmatrix} 1 & 0 \\ 0 & 1 \end{bmatrix}$ はこの群における中立要素であり，我々が議論しようとしているほかの行列群に対しても同様であることに注意しよう．

文字 S は，ここではその「行列式が 1 に等しい」ことを意味している「特殊な」を表す英語の special の頭文字を表している．ゆえに，$SL_2(\mathbf{Z})$ は成分を整数とし，行列式が 1 であるすべての 2 行 2 列の行列の集合である．これは $GL_2(\mathbf{Z})$ の部分集合であり，$SL_2(\mathbf{Z})$ は $GL_2(\mathbf{Z})$ と同じ群演算であり，同じ中立要素をもつので，$SL_2(\mathbf{Z})$ は $GL_2(\mathbf{Z})$ の**部分群**であるという．上で挙げた 4 つの行列のうち，最初の二つは $SL_2(\mathbf{Z})$ に属し，後の二つはそうではない．

もし必要なら，読者は我々が前章において上半平面 H の分数線形変換について述べたことを復習すべきである．行列

$$\gamma = \begin{bmatrix} a & b \\ c & d \end{bmatrix}$$

が成分を実数とし，かつ正の行列式をもつならば，γ は次の規則によって定まる H から H への関数を与える．

$$z \longrightarrow \gamma(z) = \frac{az+b}{cz+d}.$$

読者は右辺の虚部を計算して，z の虚部が正の部分を動くときはいつでも右辺の虚部も正となることを示せば，γ が H から H への関数であることを確かめることができる．a や b, c, d に任意の 0 でない実数 λ を掛ければ，同じ H から H への関数を定義するもう一つの行列を得る．

この推論を $\mathrm{SL}_2(\mathbf{Z})$ の要素に適用しよう．我々は $\mathrm{GL}_2(\mathbf{Z})$ のすべての要素を考察の対象にすることを望まない．なぜなら，負の行列式の値をもつその群の要素は H を H ではなく，下半平面に移すからである．$\mathrm{SL}_2(\mathbf{Z})$ の任意の行列 γ は前に与えた規則によって分数線形変換を定義する．これを $z \to \gamma(z)$ と書く．

$\mathrm{SL}_2(\mathbf{Z})$ の行列による我々の分数線形変換の表現にはまだ少し冗長性がある．すべての成分に実数 λ を掛けると，その行列式は λ^2 を掛けることになる．さらにその成分は整数でなくなることもあり得る．しかしながら，$\lambda = -1$ ならば（そしてこれが唯一つの非自明な場合である），同じ分数線形変換を定義する行列式 1 の新しい整数の行列式を得る．たとえば，$\begin{bmatrix} 1 & 2 \\ 3 & 7 \end{bmatrix}$ と $\begin{bmatrix} -1 & -2 \\ -3 & -7 \end{bmatrix}$ は同じ分数線形変換を定義する．すなわち，

$$z \longrightarrow \gamma(z) = \frac{z+2}{3z+7} = \frac{-z-2}{-3z-7}.$$

このようにして，行列 $-I = \begin{bmatrix} -1 & 0 \\ 0 & -1 \end{bmatrix}$ は何もしない，すなわち中立運動 $z \to z$ を定義する．ただ我々はこの冗長性は受け入れることにしよう．

この群 $\mathrm{SL}_2(\mathbf{Z})$ は長い間研究されてきており，完全に理解されている．特に，それは中立要素 I のほかに，いくつかの有名な要素がある．ここに，それらを伝統的な名前で挙げておこう．

$$T = \begin{bmatrix} 1 & 1 \\ 0 & 1 \end{bmatrix}, \qquad S = \begin{bmatrix} 0 & 1 \\ -1 & 0 \end{bmatrix}.$$

我々は前に S と T から生じた運動を見てきた．すなわち，$T(z) = z+1$ であり，ゆえに T は上半平面を 1 単位平行移動し，$S(z) = -1/z$ は，前章において説明した反転である．

ここに面白い定理がある．

定理 12.1： 群 $SL_2(\mathbf{Z})$ は S と T によって生成される．

この定理は，この群の任意の要素は S や T, S^{-1}, T^{-1} をいくつか掛けることによって得られることを意味している．この事実は連分数の理論と密接に関係しているが，我々はここでその方向には立ち入らない．注意深い分析がセリー (Series, 1985) において見出される．

$S^2 = -I$ であるから，$S^4 = I$ である．しかし，T のいかなるベキも零のベキを除いては I にはならない．実際，行列 T を何回か掛けて以下のことを検証できる．

$$T^k = \begin{bmatrix} 1 & k \\ 0 & 1 \end{bmatrix}.$$

この公式は正の整数 k, $k=0$ に対して（なぜなら，群の要素の零のベキは中立要素に等しいと定義しているから），そして負の整数 k に対しても成り立つ（$m>0$ でかつ g が群の要素であるとき，g^{-m} を g^{-1} の m 個の積であると定義しているからである）．

$SL_2(\mathbf{Z})$ は上半平面 H 上に**作用**するという．この文の主張はこの群の各要素は一つの関数 $H \to H$ を定義し，そして一定の規則が適用されることを意味している．すなわち，

(1) H の任意の z と $SL_2(\mathbf{Z})$ の任意の行列 g と h に対して，$g(h(z)) = (gh)(z)$ が成り立つ．
(2) I が $SL_2(\mathbf{Z})$ の中立要素ならば，$I(z) = z$ が成り立つ．

3. 基本領域

上半平面 H 上で，読者の好きな点 z_0 から出発しよう．（たとえば，z_0 は i でもよい．）z_0 に $SL_2(\mathbf{Z})$ のすべての行列を作用させるとき，z_0 が移るいたるところを見ると，z_0 の**軌道**と呼ばれる H の点の部分集合を得る．これは H における距離を保存する運動による作用であるから，これらの点は互いに一団に集まることはできない．[1] この作用は**離散的**であるという．

作用の離散性は，モジュラー形式の全体のゲームが行えることを可能にし

---

[1] 軌道を図上に記入すると，点は実軸の近くに一団となり集中しているように**見える**だろう．しかし，それは視覚的な錯覚のためである．紙の上のユークリッド的距離は前章の第 4 節

ている．これから我々が見るように—早かれ遅かれ— モジュラー形式は，一つの軌道にあるすべての点上の値が密接に関連している一種の関数である．もし，これらの点が一団となり集中していたならば，複素解析学の法則によって，なんら面白いモジュラー形式はあり得ないことになるだろう．

注意：$SL_2(\mathbf{Z})$ と並んで，ほかにも考察することができる群がある．望むならば，$SL_2(\mathbf{Z})$ の**合同部分群**を調べることができる．これは第 14 章において定義する．

本節における最後の話題は，読者のために，上半平面 H 上へのモジュラー群の作用に対するいくつかの基本領域を引き出すことである．（基本領域の概念の異なる例について，読者は前章を振り返って見るとよい．）この作用に対する基本領域は次の二つの性質をもつ上半平面 H の部分集合 Ω のことである：

(1) すべての軌道は Ω と交わる．
(2) Ω の二つの異なる点は同じ軌道に属することはできない．

記号では，同じことを次のように言うことができる．

(1) H の任意の z_1 に対して，Ω のある z_0 と $SL_2(\mathbf{Z})$ のある γ が存在して，$z_1 = \gamma(z_0)$ が成り立つ．
(2) z_2 と z_3 が Ω に属していて，かつ γ が $SL_2(\mathbf{Z})$ に属しているとする．このとき，$z_3 = \gamma(z_2)$ ならば，$z_3 = z_2$ である．

多くの異なる基本領域がある．Ω が一つの基本領域だとすると，$SL_2(\mathbf{Z})$ の任意の γ に対して $\gamma(\Omega)$ もそうである．また，読者は Ω を切り刻んで，それらをさまざまな方法であちこちに動かすような風変りなことをすることもできる．当然，我々は良いと思われる基本領域を考察の対象としたい．

「標準的な」基本領域 Ω は，$-0.5 \leq x \leq 0$ をみたす円 $x^2 + y^2 = 1$ の一部分を加えて，$-0.5 \leq x < 0.5$ かつ $x^2 + y^2 > 1$ をみたす点 $x + iy$ から構成される．境界のどの部分が含まれているかを注意深く見れば，それは図 12.1 における斜線を引いた領域である．

において積分によって定義された非ユークリッド的な距離ではない．それからはるかに遠いものである．

3. 基本領域   159

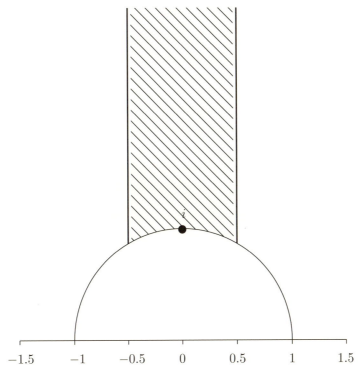

図 **12.1**   標準的基本領域 Ω

　図 12.1 における領域をとり，前に述べた関数 $z \mapsto -1/z$ を適用することができる．それは図 12.2 において斜線を引いた Ω とは異なる基本領域を与える．ここでいまは，領域の境界は（図においては特に明記されてはいない）3 個の異なる半円の一部である．読者は注意深く見れば，これらの半円のどの部分が図 12.1 における境界に対応しているのかを理解することができる．

　この第 2 の基本領域は実数直線上に先とがりに 0 に落ちていることに注意しよう．この理由によって，0 をカスプ（尖点）と呼ぶ— それはその基本領域のカスプである．しかし，0 はその基本領域には**属していない**．なぜなら，実直線は上半平面の一部分ではないからである．

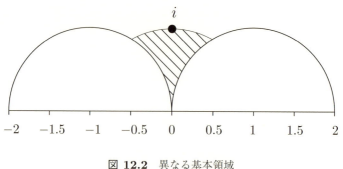

図 12.2 異なる基本領域

4. ついにモジュラー形式

第7章の第4節で定義した「解析関数」$f(z)$ の概念を思い出そう．これはその領域として $\mathbf{C}$ の開部分集合 U をもち，複素変数 z の複素数値の値をとる複素微分可能な関数のことである．（そこでは，「開集合」を定義した．）複素解析学のある定理によれば，解析関数 f はそれが定義される各点のまわりで収束するテイラー級数をもち（収束半径は各点ごとに変化するかもしれない），これらのテイラー級数のそれぞれはその収束円板のなかで f に収束する．

言い換えると，解析関数 $f : U \to \mathbf{C}$ は U の各点のまわりでベキ級数として表現できる．ただし，U は上半平面 H や穴あき単位円板 Δ^*，単位円板 Δ^0 のような集合である．すなわち，U の任意の点 z_0 に対して次のように表すことができる．

$$f(z) = a_0 + a_1(z - z_0) + a_2(z - z_0)^2 + a_3(z - z_0)^3 + \cdots .$$

ただし，z_0 に十分近いすべての z に対してこの無限級数は関数 $f(z)$ の値に等しいある極限に収束する．

定数関数は解析的であり，多項式関数も解析的，そして，解析関数の和や差，そして積なども解析的である．二つの解析関数の商は，U の任意の点で分母が零にならない限り，また解析的である．解析関数の合成関数もまた解析的である．基本的に，計算法の通常の規則で得られる関数は解析的である．

以上で解析関数のもつ性質を復習したが，モジュラー形式は確実な一種の解析関数 $f : H \to \mathbf{C}$ である．次に，「レベル1で重み k のモジュラー形式」

を定義しよう．この制限は物事を単純にしておくための助けになる．「レベル1」という言葉は，$SL_2(\mathbf{Z})$ から生じるすべての分数線形変換のもとで良い振る舞いをすることを意味する．かわりに，単に $SL_2(\mathbf{Z})$ のより小さい部分群（合同部分群）のもとで良い振る舞いを要求したとき，それでも興味ある理論が得られる．しかし，より大きい「レベル」という条件をつけてである．そのレベルを高くすれば，その重み k を奇数にも，あるいは分数にさえすることができる．分数の重みは特に扱いにくいが，しかし，この理論においては重要でもあり，後で1ないし2か所において分数の重みをもつ形式についてふれるだろう．

しかし，特に明記しない限り，ここで定義したように単に「重み k のモジュラー形式」という術語を用いる．このような関数が，それらの中に非常に深い数論を包み込むことができたということはきわめて驚くべきことである．それらは2世紀前に発明されたけれども，数論におけるモジュラー形式の性質と効用はやっとここ何年かにわたって次第に明るみに出てきた．

我々はただ懸命に探し続けよう．ようやくその定義を与える時期がやってきた．

定義 k を非負の偶数の整数とする．**重み k のモジュラー形式**とは，次の二つの性質をもつ上半平面上の解析関数 $f : H \to \mathbf{C}$ のことである．

(1) 変換特性 (transformation property).

(2) 増大特性 (growth property).

最初から，f は解析的であることを必要とする，ということに注意することは非常に重要である．この制限は絶対的に必要であるというわけではない．f が極をもつこと—— f が制御された状態で無限に大きくなる点のこと——を許してもよい．そして，少しも複素微分可能でさえない一種のモジュラー形式の理論がある．しかし，これに関してはさらに追求することはしない．

次に，上記の番号の付いた二つの特性について一度に一つづつ議論していこう．

5. 変換特性

変換特性とはモジュラー形式である関数の一種の周期のことである．説明のために，最初に X は実変数であると仮定する．周期 1 の周期関数 $g(X)$ は「関数方程式」$g(X+1) = g(X)$ を満足する．前章において，いくつかの周期関数の例を見てきた．我々は異なった形の関数方程式を問題にすることにより，周期関数を変化させることができるだろう．たとえば，$\phi(X)$ を，ある知られている与えられた関数として，$g(X+1) = \phi(X)g(X)$ が成り立つかどうかを問う．この $\phi(X)$ は**保型因子** (automorphy factor) と呼ばれる．[2] いま，X を 1 単位右へ平行移動したとき，$g(X)$ の値は単に繰り返すのではないが，しかしそれでもそれらは最初の値から推測可能である．すべての X に対して関数 $\phi(X)$ が分かり，0 から 1 までのすべての実数 A に対して $g(A)$ が分かれば，すべての X に対して $g(X)$ を計算することができる．これはもはや周期性ではない．そのかわりに，ϕ が比較的簡単な関数である限り，それを「保型」と呼ぶことができる．

19 世紀において，何人かの数学者は我々がまさに規定しようとしている保型変換的特性が彼らの問題を解決することを助け，美しい数学に導いていくことを発見した．ガンマ γ を $\mathrm{SL}_2(\mathbf{Z})$ に属する行列とすると，次のように表される．

$$\gamma = \begin{bmatrix} a & b \\ c & d \end{bmatrix}$$

このとき，a や b, c, d は整数であり，行列式は $\det(\gamma) = ad - bc = 1$ であることを思い出そう．また，行列 γ は次の規則によって H から H への関数を定義することを思い出そう．

$$\gamma(z) = \frac{az+b}{cz+d}.$$

単に楽しみのために，商の微分法のための通常の規則を用いて，$\gamma(z)$ の導関数を計算してみよう．

$$\frac{d}{dz}(\gamma(z)) = \frac{(az+b)'(cz+d) - (az+b)(cz+d)'}{(cz+d)^2}$$

---

[2] たとえば，$g(X) = e^X$ と仮定しよう．すると，$g(X+1) = e^{X+1} = ee^X = eg(X)$ である．この簡単な例では，保型因子 $\phi(X)$ は定数関数 e である．

$$= \frac{a(cz+d) - (az+b)c}{(cz+d)^2} = \frac{ad-bc}{(cz+d)^2} = (cz+d)^{-2}.$$

導関数は実によく単純化されている．導関数は重要な対象であるから，この表現 $(cz+d)^{-2}$ は我々の理論において重要なものとなるであろう．その指数 -2 は意味がある．それは，我々の理論が偶数の重みに対してもっともよく機能することを意味している．この重みは定義のなかで明記された整数 k である．

変換特性は次のようである．前述のように a や b, c, d を成分とする $\mathrm{SL}_2(\mathbf{Z})$ の任意の γ と，上半平面 H のすべての z に対して，重み k のモジュラー形式 f に対する変換特性は次の式により表される．

$$f(\gamma(z)) = (cz+d)^k f(z). \tag{12.2}$$

(12.2) と $\gamma(z)$ の導関数の間の関係は $k = 2$ に対する形式的な代数的水準では明らかである．しかし，「上半平面上のベクトル束」(p.184 で潜在的に引用されている) と呼ばれる高次元の多様体の幾何学と関係しているそのより深い意味は，残念ながら我々の視界の向こうにある．しかしながら，読者は後で，これは実りある定義であり，少なくとも我々が議論している数論において，非常に驚くべきパターンを見えるようにする実利があることを理解するだろう．

f が $\mathrm{SL}_2(\mathbf{Z})$ に属しているすべての γ に対して (12.2) を満足し，また基本領域 Ω 上で f の値が分かれば，f のいたるところにおける値が分かる，ということをすぐに理解すべきである．このことは $cz+d$ が完全に明示的で計算可能な因子だからである．そして，z が H の任意の点であるとき，Ω の唯一つの点 z_0 と $\mathrm{SL}_2(\mathbf{Z})$ の要素 γ を見つけることができ，$z = \gamma(z_0)$ が成り立つ．変換特性より，$f(z) = (cz_0+d)^k f(z_0)$ が成り立つ．すると，$f(z_0)$ と cz_0+d は分かっているので，$f(z)$ も分かる．

もう一つ検証すべきことは，(12.2) が $\mathrm{SL}_2(\mathbf{Z})$ の二つの要素，たとえば，γ と δ に対して成り立てば，それらの積 $\gamma\delta$ に対しても成り立つ，ということである．これは読者に対する演習問題として残しておく計算である．それは合成関数の微分法と保型因子 $cz+d$ は分数線形変換の導関数であるという事実に関係している．同様にして，(12.2) は $\mathrm{SL}_2(\mathbf{Z})$ の行列 γ に対して成り立て

ば，それは γ^{-1} に対しても成り立つ．

さて，我々は前に，T と S は全体の群 $\mathrm{SL}_2(\mathbf{Z})$ を生成すると述べた．この主張と前段落から，単に (12.2) の関数方程式が T と S に対して成り立つことが分かれば，それは $\mathrm{SL}_2(\mathbf{Z})$ のすべての要素に対して成り立つことが分かる．したがって，前に述べた (12.2) を以下の二つの簡単に見える規則で置き換えることができる．

$$f(z+1) = f(z), \qquad f(-1/z) = z^k f(z).$$

(12.2) から離れないでいることはとても良いことである．ときどき，我々は群 $\mathrm{SL}_2(\mathbf{Z})$ の γ のみならず，2 個の行列 T と S のみによっては生成されないさまざまな部分群をも考察の対象とする．これらの部分群はそれら自身の生成元の一覧表をもっている．場合によっては無数の生成元をもつ場合もあり得るし，それらはどの群を研究の対象とするかに依存している．これらのより小さい群の一つに対するモジュラー形式は，その小さい群の γ に対する関数方程式を満足することだけが必要とされるだろう．

しかし，とりあえず我々はこれらの特別に簡単に見える規則の最初のものですぐに始めることができる．$f(z+1) = f(z)$ であるから，$f(z)$ は周期 1 の周期関数である．第 8 章で学んだことから，これは $f(z)$ が $q = e^{2\pi i z}$ の関数として表すことができることを意味していることが分かる．$f(z)$ は解析的であるから，それは q の収束ベキ級数によって表すことができる．

ところが，ここにちょっとした問題点がある：$z \to q$ は H を穴あき円板 Δ^* に移すことを思い出そう．この円板は**穴が空いている**．ゆえに，Δ^* を動き回る q の関数として考えることもできる $f(z)$ は，q の解析関数（たとえば）$F(q)$ となるだろう．しかし，それはその円板の中心 0 で定義されない．このことの最後の結末は，$F(q)$ は q のベキ級数として表すことができるのに，この級数は正のベキと同様に q の負のベキを含んでいる可能性があるということである．実際，この時点で**無限に多くの**負のベキが現れるものさえある．もし，q の負のベキがあるとすると，その級数は 0 のまわりでのテイラー級数ではない．しかし，$F(q)$ は 0 において定義されないのであるから，それがそこで必然的にテイラー級数をもつことを期待することはできない．

要約すると，$f(z)$ が H 上で解析的であり，$\mathrm{SL}_2(\mathbf{Z})$ のすべての γ に対する

(12.2) の関数方程式を満足するならば，すべての整数 i に対して定数 a_i があり，次が成り立つ．

$$f(z) = \cdots + a_{-2}q^{-2} + a_{-1}q^{-1} + a_0 + a_1 q + a_2 q^2 + \cdots.$$

ただし，$q = e^{2\pi i z}$ である．右辺を $f(z)$ の「q 展開」と呼ぶ．

6. 増大条件

それらがそのままであれば，余りに多くのモジュラー形式が存在することになる．我々は無秩序の状態になり，すべてのモジュラー形式について適切な考察も言うことができなくなるだろう．問題は q 展開におけるそれらすべての負の指数にある．それらが実際に q 展開にあるとすれば，$q \to 0$ のとき，モジュラー形式は無限大に爆発するか，または同等に激しく動く（これは z の虚部が ∞ に向かうときである）．

$f(z)$ の q 展開において負の指数がないとき，$f(z)$ は**モジュラー形式**であるという．このとき，増大条件を次のように述べることができる．

増大条件：z の虚部が無限に大きくなるとき，$|f(z)|$ は有界のままとどまる．

この場合，実際に z の虚部が無限に大きくなるとき，ある値を $f(z)$ の極限とすることができる．なぜなら，q が 0 に収束するとき，$f(z)$ の極限は q 展開の極限と同じだからである．負の指数の項がないとき，この極限は存在して a_0 に等しい．

後での引用のために，次のように「カスプ形式」を定義する．

定義 モジュラー形式 $f(z)$ は，その q 展開における a_0 の値が 0 に等しいとき**カスプ形式**である．

この定義は明らかに，$q \to 0$ のとき q 展開の値が 0 に向かうと言っても同じである．我々の図 12.2 における第 2 の基本領域を見れば，$q \to 0$ は幾何学的に z に関係して尖点（カスプ）に向かっているが，Ω の内側にとどまっていることが分かるだろう．これがなぜ「カスプ形式」という術語が用いられるかという理由である．

7. 要約

重み k の**モジュラー形式**はそのモジュラー群のすべての γ に対して (12.2) を満足し，かつ，次の形の q 展開をもつ H 上の解析関数である．

$$f(z) = a_0 + a_1 q + a_2 q^2 + \cdots.$$

重み k のすべてのモジュラー形式の集合を表す記号がある．すなわち，M_k である．

重み k の**カスプ形式**はそのモジュラー群のすべての γ に対して (12.2) を満足し，かつ，次の形の q 展開をもつ H 上の解析関数である．

$$f(z) = a_1 q + a_2 q^2 + \cdots.$$

重み k のすべてのカスプ形式の集合を表す記号は S_k である．（この S はドイツ語の尖点（カスプ）を表す Spitze の頭文字である．）

ところで，モジュラー形式 $f(z)$ の q 展開が有限個の**正のベキの項**しかもたないならば（すなわち，それは多項式である），$f(z)$ は恒等的に 0 であることが証明される．

重み 4 のモジュラー形式の例は，次の式によって定義される関数 $G_4: H \to \mathbf{C}$ である．

$$G_4(z) = \sum_{m=-\infty}^{\infty} \sum_{\substack{n=-\infty \\ (m,n) \neq (0,0)}}^{\infty} \frac{1}{(mz+n)^4}.$$

この例は次章において説明され，さらに多くのモジュラー形式の例も後の章で与えられるであろう．

練習問題：$f(z)$ が重み $k > 0$ の，k は**奇数**の整数である，モジュラー形式（本章で仮定したように群 $\mathrm{SL}_2(\mathbf{Z})$ 全体に対する）であるならば，このとき上半平面 H のすべての z に対して $f(z) = 0$ であることを証明せよ（すなわち，$f(z)$ は 0 関数である）．

ヒント：$\gamma = -I$ のとき，(12.2) を考えよ．第 14 章の第 1 節において詳細を計算するであろう．

# 第 13 章
モジュラー形式はどのぐらい たくさんあるのか？

1. 無限集合の数え方

前章から直接に本章を続ける．非負の偶数 k を固定する．たとえば，$k = 12$ とする．$f(z)$ が重み k のモジュラー形式，あるいは，重み k のカスプ形式であることが何を意味しているかを定義した．そして，前者の集合を表すには記号 M_k を，後者の集合には S_k を固定した．[1]

M_k と S_k はどのぐらい大きいのだろうか？ これらの集合のそれぞれはどちらも正確に一つの要素をもつか，または無限に多くの要素をもつことがすぐに分かる．なぜか？ ところで，定数関数 0 はつねに重み k（任意の重みに対して）のモジュラー形式である．これは自明な考察であるかもしれないが，それは必要なことである．関数 $z \to 0$ はモジュラー形式であるための必要なすべての性質を満足している．実際，それはカスプ形式である．ゆえに，M_k と S_k にはそれぞれ少なくとも一つの要素，すなわち，0 がある．

さて，M_k に零でない要素があると仮定しよう．たとえば，$f(z) \neq 0$ とする．任意の複素数 c がなんであっても，$cf(z)$ もまた重み k のモジュラー形式である．（定義を検証せよ——読者はその公式を通して c を掛けることができる．）したがって，一つの零でない要素から無限に多くの要素が得られる．M_k と S_k とに関して，考えることができるもう一つのことは，モジュラー形式を加えることである．たとえば，$f(z)$ と $g(z)$ が両方とも重み k のモジュラー形式ならば，$f(z) + g(z)$ もそうである．（再び，定義を検証せよ．この検証は f と g が同じ重みを共有することを必要とし，そのとき，乗法の分配法則を用いて，和の変換法則において保型因子を引き出すことができる．）

この種の仕組み，構造をもつ集合を表す名前がある．V を関数 $\Sigma \to \mathbf{C}$ の

---

[1] 思い出すこと：M_k と S_k はレベル 1 のモジュラー形式の集合である．すなわち，群 $\mathrm{SL}_2(\mathbf{Z})$ から生じるすべての分数線形変換によって正しい方法で変換されるものである．

集合とする（ここで，Σ は任意の集合である）．V が以下の性質をみたすとき，V はベクトル空間であるという．

(V1) V は空集合ではない．
(V2) V の任意の関数 v と任意の複素数 c に対して，関数 cv もまた V に属する．
(V3) V の任意の関数 v と w に対して，関数 $v+w$ もまた V に属する．

V がベクトル空間ならば，規則 (V2) と (V3) を一緒にして繰り返せば，$v_1, v_2, \ldots, v_n$ がすべて V に属し，$c_1, c_2, \ldots, c_n$ がすべて複素数ならば，

$$v_1 c_1 + v_2 c_2 + \cdots + v_n c_n \tag{13.1}$$

もまた V に属することが分かるだろう．(13.1) を関数 $v_1, v_2, \ldots, v_n$ の**線形結合**と呼ぶ．

ときには，ベクトル空間の要素を「ベクトル」と呼ぶことがあるかもしれない．この術語は役に立つ．というのは，関数としてではなく，規則 (V1) や (V2), (V3) を満足する対象の抽象的な集合から生じているベクトル空間全体を導き出すことができるからである．この理論は「線形代数」と呼ばれている．この文脈では，多くの場合複素数を**スカラー**といい，c がスカラーで v がベクトルであるとき，cv は**スカラー倍**であるという．

これまでの議論から，M_k はベクトル空間であるということができる．S_k についてはどうか？ それは M_k の部分集合ではあるが，それがそれ自身でベクトル空間であるためには十分ではない．それはなお規則 (V1) や (V2), (V3) を満足しなければならない．0 はカスプ形式であるから，規則 (V1) は満足される．ところで，何がカスプ形式をカスプ形式としているのであろうか？ その q 展開の定数項は 0 でなければならない．任意の複素数 c に対して $c0 = 0$ であり，$0 + 0 = 0$ であるから，規則 (V2) と (V3) は S_k に対しても満足される．S_k はそれ自身でベクトル空間であり，かつ M_k の部分集合であるという理由により，S_k は M_k の**部分空間**であるという．

いま任意のベクトル空間 V を考えよう．M_k と S_k に対する推論は V へ移すことができる．$V = \{0\}$ であり，唯一つの要素，すなわち，0 関数であるか，そうでなければ，V は関数の無限の集合であるということを学んだ．い

ずれにせよ，V にいくつかの要素があれば，V はそれらからつくることのできるすべての線形結合をも含むことになる．

そこでいま，重要な二分法にいたる．

(1) V のベクトルの有限集合 S があり，その線形結合は V のすべてのベクトルを尽くす．

が成り立つか，または

(2) そのような集合はない．

例：$V = \{0\}$ のとき，S を V としてとることができる．

しかしながら，S を空集合としてとることさえできることに注意することは重要である．というのは，0 はいかなるベクトルの線形結合でもない，と約束するからである．（第 10 章，第 1 節と比較せよ．）

例：v が零でない関数ならば，集合 $V = \{cv \mid c \in \mathbf{C}\}$ をつくることができる．言い換えると，V は v のすべてのスカラー倍の集合である．読者は，再び分配法則を用いて，規則 (V1) や (V2)，(V3) を検証することができ，V がベクトル空間であることが分かる．この場合，「生成集合」S として単集合 $\{v\}$ をとることができる．しかしながら，大雑把な取り方として，$\{v, 3v, 0, (1+i)v\}$ のような大きな集合 S をとることもできる．

例：V を z のすべての多項式関数の集合とする．この V に対して，生成集合 S はどうあっても有限集合ではあり得ない．なぜなら，多項式の有限集合 S の線形結合の次数は S の任意の要素のもっとも高い次数を超えることはできないからである．しかし，生成集合 S は有限集合でないとしても，すべての多項式の集合はベクトル空間の性質を満足している．

(1) の種類のベクトル空間は「有限次元」であるといい，(2) の種類のベクトル空間は—驚くことに—「無限次元」であるという．

さていま，V を有限次元のベクトル空間と仮定しよう．このベクトル空間にはさまざまな生成集合 S があり，それらはさまざまな大きさをもつ．しか

し，「有限次元」の定義により，これらの生成集合のいくつかは有限である．これらのすべての有限な生成集合のなかで，それらのいくつかは極小になるだろう．（V の生成集合 S は，そのいかなる真の部分集合も V を生成しないとき，**極小**であるという．）これらの極小な生成集合の任意の一つを V の**基底**と呼ぶ．

たとえば，零ベクトル空間 $\{0\}$ はその基底として空集合をもつ．この例は基底を選ぶ際に選択の余地のない唯一つの場合である．第 2 の例，$V = \{cv \mid c \in \mathbf{C}\}$ は基底として単集合 $\{v\}$ をもつ．（明らかに，これは V に対して可能な最小のベクトルの生成集合である．）しかし，$\{3v\}$ は同じ V に対するもう一つの基底である．$\{3v\}$ もまた一つの要素からなる集合であることに注意しよう．

ここに，線形代数の課程において証明される適切な定理がある．

> **定理 13.2**：V を有限次元のベクトル空間とする．そのとき，その基底はすべてお互いに同じ数の要素をもつ．

基底の要素の数が d であるとき，d は V の**次元**と呼ばれ，$\dim(V) = d$ と書く．また，別の定理より，W が V の部分空間ならば，$\dim(W) \leq \dim(V)$ が成り立つことが分かる．

これまでの二つの例において，零ベクトル空間 $\{0\}$ の次元は 0 である（なぜなら，空集合はその基底であるから，0 個の要素をもつからである）．$v \neq 0$ のとき，ベクトル空間 $V = \{cv \mid c \in \mathbf{C}\}$ は次元 1 である．

> **練習問題**：正の整数 n を固定する．n 以下の次数をもつ z のすべての多項式関数のつくるベクトル空間の次元を求めよ．

> **解答**：答えは $n+1$ である．そのベクトル空間の一つの基底は $\{1, z, z^2, \ldots, z^n\}$ である．

次元の概念は，与えられた重みをもつモジュラー形式がどのぐらい多くあるかということを分別よく考えることができる方法である．M_k や S_k は有限次元のベクトル空間であるかどうか，もし有限次元ならその次元は何か，と問うことができる．このようにして，両方のベクトル空間が無限に多くの要素を含んでいるとしても，一つのベクトル空間がほかのベクトル空間より大

2. M_k と S_k はどのぐらい大きいのか？

急いでその答えに突き進む前に，**先験的**に何か言うことができるだろうか，と考えてみよう．この時点で，任意の重みをもつ零でないモジュラー形式があるかどうか分からない．しかし，S_k は M_k の部分空間であるから，次元に関する不等式 $\dim(S_k) \leq \dim(M_k)$ はつねに成り立つ．その差 $\dim(M_k) - \dim(S_k)$ はどのぐらい大きいだろうか？ この時点で，我々が知る限り，すべてのモジュラー形式はカスプ形式であるかもしれない．そうだとすると，この差は 0 となるだろう．もう一つの可能性は，その差が 1 であるということである．M_k が有限次元のベクトル空間であると仮定して，なぜその差が 1 より大きいことはあり得ないかを見てみよう．

$\{f_1, \ldots, f_n\}$ が M_k の基底ならば，$\dim(M_k) = n$ である．これらの関数のそれぞれは定数項をもつ q 展開である．b_i を f_i の q 展開の定数項とする．b_i は複素数である．b_i のすべてが 0 ならば，f_i のすべてはカスプ形式であり，ゆえに $M_k = S_k$ である．b_i のいくつかが 0 でなければ，$b_1 \neq 0$ であると仮定することができる．そこで，M_k におけるある新しい関数をつくることができる．

$$g_i = f_i - (b_i/b_1)f_1, \qquad i = 2, 3, \ldots, n.$$

$\{f_1, g_2, g_3, \ldots, g_n\}$ もまた M_k の生成集合であることを示すのは読者にまかせよう．

g_i の q 展開の定数項は何か？ それは f_i の q 展開の定数項から f_1 の q 展開の定数項に (b_i/b_1) を掛けた数を引いたものである．この数は $b_i - (b_i/b_1)b_1 = 0$ である．したがって，すべての g_i はカスプ形式である．$\{f_1, \ldots, f_n\}$ は M_k の極小生成集合であるから，$\{g_2, \ldots, g_n\}$ は S_k の極小生成集合をなすことを確かめるのは難しくない．（正確な証明は**線形独立**の概念を用いてなされる．）それゆえ，この場合は $\dim(S_k) = n - 1$ が成り立つ．

要約すると，$M_k = S_k$ であるか，このときこの二つのベクトル空間は同じ次元をもつ，そうでなければ，M_k は厳密に S_k より大きく，その次元は正確に 1 だけ大きい．

ところで，なぜ零でないモジュラー形式があるのかという理由を理解する時期である．いかにしてそれを（零でないモジュラー形式を）構成することができるだろうか？ それほど明白なことではないが考えるべき唯一のことがあり，これは「アイゼンシュタイン級数」と呼ばれるものの構成に導く．我々はすべての偶数 $k \geq 4$ に対して，零でない重み k のモジュラー形式を明示的に書き下すことができることを見るだろう．（第 12 章の最後にある練習問題より，k の奇数の値を考察する意味はないことが分かる．[2]）実際，いまこれから定義しようとする関数はカスプ形式ではない．

その考え方は保型因子それ自身から出発することである：$z \to (cz+d)^{-k}$．なぜなら，保型因子の唯一の型があり，これが唯一の考え方を我々に与えるからである．無限に多くの順序対 (c,d) があり，ゆえにどのペアを用いるべきか？ それらすべてを使わなければならないだろう．いま (c,d) は $\mathrm{SL}_2(\mathbf{Z})$ の行列の第 2 行である．$ad - bc = 1$ であるから，c と d は互いに素である．（逆に，c と d が互いに素ならば，$ad - bc = 1$ をみたす整数のもう一つのペア a と b が存在する．これは定理 1.1 である．）しかしながら，c と d が表現 $(cz+d)^{-k}$ におけるほとんど任意のペアであることを許容すれば，簡単さにおいて利益を得ることが判明する．もちろん，0 で割ることはできないので，$(0,0)$ を使うことはできない．しかし，ほかのすべての可能な整数のペアを可能にする．

Λ' は $(0,0)$ を除くすべての整数の順序対 (c,d) の集合を表すものとしよう．この記号を用いる理由は，Λ が多くの場合整数のすべての順序対の集合を表し，Λ の部分集合であることを望むからである．

よろしい，一つのモジュラー形式をつくることを試みてみよう．これを $G_k(z)$ と名づけよう．最初に，特別な (c,d) で試みてみよう．$(1,0)$ でやってみよう？ こうして，関数 $z \to 1/z^k$ を調べてみよう．ことによると，これは重み k のモジュラー形式であるかもしれない？ この関数は上半平面上で解析的である．その q 展開についてはどうか？ おっとっと，それは q 展開をもたない，というのは，それは周期 1 の周期関数ではないからである（あるいは，任意のほかの周期をもたない）．

---

[2] 我々はいまレベル 1 のモジュラー形式についてのみ話をしている．

2. M_k と S_k はどのぐらい大きいのか？

この欠陥を修正するために，次のようにして，$z \to 1/z^k$ から周期関数をつくることができる．新しい関数を次のように定義する．

$$h_k(z) = \sum_{n=-\infty}^{\infty} \frac{1}{(z+n)^k}.$$

この公式は乱暴かもしれないが，z を $z+1$ で置き換えても右辺は見た目は変わらない．しかし，我々はその代償は払っている．右辺は解析関数の無限の和である．たとえば，$k = 0$ とすると，結局右辺は無限大となり，これはよくない．しかしながら，右辺が上半平面 H のすべての z に対して収束するならば，それは z の一つの関数を定義するだろう．そして，その収束性がコンパクト集合の上で一様収束ならば，その関数は再び解析的になるだろう．さしあたり，右辺は H における z の解析関数になる収束級数であると仮定しよう．$h_k(z)$ はモジュラー形式になるだろうか？

最初に，モジュラー形式の第 2 の必要条件—増大条件—を調べてみよう．読者は以下の議論を飛ばしてもよい．これはいずれにしても厳密なやり方ではないのだから．しかし，興味があれば，それはこれらの増大評価のあるものがどのように働くかということの感触を読者に与えるだろう．また，ほかの証明において必要とされるさらに複雑な増大評価は同様であり，我々はそれらを完全に省略しよう．

周期関数 $h_k(z)$ の q 展開を調べてみよう．実際にそれが正確になんであるかを計算して出そうと思っているわけではない．ただ単に $q \to 0$ のとき，$h_k(z)$ がどんなふうに増大するかを見たい．これは図 12.1 の基本領域 Ω において，$z = x + iy$ が ∞ に向かうとき，$h_k(z)$ がどのように増大するかを見ることと同じである．言い換えると，$-1/2 \leq x < 1/2$ であり，また $y \to \infty$ である．

三角不等式によって，次が成り立つことを知っている．

$$|h_k(z)| \leq \sum_{n=-\infty}^{\infty} \left| \frac{1}{(z+n)^k} \right|.$$

計算してみよう．

$$\left| \frac{1}{(z+n)^k} \right| = \frac{1}{|z+n|^k} = \frac{1}{|(x+n+iy)|^k} = \frac{1}{((x+n)^2 + y^2)^{k/2}}.$$

いま，固定した x に対して，n について和をとると，それらの項の大部分は

x よりはるかに大きい n をもち，x の個々の値は関係がない．したがって，$y \to \infty$ のとき，Ω の z に対する $|h_k(z)|$ の増加は，以下の増加と同じになるだろうということができる．

$$\sum_{n=-\infty}^{\infty} \frac{1}{(n^2+y^2)^{k/2}}.$$

そして，この和が以下の定積分とほとんど同じ大きさになるだろう，ということは正当な推測である．

$$\int_{t=-\infty}^{\infty} \frac{dt}{(t^2+y^2)^{k/2}}.$$

固定した y に対して，この定積分を明示的に計算することができる．$k \geq 2$ かつ $y \neq 0$ と仮定して，ある正の定数 C_k とある正の整数 p_k に対してこの定積分は C_k/y^{p_k} となる．したがって，$y \to \infty$ のとき，その極限は 0 となり，これは確かに有限である．以上より，増大条件は満足される．

最後に，$\mathrm{SL}_2(\mathbf{Z})$ の $\gamma = \begin{bmatrix} a & b \\ c & d \end{bmatrix}$ のもとで，$h_k(z)$ がどのように変換されるかを調べなければならない．次を計算する．

$$h_k\left(\frac{az+b}{cz+d}\right) = \sum_{n=-\infty}^{\infty} \frac{1}{\left(\frac{az+b}{cz+d}+n\right)^k}.$$

右辺の項の一つを計算してみよう．

$$\frac{1}{\left(\frac{az+b}{cz+d}+n\right)^k} = \frac{1}{\left(\frac{(az+b)+n(cz+d)}{cz+d}\right)^k} = \frac{(cz+d)^k}{((a+nc)z+(b+nd))^k}.$$

ここで，我々はモジュラー形式の定義における規則に従う変換を望んでいる．それゆえ，我々が得ているものをよりよく理解するために保型因子を取り出すべきである．取り出して，すべての項を足し合わせると次を得る．

$$h_k\left(\frac{az+b}{cz+d}\right) = (cz+d)^k \sum_{n=-\infty}^{\infty} \frac{1}{((a+nc)z+(b+nd))^k}.$$

我々が望むのは（モジュラー形式を得たとすれば），次の等式が成り立つことである．

$$h_k\left(\frac{az+b}{cz+d}\right) \stackrel{?}{=} (cz+d)^k h_k(z).$$

少なくとも，我々は正しく取り出して保型因子を得た．もちろん，それがな

2. M_k と S_k はどのぐらい大きいのか？　175

ぜ我々が最初にそれから出発したかという理由である．しかし，それらは正しい形をしてはいるが，この新しい無限和は間違った集合の上を動かして足している．

　もしかすると，我々は十分な項の集合上で加えていないのかもしれない？ $h_k(z)$ で出発して，γ による変換をすると，その和の分母における新しい 1 次の項の k 乗ベキを得る．その項は z の係数が 1 ではないほかの整数である．我々はすでに無限個の項の和をとることを始めているのであるから，実際に行けるところまでいってみよう．そこで，次のように定義する．

$$G_k(z) = \sum_{(m,n) \in \Lambda'} \frac{1}{(mz+n)^k}.$$

まもなく分かるように，$G_k(z)$ は重み k のモジュラー形式に対する変換法則を満足する．それは（完全なモジュラー群に対する）重み k の**アイゼンシュタイン級数**と呼ばれている．

　さていま，無限級数の収束性を問題とするときである．我々は前よりももっとたくさんの項の和を合計している．一方，k の値が大きくなればなるほど，どんどんその項の大部分は小さくなる．我々の公式は $k=0$ あるいは $k=2$ に対してはうまく働かない．以後，アイゼンシュタイン級数を議論するとき，重み k は 4 であるかまたはそれより大きいと仮定するであろう．その場合，その級数は H のコンパクト部分集合の上で一様に絶対収束し，そして m と n に関する二重和の項における和の順序について心配する必要がなくなる．

　各項は H 上で解析関数であり，その級数はコンパクト集合の上で一様に絶対収束する．複素解析学より，$G_k(z)$ は H 上で解析関数である．我々が $h_k(z)$ に対して行ったことと同様に評価すれば，$G_k(z)$ が増大条件を満足することが分かる．あとは，$\mathrm{SL}_2(\mathbf{Z})$ の要素 $\gamma = \begin{bmatrix} a & b \\ c & d \end{bmatrix}$ による変換法則を検証するだけでよい．再び，計算しよう．

$$G_k\left(\frac{az+b}{cz+d}\right) = \sum_{(m,n) \in \Lambda'} \frac{1}{\left(m\left(\frac{az+b}{cz+d}\right)+n\right)^k}.$$

再び，右辺の項の一つを計算してみよう．

$$\frac{1}{\left(m\left(\frac{az+b}{cz+d}\right)+n\right)^k} = \frac{1}{\left(\frac{m(az+b)+n(cz+d)}{cz+d}\right)^k}$$

$$= \frac{(cz+d)^k}{((ma+nc)z+(mb+nd))^k}.$$

要約すると，[3] 次の式を得る．

$$G_k\left(\frac{az+b}{cz+d}\right) = (cz+d)^k \sum_{(m,n)\in\Lambda'} \frac{1}{((ma+nc)z+(mb+nd))^k}.$$

いま重要なステップにやってきた．この等式の右辺にある和を見ると，a や b, c, d は定数であり，m と n は加法における変数である．次のように変数変換 $m' = ma + nc$, $n' = mb + nd$ を定義できる．この変数変換は Λ' からそれ自身への 1 対 1 対応であることを確かめることができる．[4] 言い換えると，前の等式を次のように書き換えることができる．

$$G_k\left(\frac{az+b}{cz+d}\right) = (cz+d)^k \sum_{(m',n')\in\Lambda'} \frac{1}{(m'z+n')^k}.$$

しかし，m' と n' は単なる加法におけるダミーの変数であるから，これらをもとの m と n としてもなんら変わりはない．結論として，次を得る．

$$G_k\left(\frac{az+b}{cz+d}\right) = (cz+d)^k G_k(z).$$

これが求めていた重み k のモジュラー形式に対する変換法則である．

3. q 展開

おそらく，アイゼンシュタイン級数は整数のベキの和と何か関係があるだろう，ということはまったく驚くことではない．この発見は我々がそれらの q 展開を見出したときに明白に現れてくる．ここではこのことについて何も実証しようとは思わないが，読者にその答えを述べておこう．$G_k(z)$ はそれが解析的であり，かつ周期 1 の周期関数であるという理由により，q 展開をもつことを思い出そう．その q 展開を書き下すために，我々が本書のはじめのほうに定義したいくつかの関数と定数を読者に思い出してもらわばなら

---

[3] 意図されただじゃれ．本書の原題は *Summing It Up*（要約すると）である．副題が「1 足す 1 から現代数論へ」で，それを「要約すると」ということである．

[4] $ad - bc = 1$ であるから，m と n に対する方程式を m' と n' に関して解くことができる．このことは，この対応が 1 対 1 対応であることを検証するための正確な方法である．また，$m = n = 0$ のとき，$m' = n' = 0$ となり，逆もまた成り立つことを検証する必要がある．

ない．そして，また新しい関数を導入する．

(1) ゼータ関数 $\zeta(s)$:

$$\zeta(s) = \sum_{n=1}^{\infty} \frac{1}{n^s}.$$

k が正の偶数である整数ならば（それが本節にあるように），$\zeta(k)$ は正整数の k 乗ベキの逆数の無限和である．

(2) 任意の非負整数 m に対して，その約数の m 乗ベキの和：

$$\sigma_m(n) = \sum_{d|n} d^m.$$

この和は，1 と n 自身を含む正の整数 n のすべての正の約数を動かして加える．

(3) ベルヌーイ数 B_k，これは連続した k 乗ベキの和に関係している．

これら三つの項目によって，アイゼンシュタイン級数 G_k の q 展開を以下のように読者に示すことができる．

$$G_k(z) = 2\zeta(k) \left(1 - \frac{2k}{B_k} \sum_{m=1}^{\infty} \sigma_{k-1}(n) q^n \right). \tag{13.3}$$

ここで，通常のように $q = e^{2\pi i z}$ である．

公式 (13.3) はかなり驚くべきことである．我々は $\zeta(k)$ という因子がどこから生じるか理解することができる．アイゼンシュタイン級数の定義を思い出そう：

$$G_k(z) = \sum_{(m,n) \in \Lambda'} \frac{1}{(mz+n)^k}.$$

m と n がともに 0 でない限り，それらの最大公約数 d を計算することができる．いま $k \geq 4$ と仮定しているので，G_k に対する和は絶対収束し，任意の順序でその和を計算することができる．したがって，同じ最大公約数をもつすべてのペアを 1 つの部分に一緒にして置き換えることにより，Λ' におけるすべてのペアを分割することができる．d に等しい最大公約数をもつ部分において，それらすべての (m,n) を (da, db) と書き表すことができる．ただし，(a,b) は互いに素である（すなわち，最大公約数は 1 である）．このようにし

て，次のように表すことができる．

$$G_k(z) = \sum_{d=1}^{\infty} \frac{1}{d^k} \sum_{(a,b)\in \Lambda''} \frac{1}{(az+b)^k}.$$

ここで，Λ'' は互いに素であるすべてのペアからなる Λ の部分集合である．Λ'' は d に依存しないので，二重和を公式において示されているように二つの和の積として分解できる．最初の因子は $\zeta(k)$ であり，それが因子として外に出て，G_k の q 展開に対する公式 (13.3) の最初に現れている理由である．

練習問題：公式 (13.3) において，なぜ整数 2 もまた因数として外に出ているのか，読者は理解できるだろうか？

公式 (13.3) を因数 $2\zeta(k)$ で割ると，その q 展開がすべて 1 で始まる新しいモジュラー形式（古いものの単なる倍数である）が得られ，非常に使いやすいものとなる．そこで，次のように定義する．

$$E_k(z) = \frac{1}{2\zeta(k)} G_k(z) = 1 + C_k(q + \sigma_{k-1}(2)q^2 + \sigma_{k-1}(3)q^3 + \cdots).$$

ここで，$C_k = -\frac{2k}{B_k}$ は k に依存する定数である．

たとえば，

$$E_4(z) = 1 + 240(q + (1+2^3)q^2 + (1+3^3)q^3 + \cdots)$$
$$= 1 + 240(q + 9q^2 + 28q^3 + \cdots)$$

であり，また

$$E_6(z) = 1 - 504(q + (1+2^5)q^2 + (1+3^5)q^5 + \cdots)$$
$$= 1 - 504(q + 33q^2 + 244q^3 + \cdots).$$

ただし，ベルヌーイ数の値 $B_4 = -\frac{1}{30}$ と $B_6 = \frac{1}{42}$ を知っている必要がある．このあたりの式の表現の中に，読者は楽しめるたくさんの特別な形の整数があるのを見ることができる．

4. モジュラー形式を掛ける

モジュラー形式にスカラー（任意の複素数）を掛けることができ，そして

同じ重みをもつ新しいモジュラー形式が得られることを見た．また同じ重みをもつ二つのモジュラー形式を足して，同じ重みの新しいモジュラー形式を得ることができる．読者ができる非常に特別なことは，同じあるいは**異なる**重みをもつ二つのモジュラー形式を**掛ける**ことができて，その重みが最初の二つの重みの和である新しいモジュラー形式が得られることである．

重み k のモジュラー形式の定義を振り返ることによって，読者はなぜモジュラー形式を掛けることが良いアイデアであるかを理解できるだろう．$f(z)$ と $g(z)$ を，上半平面 H から複素数全体 $\mathbf{C}$ への二つの関数であると仮定しよう．解析的条件と増大条件について，それらが f と g により満足されれば，積 fg によっても満足される．変換法則について，f が重み k_1 のモジュラー形式ならば，それが γ により変換されると，保型因子 $(cz+d)^{k_1}$ が出てくる．同様にして，g が重み k_2 のモジュラー形式ならば，それが γ により変換されると，保型因子 $(cz+d)^{k_2}$ が出てくる．今度は，γ によって fg を変換する．出てくるのは，$(cz+d)^{k_1}(cz+d)^{k_2} = (cz+d)^{k_1+k_2}$ であり，重み k_1+k_2 のモジュラー形式に対する保型因子が出てくる．

たとえば，E_4 と E_6 を掛けてあるモジュラー形式を得ることができる．それを当面，重み 10 の H_{10} で表そう．そうしたければ，それらの q 展開について掛け算することができる．したがって，H_{10} の q 展開は次のようになる．

$$\begin{aligned}H_{10}(z) &= E_4(z)E_6(z) \\ &= (1 + 240(q + 9q^2 + 28q^3 + \cdots)) \\ &\quad \times (1 - 504(q + 33q^2 + 244q^3 + \cdots)).\end{aligned}$$

二つの無限級数を掛けることが問題になるけれども，これは無限の時間を必要とする．しかしその積に対する級数がどのように始まるかを見るために，各級数の最初から望むだけ多くの項を掛けることができる．このようにして，

$$\begin{aligned}H_{10}(z) = 1 &- 264q - 135432q^2 - 5196576q^3 - 69341448q^4 \\ &- 515625264q^5 - \cdots .\end{aligned}$$

一般に，任意のモジュラー形式は E_4 と E_6 の多項式であることが判明する．これは相当に驚くべき定理である．この定理は次のことを主張している．$f(z)$

が重み k の任意のモジュラー形式ならば，複素係数のある多項式 $F(x,y)$ が存在して次の性質をもつ．すなわち，x に E_4 を，y に E_6 を代入すると，わずかな狂いもなく f になる．すなわち，

$$f(z) = F(E_4(z), E_6(z)).$$

掛け算をすると重みは加えられるので，この多項式 $F(x,y)$ は重み k の同次式であると仮定できることが分かるだろう．x に重み 4 を，y に重み 6 を与えれば，次のようである．

$$F(x,y) = \sum_{\substack{i,j \\ 4i+6j=k}} c_{ij} x^i y^j.$$

我々は後の章でこのようなモジュラー形式の結合を見るだろう．いまここでは二つの例を調べることができる．

非常に重要な例は以下の式によって定義される Δ である．

$$\Delta = \frac{1}{1728}(E_4^3 - E_6^2).$$

この関数は最初に楕円曲線[5] の理論において現れた．そこでこの Δ は楕円曲線の**判別式**と呼ばれる．ある整数が 24 個の平方数として表される方法の数を調べるときに，Δ が現れるのを見ることになる！ Δ の重みは $12 = 3 \cdot 4 = 2 \cdot 6$ である．(表現 $3 \cdot 4$ は E_4 の 3 乗を調べることから生じ，また同様に分解 $2 \cdot 6$ は E_6 の 2 乗を調べることから生じる．)

Δ の q 展開を調べてみよう．E_4 の q 展開は $1 + 240q$ から始まる．ゆえに，E_4^3 の q 展開は $1 + 3 \cdot 240q$ である．E_6 の q 展開は $1 - 504q$ から始まる．したがって，E_6^2 の q 展開は $1 - 2 \cdot 504q$ から始まる．$3 \cdot 240 = 720$ かつ $2 \cdot 504 = 1008$ であるから，Δ の q 展開は $(1-1) + \frac{1}{1728}(720 - (-1008))q = q$ から始まる．要約すると，

$$\Delta = q + \tau(2)q^2 + \tau(3)q^3 + \cdots.$$

ここで，第 2 項以後の係数に対してラマヌジャンの記号タウ関数 $\tau(n)$ を

---

[5] 楕円曲線の初等的扱い方については，*Elliptic Tales*（アッシュ–グロス）を参照せよ．

用いた．すべての値 $\tau(n)$，これは**先験的に**ある有理数であるが，実際通常の整数であることが分かる．$\tau(n)$ の最初のいくつかの値は $\tau(2) = -24$ や $\tau(3) = 252, \tau(4) = -1472, \tau(5) = 4830, \tau(6) = -6048$ である．$\tau(2)\tau(3) = \tau(6)$ であることに注意せよ．

我々は観察に基づく三つの判断をすることができる．

(1) Δ の定義において 1728 で割った理由は，できるだけ q の係数を簡単にするためである．

(2) $1728 = 2^6 \cdot 3^3$ が Δ の定義における分母であるために，2 あるいは 3 を法として物事を考察したとき，複雑化してしまうかもしれない．実際次のような場合がある．2 あるいは 3 を法とする楕円曲線の理論は，他の素数を法とした場合よりもかなり複雑になる．（ところで，$3 \cdot 240$ と $2 \cdot 504$ の**和**として生じる，1728 は 2 と 3 だけを含む素因数分解をもつが，それは少し意外なことである．この事実は楕円曲線の理論とその Δ への関係からどうにかして引き出されるものである．）

(3) Δ の q 展開の定数項は 0 である．これは Δ がカスプ形式であることを意味している．それらの q 展開における係数を前もって知ることによってカスプ形式を書き下すことは容易ではない．たとえば，その τ 関数の値について知られていないものがたくさんある．実際，$\tau(n)$ が 0 に等しくなることがあるのかどうかさえ知られていない．しかし，賢明に選ばれたアイゼンシュタイン級数の多項式結合によってカスプ形式をつくることができる．定数項が消去されるように多項式結合の係数を選ぶことができる．これは可能なもっとも低い重みを用いて，Δ をつくるために我々がしたことである．E_4 のベキは重み $4, 8, 12, \ldots$ であり，E_6 のベキは重み $6, 12, \ldots$ なので，重みの最初に一致しているのは 12 である．実際，12 より低い重みをもつ零でないカスプ形式はなく，Δ のみが重み 12 をもつカスプ形式である（スカラー倍を除いて）．

$\mathrm{SL}_2(\mathbf{Z})$ に対する任意のモジュラー形式は E_4 と E_6 の多項式であるという事実のもう一つの結果は，ほかのアイゼンシュタイン級数は E_4 と E_6 の多項

式でなければならないということである．楽しみのために，この例を調べてみよう．積 E_4E_6 は重み 10 をもち，これは重み 10 のアイゼンシュタイン級数の積を得る唯一つの方法である．したがって，E_{10} は，これもまた重み 10 をもつので，E_4E_6 の倍数（スカラー倍）でなければならない．E_{10} と E_4E_6 は二つとも 1 で始まる q 展開をもつので，この倍数は 1 でなければならない．言い換えると，E_{10} は前に我々が E_{10} と名づけたものである．すなわち，

$$E_{10} = E_4E_6.$$

さて，この公式は σ 関数に対して好奇心をそそる結果をもつ．次の式

$$E_4(z)E_6(z) = \left(1 + \sum_{n=1}^{\infty} 240\sigma_3(n)q^n\right)\left(1 - \sum_{n=1}^{\infty} 504\sigma_5(n)q^n\right)$$

と $B_{10} = \frac{5}{66}$ であることより，

$$E_{10}(z) = 1 - \frac{20}{B_{10}} \sum_{n=1}^{\infty} \sigma_9(n)q^n = 1 - \sum_{n=1}^{\infty} 264\sigma_9(n)q^n$$

が成り立つ．最初の二つの級数をどんなに多くのベキであっても好きなだけ掛けて，後者の級数の係数と等しいとおけば，σ 関数の間の興味ある等式が得られる．

具体的に書いてみると，

$$(1 + 240q + 240\sigma_3(2)q^2 + \cdots)(1 - 504q - 504\sigma_5(2)q^2 + \cdots)$$
$$= 1 - 264q - 264\sigma_9(2)q^2 + \cdots.$$

両辺の定数項は，それらが本来そうでなければならないように，1 に等しい．両辺の q の係数を比較すると，$240 - 504 = -264$ を得る．検証せよ．q^2 の係数を等しいとおけば，

$$-504\sigma_5(2) - (240)(504) + 240\sigma_3(2) = -264\sigma_9(2).$$

それは数 2 の約数の 3 乗，5 乗，そして 9 乗ベキに関係する不思議な公式である．この公式を数値的に検証しよう．左辺は次のようである．

$$-504(1 + 2^5) - (240)(504) + 240(1 + 2^3)$$

$$= -504 \cdot 33 - 240 \cdot 504 + 240 \cdot 9 = -135432.$$

一方,右辺は次のようである.

$$-264(1 + 2^9) = -135432.$$

もし,読者は計算が好きならば,q^3 の係数を比較することができるし,それから得られるものを見るとよい.

5. ベクトル空間 M_k と S_k の次元

読者がこれまで見てきたように(そして,次章でほかの例を見るであろう),M_k と S_k が有限次元のベクトル空間であるなら,それは M_k と S_k は何次元かを知る際には,とても便利である.どのようにしてこれを知ることができるだろうか? ここでは何ら詳細には立ち入ることはできないが,何か漠然としたことを言うことはできる.

最初に図 12.1 における基本領域 Ω を取り上げる.任意のモジュラー形式は Ω 上のその値により決定される.いま Ω は全体の上半平面 H よりもかなり小さい.しかしながら,それは少し偏っている.我々はその境界の左側の部分は含めているが,その右側を含めていない.両方の境界を含めた $\overline{\Omega}$(これは Ω の閉包と呼ばれている)で取り扱うほうがはるかに公平であろう.しかし,$\overline{\Omega}$ は基本領域であるためには少し大きい.z がその右側の境界上にある点であるとき,点 $z-1$ はその左側の境界上にあり,その二つの点は $\mathrm{SL}_2(\mathbf{Z})$ の同じ軌道の中にある.(実際,$\gamma = \begin{bmatrix} 1 & 1 \\ 0 & 1 \end{bmatrix}$ として,$z = \gamma(z-1)$ である.)また,その半円の右半分の上にある点 z は左半分上のある点と同じ軌道の中にある.すなわち,$-1/z$ である.(ここで,それらに関係している行列は $\begin{bmatrix} 0 & 1 \\ -1 & 0 \end{bmatrix}$ である.)

したがって,なすべき適正なことは $\overline{\Omega}$ のすべてを含めるのであるが,ただし $\overline{\Omega}$ の境界上にある各 z をその境界上の軌道上にあるほかの点に貼り付けることによって,右と左の垂直な境界,また,右半円と左半円を「同一視する」,あるいは「貼り合わせる」(位相的に)ことをしなければならない.

この貼り合わせをするとき,ρ において非常に尖った足指をもつ靴下のようなある物を得る.(点 ρ は正確に 1 の 6 乗根である.)i(-1 の平方根)にお

いてかかとにあるそれほど尖っていない場所もある．これらの「特異」点のほかに，その靴下の残りの部分はきれいで滑らかである．我々はこの形を複素平面の一部分からつくったのであるから，その靴下はなお「複素空間」であり，このことはその上で複素解析をすることができることを意味している．この靴下を Y と名づけよう．

この二つの特異点 ρ と i を滑らかにして，Y のすべてを**リーマン面**と呼ばれるものにする方法がある．リーマン面は「コンパクト」ではないという理由で，なお不満足なものである．この問題は，靴下の土踏まずに沿って無限に遠くまで行くことができることを意味している．（これは z の虚部を $\overline{\Omega}$ において ∞ に大きくすることに対応している．）

このコンパクト性の問題を靴下の口を貼り合わせることによって解決することができる．そしてそれを正しい方法で貼り合わせれば（これはテイラー級数として厳密に q 展開をとることに対応する），コンパクトリーマン面が得られる．それは非常にゆがんだ球のように見えるかもしれない．位相的に，それは球であるが，しかしそれはその表面にいくつかの奇妙な点をもち，すなわち，それらは ρ, i と「無限遠点」におけるカスプから生じていることを思い出させる球である．この球を X と呼ぼう．ゆえに，$X = Y +$ 無限遠点である．[6]

ところで，コンパクトリーマン面は実に重要な数学的対象である．その上で，複素解析をすることができる — 微分や積分などである．モジュラー形式を X 上の一種の関数としてみることにより，それを再解釈することができる．それは実際関数ではない，というのはその保型因子がそのじゃまをするからである．しかし，それは**ベクトル束**の切断である — それが意味しているものがなんであれ．要点はこのような文脈では切断のつくる空間は有限次元のベクトル空間であり，リーマン・ロッホの定理と呼ばれる定理により，このベクトル空間の次元を計算してみよう．これを単に，精巧なやり方で，留数定理のような複素解析の道具を用いるのと同様に考えてみよう．実際，も

---

[6] $SL_2(\mathbf{Z})$ の合同部分群 Γ を扱うときに，同様なことをすることができる．一つのよい基本領域がある．その閉包をとり，その特異点を滑らかにし，そのカスプに加える，そしてコンパクトリーマン面を得る．これは Γ に対応する**モジュラー曲線**と呼ばれる．それは曲面というよりはむしろ曲線と呼ばれる．というのは，数論においては $\mathbf{C}$ 上の代数的対象としてその性質に興味をもつからであり，その観点から，それは次元 1 をもつからである．

し望むならば，読者は留数の術語によってすべてを表現することができる．

要約すると，モジュラー形式を複素リーマン面上で定義されているある種の解析関数として考えれば，与えられた正整数の重み k をもつモジュラー形式は有限次元のベクトル空間をつくるということが自動的に導かれる．さらに，奇妙な点 ρ, i と無限遠点のカスプを思い出し，そして複素解析学を用いればその次元を計算することができる．

それらの次元はなんであろうか？ ここに答えがある．モジュラー形式のつくるベクトル空間 M_k の次元を m_k で表し，カスプ形式のつくるベクトル空間 S_k の次元を s_k で表す．k がなんであっても (k は非負の偶数ではあるが)，$s_k = m_k$ であるかまたは $s_k = m_k - 1$ であることをすでに調べた．(本章では，通常のように，完全なモジュラー群 $SL_2(\mathbf{Z})$ に対するモジュラー形式を考察している．)

まず最初に，$k = 0$ のとき，定数関数がある．それらは明らかに M_0 に属する．(定義を確認せよ．)それらは次元 1 のベクトル空間をつくり，唯一つの要素，すなわち定数関数 1 により与えられる基底をもつ．しかし，0 関数と異なる重み 0 のカスプ形式はないので，$m_0 = 1$ であり，$s_0 = 0$ である．

重み $k = 2$ ならば，$m_2 = s_2 = 0$ であることが分かる．重み 2 のモジュラー形式はない．あるいは，もう少し正確に言えば，重み 2 のモジュラー形式は 0 関数のみである．(0 関数は任意の重みをもつモジュラー形式であり，カスプ形式である．)

任意の重み $k \geq 4$ に対しては，$m_k = s_k + 1$ が成り立つ．なぜなら，それぞれの重み $4, 6, 8, 10, \ldots$ をもつアイゼンシュタイン級数があるからである．

$k = 4, 6, 8$ や 10 ならば，重み k のモジュラー形式はアイゼンシュタイン級数のスカラー倍だけであるから，それらの重みに対して，$m_k = 1, s_k = 0$ である．

$k = 12$ から出発して，果てしなく続ければ，次元 m_k と s_k は周期 12 をもつ一種の周期的な挙動をする．12 増加するごとに，1 を加えればよい．すなわち，$m_{k+12} = m_k + 1$ かつ $s_{k+12} = s_k + 1$ である．始めは次のようである．

$$m_{12} = 2, \quad m_{14} = 1, \quad m_{16} = 2, \quad m_{18} = 2, \quad m_{20} = 2, \quad m_{22} = 2.$$

次の一群を得るために，ちょうど 1 を加えればよい．

$m_{24} = 3, \quad m_{26} = 2, \quad m_{28} = 3, \quad m_{30} = 3, \quad m_{32} = 3, \quad m_{34} = 3.$

これが続いていく．$k \geq 4$ に対して，s_k の値を知りたければ，m_k からただ 1 を引けばよい．たとえば，$s_{12} = 1$ であり，重み 12 のカスプ形式は Δ のスカラー倍のみであるという主張に沿っている．第 15 章において，これが 24 個の平方数の和に対して何を意味しているかを理解することになるだろう．

この m_k $(k > 0)$ に対する周期性を，不思議に見える二つの部分からなる公式で要約することができる．

$$m_k = \begin{cases} \left\lfloor \dfrac{k}{12} \right\rfloor + 1 & k \not\equiv 2 \pmod{12} \\ \left\lfloor \dfrac{k}{12} \right\rfloor & k \equiv 2 \pmod{12}. \end{cases}$$

ただし，記号 $\lfloor x \rfloor$ は x より大きくない最大の整数を表す．m_k と s_k の最初のいくつかの値は表 13.1 に記載されている．重み $k = 14, 26, \ldots$ に対して，次元におけるおかしな下降がリーマン・ロッホの公式による計算から出てくる．

表 13.1 m_k と s_k の値

k	0	2	4	6	8	10	12	14	16	18	20
m_k	1	0	1	1	1	1	2	1	2	2	2
s_k	0	0	0	0	0	0	1	0	1	1	1

k	22	24	26	28	30	32	34	36	38	40
m_k	2	3	2	3	3	3	3	4	3	4
s_k	1	2	1	2	2	2	2	3	2	3

第 14 章
合同群

1. ほかの重み

　モジュラー形式の理論における主要な考え方は，全体の群 $SL_2(\mathbf{Z})$ に対するモジュラー形式について述べたことから理解することができる．読者は同様なことが，合同群に対するモジュラー形式に対しても成り立つと想像することができる．合同群についてはこれからすぐに定義する．しかしながら，次章において考えているモジュラー形式の応用を議論するために，これらの合同群について説明しなければならないだろう．

　抽象的なあれこれ考えられた見解から，重み k のモジュラー形式 f を考察することによって合同群に導かれる．ただし，ここで k は正の偶数ではない．我々はモジュラー形式は上半平面上の解析関数であることを望んでいる．また，つねにカスプの近くで f に関するある種の増大条件を必要とし，このことを以後特に明記することなしに仮定する．詳細にこの理論を理解するときこの増大条件は重要であるが，基本的な考え方に対する感触を得るために，それを背景に置いておくことにする．

　主要なことは，$SL_2(\mathbf{Z})$ の行列 γ のもとでの f に対する変換法則である．f が重み k をもつとすれば，$SL_2(\mathbf{Z})$ のすべての行列 $\gamma = \begin{bmatrix} a & b \\ c & d \end{bmatrix}$ に対して次の式が成り立つことを必要とする．

$$f(\gamma(z)) = (cz+d)^k f(z).$$

ただし，$\gamma(z) = \frac{az+b}{cz+d}$ である．

　始めに，奇数の重みをもつモジュラー形式に何が起こるのかを好奇心をもって見てみよう．$f(z)$ を $SL_2(\mathbf{Z})$ のすべてに対する重み k のモジュラー形式とする．ここで，k は正でかつ奇数と仮定する．行列 $\gamma = -I$ に対する変換法則を考察する．ただし，$-I$ は次のような 2 行 2 列の行列である．

$$-I = \begin{bmatrix} -1 & 0 \\ 0 & -1 \end{bmatrix}.$$

この γ に対して，$\gamma(z) = z$ かつ $cz + d = -1$ であるから，γ に対する変換法則より $f(z) = (-1)^k f(z) = -f(z)$ を得る．これは $f(z)$ が恒等的に 0 であることを意味している．全体のモジュラー群に対する奇数の重みをもつモジュラー形式は「ない」といえる．（もちろん，定数関数 0 は**任意**の重みをもつモジュラー形式であるが，この「ない」を，額面通り受け取らない「ない」と解釈しよう．ゆえに，「ない」は「0 関数以外のものはない」を意味する．）

もし（さらに悪いことに），重み k を分数 $\frac{p}{q}$ とする．ただし，p と q は互いに素であり，$q \neq 1$ とする．このとき，表現 $(cz + d)^{p/q}$ を解釈するために，はじめにどの q 乗根をとるべきかどうかと考えてもいいだろう．（心配するべき他の問題もあるが，それらについては後で考えることにしよう．）

変換法則を緩めれば，ほかの重みをもつモジュラー形式が得られる．変換法則が $SL_2(\mathbf{Z})$ のすべての γ に対して成り立たねばならないというのではなく，ある γ たちに対してのみ成り立つ，と単に宣言してもよいかもしれない．

たとえば，奇数の重みにもどろう．許容できる γ において a や b, c, d についてのある合同条件を課したとすれば，我々の群から $-I$ を消去できる．たとえば，$\Gamma_1(3)$ を $a \equiv d \equiv 1 \pmod{3}$ かつ $c \equiv 0 \pmod{3}$ をみたす $SL_2(\mathbf{Z})$ の行列 $\begin{bmatrix} a & b \\ c & d \end{bmatrix}$ の集合であると定義すれば，$-I$ は $\Gamma_1(3)$ に属さない．それゆえ，行列のこの集合 $\Gamma_1(3)$ に属する γ に対してのみ成り立つ変換法則を要求すれば，$-I$ による致命的な変換を考える必要がなくなる．実際，$\Gamma_1(3)$ に対する奇数の重みをもつモジュラー形式がたくさんある．

分数の重みをもつモジュラー形式の理論もまた，合同部分群によってよく機能するということが判明する．そこで，いくつかの正確な定義をしよう．

定義 $SL_2(\mathbf{Z})$ の**部分群**とは，以下の性質をみたす $SL_2(\mathbf{Z})$ の部分集合 K のことである．

(1) I は K に属する．

(2) A が K に属すれば，A^{-1} も K に属する．

(3) A と B が K に属するならば，AB も K に属する．

さらにこの術語についてもう一つ注意すると，K が $\mathrm{SL}_2(\mathbf{Z})$ の部分群であり，L が K の部分集合でありかつ $\mathrm{SL}_2(\mathbf{Z})$ の部分群でもあるとき，簡単のため L は K の部分群であるということもある．

$\mathrm{SL}_2(\mathbf{Z})$ の部分群のいくつかの例について——繰り返し引用することになる例——正の整数 N を選ぶことから始める．次のように定義する．

$$\Gamma(N) = \left\{ \gamma \in \mathrm{SL}_2(\mathbf{Z}) \mid \gamma \equiv I \pmod{N} \right\}.$$

言葉で言い表すと，$\Gamma(N)$ は，a や b, c, d は整数であり，$ad - bc = 1$，そして $a - 1$ や $b, c, d - 1$ はすべて N で割り切れる，そのような条件をみたすすべての行列 $\begin{bmatrix} a & b \\ c & d \end{bmatrix}$ の集合である．（$\Gamma(1)$ は実際 $\mathrm{SL}_2(\mathbf{Z})$ であることに注意しよう．）$\Gamma(N)$ が真に $\mathrm{SL}_2(\mathbf{Z})$ の部分群であることを検証することは読者に委ねよう．これは次のことを意味している．すなわち，単位行列 I は $\Gamma(N)$ に属すること，$\Gamma(N)$ に属する二つの行列の積はなお $\Gamma(N)$ に属すること，そして，$\Gamma(N)$ に属する行列の逆行列が $\Gamma(N)$ に属することを検証しなければならない．

$\mathrm{SL}_2(\mathbf{Z})$ のほかの二つの重要な部分群の仲間がある．

$$\Gamma_0(N) = \left\{ \gamma = \begin{bmatrix} a & b \\ c & d \end{bmatrix} \in \mathrm{SL}_2(\mathbf{Z}) \,\middle|\, c \equiv 0 \pmod{N} \right\},$$

$$\Gamma_1(N) = \left\{ \gamma = \begin{bmatrix} a & b \\ c & d \end{bmatrix} \in \mathrm{SL}_2(\mathbf{Z}) \,\middle|\, c \equiv a - 1 \equiv d - 1 \equiv 0 \pmod{N} \right\}.$$

再び，読者は定義を用いてそれらが $\mathrm{SL}_2(\mathbf{Z})$ の部分群であることを検証できる．

これらの定義は無味乾燥に見えるかもしれないが，それらはすごい威力がある．それらは数論的な目的に対して，特にモジュラー形式を研究するために，$\mathrm{SL}_2(\mathbf{Z})$ のもっとも有力な部分群のいくつかを提供する．それらは合同式を用いて定義されているのであるから，「合同群」の例である．$\Gamma(N)$ は $\Gamma_1(N)$ の部分群であり，次には，$\Gamma_1(N)$ は $\Gamma_0(N)$ の部分群であることに注意しよう．また，$N \mid M$ ならば，$\Gamma(M)$ は $\Gamma(N)$ の部分群であり，$\Gamma_0(M)$ は $\Gamma_0(N)$ の部分群であり，そして $\Gamma_1(M)$ は $\Gamma_1(N)$ の部分群である．

$\mathrm{SL}_2(\mathbf{Z})$ のもっとも一般的な合同部分群は容易に定義される．

定義 K は以下の二つの条件をみたすとき，**合同群**と呼ばれる．

(1) K は $SL_2(\mathbf{Z})$ の部分群である.
(2) ある正の整数 N に対して,$\Gamma(N)$ は K の部分群である.

条件 (2) において,$\Gamma(N)$ が K に含まれるような最小の N を選んだとき,N は K のレベルと呼ばれる.たとえば,$\Gamma(N)$ や $\Gamma_0(N), \Gamma_1(N)$ のレベルはすべて N である.$SL_2(\mathbf{Z})$ それ自身はレベル 1 であり,かつ,レベル 1 の唯一つの合同群であることに注意しよう

2. 整数の重みと高次のレベルをもつモジュラー形式

モジュラー形式に対する定義を任意の合同群 Γ に拡張しよう.k を整数とする.このとき k が正の奇数であるときでさえも,モジュラー形式の零でない例を得ることができる.$f(z)$ が以下の条件をみたすとき,f は合同群 Γ に対する重み k のモジュラー形式であるという.

(1) $f(z)$ は上半平面 H 上で解析関数である.
(2) $f(z)$ はカスプにおいてある増大条件を満足する.これを明細に述べるつもりはない.
(3) $f(z)$ は合同群 Γ の行列に対して通常の変換法則を満足する.正確に言うと,Γ のすべての γ に対して次の等式が成り立つ.

$$f(\gamma(z)) = (cz+d)^k f(z).$$

ただし,通常のように $\gamma = \begin{bmatrix} a & b \\ c & d \end{bmatrix}$ である.運よく,f はあるほかの行列に対しても同様に変換法則を満足するかもしれないことに注意しよう.言い換えると,これを背景にして,f が合同群 Γ に対するモジュラー形式であるならば,それは Γ のすべての合同部分群に対してもまたモジュラー形式であると考えられるだろう.
(4) $f(z)$ はすべてのカスプにおいて**解析的**である.実際,これは条件 (2) を意味することになる.
(5) $f(z)$ がすべてのカスプで零になるとき,それは**カスプ形式**と呼ばれる.

合同群 Γ がレベル N をもてば,$f(z)$ はレベル N をもつと言うことができ

る，と読者は考えるかもしれない．専門的な理由により，このようには言えない．しかしながら，$\Gamma = \Gamma_1(N)$ ならば，f はレベル N をもつと言える．

次節において，(2) や (4), (5) を説明しよう．

3. 基本領域とカスプ

第12章の第3節から，$\mathrm{SL}_2(\mathbf{Z})$ は基本領域 Ω をもち，それが上半平面 H にどのように「作用する」かということを思い出そう．すなわち，H のすべての点 z に対して，Ω のある点 z_0 と $\mathrm{SL}_2(\mathbf{Z})$ のある γ があって，$\gamma(z_0) = z$ という性質をみたす．z_0 は z を通る $\mathrm{SL}_2(\mathbf{Z})$ の軌道に対する「ホーム・ベース」として考えることができる．基本領域 Ω が満足しなければならないほかの条件は，z_0 と z_1 が Ω に属し，また，γ が $\mathrm{SL}_2(\mathbf{Z})$ に属しているとき，$\gamma(z_0) = z_1$ ならば，$z_0 = z_1$ となることである．言い換えると，Ω には余分なものはないということである．すなわち，基本領域 Ω はそれぞれの軌道から一つ，そして唯一つの点を含む．したがって，モジュラー形式 $f(z)$ のすべての値は Ω 上の値だけによって決定される．

さて，$f(z)$ が固定された合同群 Γ に対するモジュラー形式であると仮定しよう．我々には，Γ に属する γ に対する変換法則しか分からない．Γ は $\mathrm{SL}_2(\mathbf{Z})$ よりかなり小さい集合かもしれない．Ω 上の f の値から，いたるところにおける f の値を決定するための十分な情報をもっていない．どうするべきであろうか？

明らかなことは，Ω を拡大して，それが合同群 Γ に対する基本領域になるようにすることである．次の性質をもつ $\mathrm{SL}_2(\mathbf{Z})$ の行列の有限集合 $g_1, \ldots, g_t$ があることが分かる．

次のように定義する．

$$\Omega_i = g_i \Omega = \{z \in H \mid \text{ある } w \in \Omega \text{ に対して } z = g_i(w)\}.$$

このとき，和集合 $\Psi = \Omega_1 \cup \Omega_2 \cup \cdots \cup \Omega_t$ をつくると，Ω が $\mathrm{SL}_2(\mathbf{Z})$ に対する基本領域であるのと正確に同じ意味で，Ψ は Γ に対する基本領域である．

たとえば，図 14.1 は，Ω のような図 12.1 における標準的な基本領域を用いることによって得られる $\Gamma_0(3)$ に対する基本領域の図を含んでいる．

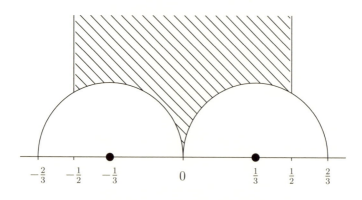

図 14.1 $\Gamma_0(3)$ に対する基本領域

Ω が $i\infty$ へ「外に出て行く」という同じやり方で，Ψ が「外に出て行く」ことになる $\mathbf{R} \cup \{i\infty\}$ の上の有限個の点があるだろう．これらの点は Ψ の**カスプ**である．基本領域 Ψ は唯一つではなく，そのカスプの軌道は我々が選んだほかの選択のどれでもなく，合同群 Γ によってのみ決定される．全体的に，Ψ は一定の数のカスプをもつだろう．それらは実際 Ψ あるいは H の中にある点ではなく，むしろ実直線あるいは $i\infty$ における「点」である．たとえば，$\Gamma_0(3)$ に対する任意の基本領域は正確に二つのカスプをもつ．

これらのカスプのすべてのものは，Ω に対する「その」カスプのように振る舞う．$\mathrm{SL}_2(\mathbf{Z})$ に対するモジュラー形式は周期 1 の周期関数であり，ゆえに q 展開をもつということを思い出そう．$f(z)$ がモジュラー形式であるための条件の一つは，その q 展開に q の負のベキがないことであり，さらに $f(z)$ がカスプ形式であるための条件は，その q 展開の定数項が 0 になることである．

合同群 Γ に対するモジュラー形式を仮定すれば，同様なことが Ψ のそれぞれのカスプに対して成り立つことが分かる（ここで，Ψ は Γ に対する基本領域である）．これらのカスプのそれぞれにおいて，$\tilde{q}$ 展開があり，前節における条件 (4) は，この $\tilde{q}$ 展開がそれぞれのそしてすべてのカスプに対して $\tilde{q}$ の負のベキをもたないことを意味している．もちろん，この $\tilde{q}$ 展開はそのカス

プに依存する．それは $e^{2\pi i z}$ ではなく，類似の関数である．すべてのカスプにおいて「零になる」ことの意味はいまや明らかである．すなわち，それは $\tilde{q}$ 展開がそれぞれのそしてすべてのカスプにおいて，定数項が 0 となることを意味している．

4. 半整数の重みをもつモジュラー形式

次に重み k を分数にすることができる．本書における我々の目的に対して，k は半整数である場合のみ考察すればよい．これは，t を奇数として，$k = t/2$ と表されることを意味している．バザール (Buzzard, 2013) を引き合いに出すと，「[半整数の重みをもつモジュラー形式を定義しようとするとき，] 我々は $\mathbf{Z}$ における重みを明確に除外するので重み $\mathbf{Z} + \frac{1}{2}$ に対する理論は $\mathbf{Z}$ に重みをもつ理論とは十分異なっている」．半整数の重みをもつモジュラー形式の理論は豊かであり魅力があるけれども，それは非常に複雑であり，本書ではむしろそれを避けることを選ぶ．しかしながら，重み $\frac{1}{2}$ の形式であるモジュラー形式を使いたいという理由で，この非常に短い節を設けた．そのうえ，平方数の奇数個の和の考察は半整数の重みをもつ形式に自然に導かれる．

半整数の重みをもつモジュラー形式を定義するための異なる方法がある．機能するための変換法則を得るために，「乗法因子」(multiplier system) と呼ばれるものに関係する，ある一風変わった操作をしなければならないだろう．そして，それは定義をするための一つの方法である．すなわち，乗法因子をもつことを除いて，整数 k に対する定義をコピーせよ．（読者は増大条件にもまた注意深くする必要がある．しかし，我々はここではそのことについて悩むことはしない．）

レベル 1 であきらめれば，理論は簡単になる．レベル 1 は，$\mathrm{SL}_2(\mathbf{Z})$ のすべての行列に対してよい変換法則を必要とすることを意味しているということを思い出そう．より小さい合同群にとどまれば，より簡単な理論が展開される．特に，Γ が $\Gamma_0(4)$ の合同部分群であることを仮定する．このとき，半整数の重み k のモジュラー形式は以下の等式によって変換される H 上の解析関数である．

$$\Gamma \text{ の任意の } \gamma \text{ に対して，} f(\gamma(z)) = j(\gamma, z) f(z).$$

ここで, $j(\gamma, z)$ はかなり複雑であることを除いて $(cz+d)^k$ に関係する関数である. さらに情報を望むならば, バザール (2013) を読むか, その本の引用文献を参照せよ.

　通常のように, f はカスプにおいて解析的であることを必要とする. 再び, レベル N でかつ半整数の重み k のモジュラー形式の空間は再び有限次元のベクトル空間である. この空間についてはかなりのことが知られているが, その理論は本書の範囲をかなり超えている.

第15章
分割と平方数の和, 再訪

1. 分割

　本章では，本書のはじめの方で提起された問題のいくつかを解くためにどのようにモジュラー形式を用いることができるか，という二つの例を議論する．これらの結果のほとんどの証明はあまりに高度なので本書に含めることはできないが，なぜモジュラー形式がその問題に参入してくるかという片鱗を示すことはできる．

　$p(n)$ が n を正の部分に分割する方法の個数であることを思い出そう（その部分の順序には注意を払わない）．このとき，次のような $p(n)$ の母関数を知っている．

$$F(q) = \sum_{n=1}^{\infty} p(n) q^n = \prod_{i=1}^{\infty} \frac{1}{1-q^i}.$$

母関数において変数を x から q に変えた．というのは，$q = e^{2\pi i z}$ とおき，$F(q)$ を上半平面上の関数として考えようとしているからである．

　しばしば，次のようなことが真となる．すなわち，無限和と無限積の間の自明でない同一性があるとすれば，次のような何かがある．

(1) 興味,
(2) 有用性，そして
(3) 証明が難しい.

この特別な同一性は証明することは難しくない．それは興味深く，また分割関数を調べるために非常に有用である．

　F を q の関数にしたので，z の関数としてみたとき F は周期1の周期関数であることが自動的に分かる．$F(q)$ はモジュラー形式であろうか？　えーと，そうではない．しかし，本節の後で見るように，それはモジュラー形式に関

係があり得る．この関係を利用して，ある非常に良い定理を証明することができる．（我々が述べようとしている結果はほかの方法でも証明される．ほかのより深遠な結果があり，その証明は——誰かが知っている限りで——モジュラー形式の理論と関連した方法を必要とする．）我々は二つの定理について説明しよう．一つは $p(n)$ の大きさであり，もう一つは $p(n)$ により満足される合同式についてである．

$p(n)$ はどのぐらい大きいか？ 読者は少し手計算をしてみれば，すぐに飽きてしまうだろう．というのは，$p(n)$ は相当に速く大きくなるからである．しかし，どのぐらい大きいか？ この問に答えるための一つの方法は，$p(n)$ と異なるほかの n の関数によって $p(n)$ に対する明示的な定式を与え，その関数がどのぐらい大きくなるかを見ることである．ほかの n の関数によって表された $p(n)$ に対する正確な定式はあるけれども，その関数はかなり複雑である．より明快な答えは，n のほかの関数によって $p(n)$ に対する近似的な関数，その大きさが容易に理解されるような関数を求めることによって与えられる．

例として，n の二つの関数があると仮定する．たとえば $f(n)$ と $g(n)$ とする．関数 f を「未知」の，そして関数 g を使いやすいものとして考える．記号

$$f(n) \sim g(n)$$

によって，

$$\lim_{n \to \infty} \frac{f(n)}{g(n)} = 1$$

を意味するものとする．このような公式は関数 g による関数 f の**漸近公式**と呼ばれる．たとえば，素数定理は $\pi(N)$ の漸近公式を与える．

$p(n)$ の大きさに対する次の漸近公式は，ハーディとラマヌジャンに帰するものである．

$$p(n) \sim \frac{e^{a(n)}}{b(n)}.$$

ただし，$a(n) = \pi\sqrt{2n/3}$，$b(n) = 4n\sqrt{3}$ である．漸近公式より，$p(n)$ は e^n よりさらにいっそう遅いが，しかし n のどんな多項式よりも速く増加することが分かる．

モジュラー形式を用いて証明される $p(n)$ についてのもう一種類の結果は，

5 や 7, 11 を法とする $p(n)$ の確定した値に関する，以下のようなラマヌジャンによる合同式である．

$$p(5k+4) \equiv 0 \pmod{5},$$
$$p(7k+5) \equiv 0 \pmod{7},$$
$$p(11k+6) \equiv 0 \pmod{11}.$$

これらは素数 m を法とし $p(n)$ に対する合同式である．ただし，n は $m = 5$ や 7, 11 とするとき，$n = mk + d$ という形の等差数列をなしている数である．アールグレン (Ahlgren) とボイラン (Boylan) は，とりわけ，5 や 7, 11 に対して $5k+4, 7k+5, 11k+6$ に対する上記の合同式だけ成り立ち，そのほかのどの素数を法とするこのような合同式がないことを証明した．[1] ここで関係している素数は 12 より小さい素数であるが，2 あるいは 3 に等しくはないという事実は，ある神秘的な方法で，楕円曲線の判別式 Δ が重み 12 をもつという事実に関係している．12 を割る素数は「特別」[2] である．

$p(n)$ による母関数 $F(q)$ とモジュラー形式の間にどんな関係を見出すことができるのか？ このような関係の一つは，Δ と表されている重み 12 のカスプ形式に対する注目すべき公式から生じる．第 13 章，第 4 節において以下のように定義され，Δ は楕円曲線の判別式と呼ばれていることを思い出そう．

$$\Delta = \frac{1}{1728}(E_4^3 - E_6^2) = \sum_{n=1}^{\infty} \tau(n) q^n.$$

係数のタウ関数 $\tau(n)$ は完全に理解されているとは言えない．ラマヌジャンに従い，単にそれらを $\tau(n)$ と表す．もちろん，コンピューターを用いて，「小さい」n に対してそれらを計算することができる．

ヤコビは次のような驚くべき公式を証明した．

$$\Delta = q \prod_{i=1}^{\infty} (1-q^i)^{24}.$$

12 は 2 倍になって 24 になってはいるが，うるさい 12 が再び現れている．

---

[1] 分割関数に対する多くのほかの種類の合同式が証明されている．
[2] 2 や 3 を法とするどんな自明でない一般的な合同式も知られていないように思われる．特に，与えられた n に対して，$p(n)$ が偶数か奇数かを示すために用いられるいかなる単純な公式も知られていない．

q で割り，24 乗根をとり，それから逆数をとることにより，ヤコビの公式を巧みに扱って分割関数 $p(x)$ に対する母関数 $F(q)$ にすることができる．このことにより，次の式が得られる．

$$(q/\Delta)^{1/24} = \prod_{i=1}^{\infty}(1-q^i)^{-1} = F(q).$$

これは簡単だった！ ここでの大きな問題は 24 乗根をとることである．なぜなら，複素変数の複素数値関数を扱っているので，零でない各複素数値に対して可能な 24 個の 24 乗根があり，首尾一貫した方法でそれらを選ぶことができると信じる理由がない．小さい問題としては，モジュラー形式の逆数は通常モジュラー形式ではないということである．また，q はそれだけでモジュラー形式ではないので，モジュラー形式を扱うための何かをもつのは $F(q)$ ではなく，$F(q)/q^{1/24}$ である．しかし，$F(q)$ は重み $\frac{1}{2}$ のある関数と関係していることが分かる．なぜだろうか？ 関数 Δ は重み 12 をもち，その 24 乗根をとると（それをうまくすることができれば），それは重み $\frac{12}{24} = \frac{1}{2}$ のある関数を与えるからである．

デデキントは以下の公式によってエータ関数 $\eta(q)$ なるものを定義した．

$$\eta(q) = q^{1/24}\prod_{i=1}^{\infty}(1-q^i).$$

ただし，$q^{1/24} = e^{i\pi z/12}$ である．（この 24 乗根の選択はあいまいでないことに注意せよ．）この記号によって，分割関数 $p(x)$ の母関数 $F(q)$ は次の式を満足する．

$$\frac{q^{1/24}}{F(q)} = \eta(q).$$

以上より，$\eta(q)$ について発見することができたものは，容易に $F(q)$ についての，ゆえに $p(n)$ についての新しい事実を意味していることが分かる．

この関数 $\eta(q)$ は重み $\frac{1}{2}$ のモジュラー形式のはずである．重み $\frac{1}{2}$ のモジュラー形式によって意味するものを表すときには，注意深くしなければならない．変換法則において，最初に $(cz+d)$ のどの平方根をとるべきかを心配しなければならないが，一貫した選択をすることは難しくはない．もっと重要なことは，$SL_2(\mathbf{Z})$ のすべての γ に対して良い変換法則を望むのであれば，我々が考えた正しい保型因子に，γ に依存する 1 の非常に複雑なベキ根を掛ける

ことが必要である．1のどのベキ根を用いるかを定める規則は「乗法因子」と呼ばれる．我々の定義をうまく変更して，η を「なにがしかの乗法因子をもつ重み $\frac{1}{2}$ のモジュラー形式」と呼ぶこともできるだろう．

$\eta^{24} = \Delta$ であることに注意しよう．楕円曲線の判別式 Δ は偶数の重みをもつすばらしいモジュラー形式であるから，それは乗法因子を必要としない．η に対する乗法因子は 1 の 24 乗根たちでなければならないと結論することができる．

要約すると，分割関数 $p(n)$ に対する母関数 $F(q)$ はさまざまなモジュラー関数に密接に関係している．このようにして，これらのモジュラー形式とそれらの性質に関する知識は，n の分割の個数についてのさまざまなかなり驚くべき定理を証明することを可能にする．それらのうちの二つは本節の最初に述べられている．

2. 平方数の和

以下の式で始めよう．デデキントのエータ関数 $\eta(q)$ の定義より
$$\frac{\eta(q)}{q^{1/24}} = \prod_{i=1}^{\infty}(1-q^i).$$
オイラーは次の式を証明した．
$$\prod_{i=1}^{\infty}(1-q^i) = \sum_{m=-\infty}^{\infty}(-1)^m q^{m(3m-1)/2}.$$
この等式の証明については多くの方法がある．オイラーは高校のレベル以下の代数に基づいた証明を発見したが，彼の推論は非常に巧妙なものであった．右辺にある q の指数は**一般五角数**と呼ばれている．それらは増加する数値的順序で $0, 1, 2, 5, 7, 12, 15, 22, 26, \ldots$ と始まる．その表で 1 から出発して一つおきに項をとれば，通常の五角数が得られる．その名前の適合性は図 5.4 において見ることができる．

さて次に，オイラーの等式の左辺は，重み $\frac{1}{2}$ のモジュラー形式に密接に関係している．その右辺は，係数が ± 1 で，指数が m の 2 次関数である項の和である．さらに簡単ではあるが，しかし同様の操作をやってみよう．すなわち，すべての係数を 1 にして，その指数を単に m^2 にしてみよう．伝統的に

(ヤコビに遡る), テータ関数と呼ばれている q に関する級数 $\theta(q)$ を得る.

$$\theta(q) = \sum_{m=-\infty}^{\infty} q^{m^2} = 1 + 2q + 2q^4 + 2q^9 + \cdots.$$

ただし, いつものように $q = e^{2\pi i z}$ である.

q は z の関数であるから, η と θ もまた z の関数として考えることができる. 我々が希望しているのは, $\theta(z)$ があるモジュラー形式, あるいはほかのモジュラー形式に関係していることである. ところが, 真実は我々の希望を超えている (少なくともこの一度だけは). 実際, $\theta(z)$ はレベル 4 で[3]重み $\frac{1}{2}$ のモジュラー形式である. なぜなら, $\theta(z)$ を q のベキ級数として定義したのであるから, それは自動的に周期 1 の周期関数である. その証明の主要部分は, おおざっぱに言って $\theta(z)$ によって $\theta(-1/z)$ を表現していることに関連している. これはフーリエ級数に関連している, **ポアソンの和公式**, と呼ばれる公式を用いてなされる. この種のテータ関数もまたフーリエの熱伝導理論において生じることは興味深い.

半整数の重みをもつモジュラー形式は整数の重みをもつ形式よりも扱いがかなり難しい. これを解決するために平方した $\theta^2(z)$ を考えることができる. それはレベル 4 で重み 1 の真正なモジュラー形式である. θ^2 の q 展開を調べてみよう.

$$\theta^2(z) = \left(\sum_{m=-\infty}^{\infty} q^{m^2}\right)^2 = \sum_{n=0}^{\infty} c(n) q^n.$$

ここで係数 $c(n)$ をどのように説明できるだろうか? さて, 平方するとき, q^n を含む零でない項はどのようにして得られるだろうか? 加えて n となる m^2 の二つの項をもたなければならない. 何通りの方法でそれをすることができるか? 平方数の異なる順序での和を異なる方法として数え, そしてまた $m \neq 0$ のとき, m と $-m$ を別々に数えることによって[4], それは二つの平方数の和として n を表す方法の個数である.

---

[3] レベルの概念については前章を参照せよ. 読者がその章を飛ばしたのであれば, ただ次のことを知っていればよい. θ は $SL_2(\mathbf{Z})$ のすべての行列のもとで非常にうまく変換されるのではなく, それらのある部分集合のもとでのみうまく変換されるのである. θ の重みは半整数であるから, 変換法則は, 我々が整数の重みに対して書き下したものよりもいくぶん複雑である.

[4] 第 10 章において, 読者はなぜ, 我々がこの細心の注意を要するやり方で n が二つの平方数の和として表される方法の個数を数えたいのかを理解するだろう. 分割によって, その

2. 平方数の和

　第 10 章において，n を t 個の平方数の和として表す方法の個数を $r_t(n)$ として定義したことを思い出そう．すなわち，異なった順序と整数 $m_1, \ldots, m_t$ の符号を考慮に入れて．

$$n = m_1^2 + m_2^2 + m_3^2 + \cdots + m_t^2.$$

前段落と同じ推論によって，以下のことが分かる．

$$\theta^t(z) = \left(\sum_{m=-\infty}^{\infty} q^{m^2} \right)^t = \sum_{n=0}^{\infty} r_t(n) q^n.$$

　そして，$\theta^t(z)$ は重み $t/2$ でレベル 4 のモジュラー形式であることを知っている．重み $t/2$ でレベル 4 のモジュラー形式のつくる空間を何らかのほかの方法で調べることによって，この空間のどの要素が $\theta^t(z)$ に等しいかを明らかにできる．このようにして，さまざまな t に対して $r_t(n)$ に対する公式を証明することができる．半整数の重みをもつ形式はより難解なので，いまは奇数 t をもつ $r_t(n)$ に対する公式がなぜより複雑であり，偶数 t に対する公式よりも手に入れることが難しいかを理解することができる．また，t がどんどん高くなる 2 のベキによって割り切れるとき（ある程度まで），モジュラー形式 $\theta^t(z)$ は $\Gamma_1(4)$ の行列よりも多くの行列のもとで具合よく変換され，その結果良い公式さえ手に入る．t の最良の値は 8 の倍数である．

　たとえば，$t = 2$ のとき，重み 1 でレベル 4 のモジュラー形式のつくる空間を調べることができる．これより次の定理を導き出すことができる．正整数 n を二つの平方数の和として表す方法の個数（良い方法で数えた）$r_2(n)$ は次の式により与えられる．

$$r_2(n) = 4(d_1(n) - d_3(n)).$$

ここで，$i = 1, 3$ に対して $d_i(n)$ は $i \pmod 4$ に合同である n の正の約数の個数である．

　この等式 $r_2(n)$ はほかの方法を用いても証明することができる．一つの方

部分を最小のものから最大のものへ順序づけて，規則に従わない部分はその数え方には入れない．それぞれの考察している問題において，「良い」数え方の方法はモジュラー形式に対するそれぞれの問題の正確な関係によって決定される．もし，数え方の「悪い」方法を用いたとすると，「良い」数え方の方法に修復するまで何ら良い証明の方法が得られないだろう．

法は，第 10 章第 2 節においてふれたように，初等的な証明がガウスの整数 $\{a+bi \mid a,b \in \mathbf{Z}\}$ の一意分解性を用いて与えられる．もう一つの方法は θ の q 展開の平方に対するある公式を導き出すことである．この公式は「楕円関数論」と呼ばれている理論から得られる．これはヤコビが証明した方法である．実際，このようにして，ヤコビは n を 4 個や 6 個，8 個の平方数の和として表す方法の個数に対する同様の公式を発見して，証明した．

しかし，n がどのようにして平方数の大きい数の個数の和として表されるかということを理解したければ，この問題を考察するための最良の方法はモジュラー形式の理論のレンズを通して見ることである．このようにして，モジュラー形式の q 展開の係数によって表された $r_t(n)$ に対する公式を手に入れることができる．この例として，ラマヌジャンによって最初になされた，24 個の平方数の和に対する場合を解決してみよう．（複雑さは異なるが，平方数のほかの個数の和に対する同様の公式がある．）この問題の非常に良い説明はハーディ (1959, pp.153–157) において見出される．ハーディはどのようにその証明が進行するかの詳細を，我々がここで示すことができるよりはるかに多く与えている．（ハーディは，本書で我々が用いたものとは異なる古い記号を用いていることに注意せよ．）

最初に，$\theta^{24}(z)$ は $\Gamma_1(4)$ より大きい合同群 Γ に対するモジュラー形式であることが分かる．これは Γ に対する重み 12 のモジュラー形式のつくるベクトル空間の中で，$\theta^{24}(z)$ を同定することをかなり容易にさせる．どのようにしてか？ ところで，我々は重み 12 でレベル 1 のモジュラー形式を知っている．すなわち，楕円曲線の判別式 $\Delta(z)$ である．z を自明でない z の有理数倍によって置き換えることにより，重み 12 のほかのモジュラー形式を得ることができる．得られた関数はもはや全体の群 $\mathrm{SL}_2(\mathbf{Z})$ に対するモジュラー形式ではないが，それはより小さい合同群に対するモジュラー形式となることが検証できる．すなわち，それはより高いレベルのモジュラー形式となるだろう．

たとえば，$\Delta(2z)$ によって与えられる z の関数を考えよう．それは $\mathrm{SL}_2(\mathbf{Z})$ の一般的な行列 $\begin{bmatrix} a & b \\ c & d \end{bmatrix}$ のもとでは適切に変換されない．しかし，$\gamma = \begin{bmatrix} a & b \\ c & d \end{bmatrix}$ が $\Gamma_0(2)$ の要素であると仮定する．これは c が偶数であることを意味してい

る．この場合，$\begin{bmatrix} a & 2b \\ \frac{c}{2} & d \end{bmatrix}$ もまた $\mathrm{SL}_2(\mathbf{Z})$ に属する．したがって，次の等式が得られる．
$$\Delta\left(\frac{az+2b}{\frac{c}{2}z+d}\right) = \left(\frac{c}{2}z+d\right)^{12}\Delta(z).$$
z を $2z$ で置き換えると，次のようになる．
$$\Delta\left(\frac{a(2z)+2b}{\frac{c}{2}(2z)+d}\right) = \left(\frac{c}{2}(2z)+d\right)^{12}\Delta(2z) = (cz+d)^{12}\Delta(2z).$$
しかし，
$$\frac{a(2z)+2b}{\frac{c}{2}(2z)+d} = 2\frac{az+b}{cz+d}$$
となるので，結論として次の式を得る．
$$\Delta(2\gamma(z)) = \Delta\left(2\frac{az+b}{cz+d}\right) = (cz+d)^{12}\Delta(2z).$$
そして，これは $z \to \gamma(z)$ のもとでの $\Delta(2z)$ に対する正確な変換である．

したがって，$\Delta(2z)$ は $\Gamma_0(2)$ に対する重み 12 のモジュラー形式である．この形式の q 展開を調べるとき，$q = q(z) = e^{2\pi i z}$ であることを思い出そう．ゆえに，$q(2z) = e^{2\pi i (2z)} = e^{2(2\pi i z)} = q^2$ である．我々は次の式によってタウ関数 τ を定義した．
$$\Delta(z) = \sum_{n=1}^{\infty} \tau(n) q(z)^n.$$
したがって，次の式が得られる．
$$\Delta(2z) = \sum_{n=1}^{\infty} \tau(n) q(2z)^n = \sum_{n=1}^{\infty} \tau(n) q^{2n} = \sum_{m=1}^{\infty} \tau\left(\frac{m}{2}\right) q^m.$$
ただし，a が整数でなければ $\tau(a) = 0$ と定義する．

同様にして，$\Delta(z+\frac{1}{2})$ は Γ に対するモジュラー形式であることが分かる．あの美しい公式 $e^{\pi i} = -1$ より，$q(z+\frac{1}{2}) = e^{2\pi i (z+\frac{1}{2})} = e^{\pi i} e^{2\pi i z} = -q(z)$ が成り立つ．そして，$\Delta(z+\frac{1}{2})$ の q 展開は以下の式によって与えられる．
$$\Delta\left(z+\frac{1}{2}\right) = \sum_{n=1}^{\infty} (-1)^n \tau(n) q(z)^n.$$
我々がここで与えたよりもさらに注意深い分析をすれば，$\theta^{24}(z)$ が合同群

Γ に対する重み 12 のモジュラー形式であるとき，どの Γ が最大の合同群であるか決定することが可能になる．そのとき，Γ に対する重み 12 のすべてのモジュラー形式のつくるベクトル空間 $M_{12}(\Gamma)$ の次元を計算することができる．また，そのとき $M_{12}(\Gamma)$ の基底を求めることができる．さらに，$\theta^{24}(z)$ をその基底の線形結合として表すことができる．

$\theta^{24}(z)$ は $\Delta(z+\frac{1}{2}), \Delta(2z)$ と，そして，E_{12}^* と表されている重み 12 のアイゼンシュタイン級数の線形結合であることが分かる．E_{12}^* は第 13 章で見た重み 12 のアイゼンシュタイン級数 E_{12} ではない．それは類似しているが，より複雑である．というのは，Γ は 2 個以上のカスプをもつので，異なるアイゼンシュタイン級数に対するいっそう広い視野があるからである．しかしながら，それらすべては同じ特色をもっている．E_k は，q^n の係数が n の約数の $k-1$ 次のベキからつくられるような q 展開をもつ．これがいま我々が話している特色である．E_{12}^* の q 展開は次のようである．

$$E_{12}^*(z) = 1 + c\left(\sum_{n=1}^{\infty} \sigma_{11}^*(n) q^n\right).$$

ここで，係数は次のように定義される．

$$\sigma_{11}^*(n) = \begin{cases} \sigma_{11}^e(n) - \sigma_{11}^o(n) & n \text{ は偶数}, \\ \sigma_{11}(n) & n \text{ は奇数}. \end{cases}$$

ここで，$\sigma_{11}^o(n)$ は n の奇数である正の約数の 11 乗ベキの和，$\sigma_{11}^e(n)$ は n の偶数である約数の 11 乗ベキの和，$\sigma_{11}(n)$ は n のすべての正の約数の 11 乗ベキの和，そして，c は一定の有理数である．

以上より，有理数 s や t, u があって，次の式が成り立つ．

$$\theta^{24}(z) = s\Delta\left(z + \frac{1}{2}\right) + t\Delta(2z) + uE_{12}^*(z).$$

両辺の q 展開の最初のいくつかを比較対照させることによって，s や t, u を計算することができる．これをした後，両辺の q 展開における q^n の係数について，この式により意味されている等式を書き下すことができる．θ^{24} における q^n の係数は正確に，n を 24 個の平方数の和として表す方法の個数 $r_{24}(n)$ であるから，この数に対する以下の古典的な公式が得られる．これは最初に

ラマヌジャンによって証明された：

$$r_{24}(n) = \frac{16}{691}\sigma_{11}^*(n) - \frac{128}{691}\Big(512\tau\Big(\frac{n}{2}\Big) + (-1)^n 259\tau(n)\Big). \qquad (15.1)$$

注目すべき最初の驚くべきことは，左辺は整数であるから，任意の n に対して右辺の分数は加えて合計すると整数にならなければならないことである．読者は突如現れた 691 という不可思議な数に驚くことだろう．それはベルヌーイ数 B_{12} の分母である．それは過去 150 年の数論において長い歴史をもっている．

読者は $r_{24}(n)$ に対する近似公式を手に入れたいと望むかもしれない．約数関数 σ^* を「既知のもの」として考える——それは容易に理解されるし，容易に計算される．$n \to \infty$ のとき，

$$r_{24}(n) \sim \frac{16}{691}\sigma_{11}^*(n)$$

という意味において，それは主要項であることが分かる．この近似式がいかに優れたものであるかを理解することは，$\sigma_{11}^*(n)$ に比較して n とともに $\tau(n)$ がいかにゆっくりと増大するかを認識することと同じである．ヤコビの公式の一つからすぐに得られる「緩やかな上界」がある．ラマヌジャンやハーディ，ランキン (Rankin)，そしてほかの人々がさらに良い上界を求め続けた．ラマヌジャンによって予想された，最良の上界はドリーニュ (Deligne) によって証明された．それは次のようである．任意の $\epsilon > 0$ に対して，ある定数 k（ϵ に依存して）があり，$\tau(n) < kn^{\frac{11}{2}+\epsilon}$ を満足する．$\sigma_{11}^*(n) > k'n^{11}$ をみたす正の定数 k' があることを示すのはそれほど難しくないので，この近似式がいかに良いものであるかを理解することができるだろう．

読者は，$r_{24}(n)$ に対する公式 (15.1) を，前に $r_2(n)$ に対して与えた公式と比較してみれば，ある差異のあることに気がつくだろう．後者は単純な数論的意味をもつ関数の言葉によって純粋に与えられている．すなわち，4 を法として 1 と 3 に合同な n の約数の個数である．$r_4(n)$ や $r_6(n), \ldots$ などに対する同様な公式がある．これらは n の様々な約数のベキの和と初等的な数論的意味をもつほかのいくつかの関数を含んでいる．しかし $r_{24}(n)$ に達したとき，この新しい種類の関数 $\tau(n)$ を得る．

ハーディは 1940 年に次のように書いている．「関数 $\tau(n)$ は係数としての

み定義され,そして何か理由のある単純な「算術的」定義であるのかどうかを問うことは自然である.しかし,まだ何も分かっていない.」1970 年代初期に,ドリーニュはガロア表現[5]があることを証明した.そのガロア表現に対して,フロベニウスの特性多項式は素数 p に対して値 $\tau(p)$ を与える.(それらから,$\tau(n)$ の他の値をどのように求めるかはすでに知られていた.)これはハーディが探していた「算術的」定義である.もちろん,ハーディは,これが「理にかなって単純である」とは思わなかったかもしれない.

3. 数値的な例と哲学的考察

(15.1) をテストして,それが $r_{24}(6)$ に対して成り立つかどうかを見てみよう.これはかなりの量の算術を必要とするが,それはこの公式がどのように機能するかを明らかにする.

最初に,(15.1) の左辺について $r_{24}(6)$ を計算してみよう.6 を平方数の和として表す方法の個数は「基本的に」2 個のみである.すなわち,$6 = 1+1+1+1+1+1$ (『鏡の国のアリス』の影 (shade)) と $6 = 1+1+4$ である.しかし,これは数えるための公式の方法ではない.我々は順序と符号を考慮に入れなければならないからである.24 個の番号づけられたスロットがあると仮定しよう.すべてのスロットの中にあるすべての数の平方数の和が 6 となるようなやり方で,各スロットに 0 や 1,$-1, 2, -2$ をおく.もちろん,ほとんどのスロットは 0 でみたされねばならない.

最初に,$6 = 1+1+4$ という可能性を論じよう.各スロットに 2 あるいは -2 をおく選択肢は 24 ある.これは 48 個の全体の選択肢を与える.

これらの選択肢のそれぞれに対して,残っている 23 個のスロットのうちの 2 個に 1 または -1 をおき,残りのスロットに 0 をおかねばならない.2 個の 1 を用いる場合,これを選ぶ方法の数は二項係数[6] $\binom{23}{2}$.これは "23 choose

---

[5] ガロア表現とフロベニウスの特性多項式については第 17 章を参照せよ.
[6] 二項係数の復習:$\binom{a}{b}$ は a 個のスロットに b 個の同一のものをおくやり方の個数である.最初のスロットに a 個の選択肢があり,次のスロットに $a-1$ 個の選択肢があり,下ってその最後のスロットには $a-b+1$ 個の選択肢がある.これより,それらのスロットに b 個のものをおくために $a(a-1)\cdots(a-b+1)$ 個の全体の選択肢がある.しかし,b 個のもの,それらはすべて同じであるから,区別できないとすれば,その順序は関係がないので,$b!$ によって割らなければならない.これは b 個のすべての可能な置換の数である.したがって,次の公式を得る.

2" と音読する，である．公式より，$\binom{23}{2} = \frac{23 \cdot 22}{2}$ である．

同じ推論は 2 個の -1 に対しても成り立つ：そのスロットにそれらをおく方法は $\binom{23}{2}$ 個となるだろう．一つが 1 で一つが -1 の場合を考えれば，1 に対して 23 のスロットがあり，そのスロットを選んだ後 -1 に対して 22 個のスロットが残されている．これは全体として $23 \cdot 22$ の可能性がある．このとき，そのスロットの残りは 0 で埋めなければならない．以上より平方数の和として，その一つが 4 である平方数の和として公式のやり方で数えるとき，合計して 6 を表す方法の個数は次のようである．

$$A = 48\left(2\binom{23}{2} + 23 \cdot 22\right) = 48576.$$

次に，6 個の ± 1 の場合を考える．すべての数が同じ符号をもつとき，それらをスロットに置く方法は $\binom{24}{6}$ 通りである．一つの 1 と残りを -1 とする場合，1 に対しては $\binom{24}{1}$ のスロットで，残りのスロットに -1 を配置する方法は $\binom{23}{5}$ 通りである．もちろん，一つの -1 と残りを 1 とする場合，その計算は同じである．2 個あるいは 3 個の 1 と残りを -1 とするときの場合を計算することは読者に任せよう．それぞれがちょうど 3 個ある場合に，巧妙なやり方があるので注意せよ．（なぜか？）

このようにして，すべてが ± 1 であり，公式なやり方で数えた平方数の和として 6 を表す方法の数は以下のようになることを確定した．

$$B = 2\binom{24}{6} + 2 \cdot \binom{24}{1}\binom{23}{5} + 2 \cdot \binom{24}{2}\binom{22}{4} + \binom{24}{3}\binom{21}{3}.$$

二項係数を調べ，それらを計算すると，$B = 8614144$ であることが分かる．すべてを含んだ合計は

$$r_{24}(6) = A + B = 8662720.$$

さて今度は，$n = 6$ に対する (15.1) の右辺を調べてみよう．それは次のようになる．

$$\frac{16}{691}\sigma_{11}^*(6) - \frac{128}{691}\left(512\tau(3) + (-1)^6 259\tau(6)\right).$$

$$\binom{a}{b} = \frac{a(a-1)\cdots(a-b+1)}{b!} = \frac{a!}{b!(a-b)!}.$$

詳細な計算をする前に，我々は正しい道筋の上にあるのか，また計算において何かひどい間違いをしていないかを見てみよう．最大の項は次のようになる．

$$\frac{16}{691}6^{11} = \frac{5804752896}{691} = 8400510.70333\ldots.$$

ここでの答えは 800 万と 900 万の間にあり，そして，$r_{24}(6)$ に対する値はそうであった．ここまでは，非常にうまくいっている．

次に，すべての項を計算しよう．

$$\sigma_{11}^*(6) = \sigma_{11}^e(6) - \sigma_{11}^o(6) = 2^{11} + 6^{11} - 1^{11} - 3^{11} = 362621956.$$

したがって，

$$\frac{16}{691}\sigma_{11}^*(6) = \frac{5801951296}{691} = 8396456.28944\ldots.$$

読者は，この「主要」項が真の値 $r_{24}(6) = 8662720$ にいかに近いかが分かるだろう．いま，「誤差」項を計算しよう．タウ関数 τ の表を調べて，$\tau(3) = 252$ と $\tau(6) = -6048$ が分かる．ゆえに，

$$-\frac{128}{691}(512\tau(3) + 259\tau(6)) = -\frac{128}{691}(512 \cdot 252 - 259 \cdot 6048)$$
$$= -\frac{128}{691}(-1437408) = 266263.710564\ldots.$$

これを主要項に加えると，整数を得る（必然的であるが，それでも驚くべきことである）．

$$8396456.28944\ldots + 266263.710564\ldots = 8662720.$$

これは正確に正しい．

さてここで，哲学的な解説．一方で，すべてのこの算術が正確に計算される方法は驚嘆すべきことである．他方で，それは正確に計算されねばならない ― 誰かがそれを証明した．（実際，本当のことを言えば，我々は $r_{24}(6)$ に対する等式の両辺に対して，最初の試みでは同じ数が得られなかった．その差を見て，それが $48 \cdot 23 \cdot 22$ に等しいことが分かった．このことより，我々は A を計算するとき間違えたに違いないと分かった ― 実際馬鹿な間違いをしていた ― だが一方で，最初はもっと複雑な計算を正確に実行していた！）

したがってある意味で，証明された公式はそれを検証することを意味しているどんな個々の計算よりも「より真実」である．しかし，それはその証明が正しいという理由でその公式が正しいことを知っている場合だけである．数学者の人生においてもっとも苦しむ瞬間のいくつかは，その数学者があることを証明したと考え，しかし，それが例においてうまく確かめられなかったときに生じる．間違っているのはどちらだろう，証明か，それとも例だろうか？[7]

さて，読者が誰かに，「6を平方数の和に表す方法は何通りあるか？」と質問したとすれば，たぶん彼は「2つの方法，$1+1+1+1+1+1$ と $1+1+4$ がある」と言うだろう．平方数の和の問題を考える時代遅れのコンピューターは，疑いもなくこれらの線に沿って考えるだろう．これは最初出発するためには完全に良い方法である——結局，分割を考えるとき，部分の順序を気にしないし，0を許容しない．しかし，一般的に，この問題をこのように設定することは良い理論，あるいは良い答えに導かないことが分かっている．それよりも，平方数の数を特定し，異なる順序を異なるものとして数え，平方根の符号を区別し，0を許容することによって，その問題を言い換える．そうすると，楕円関数やモジュラー形式を含む実に美しい理論が得られる．

しばらく後に，実にすばらしいことが起こる．多くの数学者はモジュラー形式に非常に興味をもつようになる．平方数の和に対する直接的な興味は弱くなる．それは歴史的興味，あるいはモジュラー形式を研究するための動機を与える問題以上のものになっている．モジュラー形式の理論が進歩するにつれて，その新しい能力はこれらの古い問題で試される．特に近年，分割のさまざまな性質がモジュラー形式や擬似モジュラー形式を用いることによってはなばなしく発見されてきた．この分野における教祖的存在はケン・オノ (Ken Ono) である．オノ (2015) を参照せよ．

それに，興味の中心はモジュラー形式それ自身に移動したということが妥当であると思う．モジュラー形式の多くの他の性質と応用が発見された．次の2つの章においてそれらのいくつかに言及する．それらの応用のいくつかはかなり難解であり，その例としてはガロア表現への応用がある．またその

---

[7] 異なった見解から，それら両方とも正しいとする「ポストモダン」（最先端の）な見解をとることは意味がないことに注意しよう．

応用のいくつかは驚くほど具体的であり，その適用の例としては合同式の数論の問題がある．動機づけのある問題と理論との間にある興味において盛衰があり，その理論は非常に複雑でかつ抽象的になり得る．動機づけのある問題，特に数論の歴史において有名な問題は，その理論がいかに強力であるかという指標になる．我々の生涯におけるこの最重要な例は，ワイルズそして，テイラー–ワイルズの論文によって証明されたフェルマーの最終定理である．この証明は絶対的に本質的な方法[8]でモジュラー形式を用いた．そして，フェルマーの最終定理の別の証明はまだ発見されていない．

---

[8] *Elliptic Tales*（アッシュ–グロス）において，我々の合同式の数論の問題の計算と，*Fearless Symmetry*（アッシュ–グロス）において，フェルマーの最終定理の証明を見ることができる．

第 16 章
続・モジュラー形式

1. ヘッケ作用素

すべてのモジュラー形式が等しく創造されるわけではない.本書ではこの観点から,モジュラー形式の世界にさらに入っていくために,**新形式** (newform) と呼ばれるモジュラー形式を選び出すことが必要になる.ある本では,それらは「原始形式」(primitive form) あるいは「正規新形式」(normalized newform) と呼ばれている.

その定義は次のようである.その定義をまだ議論していない術語によって与えるので,この定義は本節と次節を通して一つの指針としての役割を果たすだろう.

定義 新形式とは,

(a) $\Gamma_1(N)$ に対するモジュラーカスプ形式 f で,重み k をもち(ある N と k に対して),以下の条件をみたすものである.

(b) f は正規化されている.

(c) f はすべてのヘッケ作用素に対して固有形式であり,

(d) f はレベル N の旧形式の空間に属していない.

本節では,(a) の意味を復習し,(b) と (c) を説明しよう.次節において (d) を説明する.

最初に,$\Gamma_1(N)$ は,a や b, c, d をすべて整数とし,行列式 $ad - bc = 1$,そして $c \equiv 0 \pmod{N}$, $a \equiv d \equiv 1 \pmod{N}$ をみたすすべての行列

$$\gamma = \begin{bmatrix} a & b \\ c & d \end{bmatrix}$$

からなる $\mathrm{SL}_2(\mathbf{Z})$ の部分群であることを思い出そう.

次に述べることはその理論の不思議なことであり，事実の一つである．すなわち，これらの容易に定義される個々の合同部分群は，数論家がモジュラー形式に対して求める仕事の大部分をなすために必要とされる主要なものである．

特に，f は γ によって，以下のように変換されることを知っている：

$$f(\gamma(z)) = (cz+d)^k f(z), \qquad \gamma(z) = \frac{az+b}{cz+d}.$$

ただし，z は上半平面 H の任意の複素数であり，γ は $\Gamma_1(N)$ の任意の要素である．f がこの変換法則を満足するとき，f は「レベル N で重み k」をもつという．

f がレベル N のモジュラー形式であるとき，f は次のような q 展開をもつ．

$$f(z) = a_0 + a_1 q + a_2 q^2 + \cdots + a_n q^n + \cdots.$$

ただし，$q = e^{2\pi i z}$ であり，その係数 a_i は複素数である（もちろん，f に依存する）．行列 $\begin{bmatrix} 1 & 1 \\ 0 & 1 \end{bmatrix}$ が $\Gamma_1(N)$ に属しているので，$f(z+1) = f(z)$ が成り立つ．すると，f は周期 1 の周期関数であるから，それは q 展開をもつ．ここで，q は $i\infty$ におけるカスプに関係している．

各カスプにおいて同様な種類の展開がある．N にのみ依存するカスプは，H の $\Gamma_1(N)$ に対する基本領域が「狭く絞り込まれて」実数 $\mathbf{R}$ の 1 点になっているかまたは $i\infty$ である．$a_0 = 0$ であり，加えて他のカスプの各点で f の同様な零点があるとき，f は**カスプ形式**であるという．

さて (b) について，これは容易である．f がカスプ形式ならば，その q 展開は定数項をもたない．それは次のように表される．

$$f(z) = a_1 q + a_2 q^2 + \cdots + a_n q^n + \cdots.$$

f の基本的な数論的性質は，f あるいは $23f$，あるいは任意の f の零でないスカラー倍を用いるかどうかにあまり依存するものではない．$a_1 = 1$ であることを確かめるとき，新形式の性質はもっとも明瞭な形で表示されることが分かる．いま $a_1 \neq 0$ ならば，a_1 で割ることにより，容易にこの状態を得ることができる．$a_1 = 0$ であるとき，面倒なことになるかもしれない．この点を読者の心の奥にしまって，単純に $a_1 = 1$ であるとき f は**正規化される**と**定義する**．すると，正規化されたカスプの q 展開は次のように表される．

$$f(z) = q + a_2 q^2 + \cdots + a_n q^n + \cdots.$$

今度は (c) について．最初に「作用素」という言葉は単に「関数」と同義語である．「関数」は，ある集合（始集合）のそれぞれの要素をもう一つの集合（終集合）の一つの要素に移す規則に対するもっとも一般的な術語である．始集合と終集合が同じ集合であるとき，多くの場合「関数」の代わりに「作用素」という術語を用いる．このことは特に始集合と終集合がそれ自身関数を要素とする集合であるときに起こる．というのは，「関数の関数」というのは具合が悪いからである．我々は「モジュラー形式」という術語において，用語選択のこの優雅さのもう一つの例を見た．再び，「形式」という言葉は「関数」と同義語であり，その使用は伝統によってある文脈に制限されている．

以上より，ヘッケ作用素は関数のつくるあるベクトル空間からそれ自身への明確な関数である．読者は，始集合であり終集合となるどんな空間を考えるだろうか？ 我々はレベル N で重み k のカスプ形式のつくるベクトル空間を用いるだろう．これを $S_k(\Gamma_1(N))$ と表す．S_k と同様に，$S_k(\Gamma_1(N))$ は有限次元の複素ベクトル空間である．これは次の性質をもつ $S_k(\Gamma_1(N))$ の有限個のモジュラー形式 $f_1, \ldots, f_t$ を選ぶことができることを意味している．すなわち，$S_k(\Gamma_1(N))$ の**任意の**モジュラー形式 g は**一意的に**それらの線形結合として表される．

$$g = b_1 f_1 + \cdots + b_t f_t.$$

ただし，$b_1, \ldots, b_t$ は複素数で，これらはもちろん g に依存し，g と基底 $f_1, \ldots, f_t$ の選び方により一意的に定まる．

これまで，我々は次のような関数 T となるヘッケ作用素を探している．

$$T : S_k(\Gamma_1(N)) \longrightarrow S_k(\Gamma_1(N)).$$

ところで，これらの作用素は最初にモーデルにより発見され，用いられたが，それを発展させたのはヘッケであり，それらはいま彼の名前にちなんでヘッケ作用素と呼ばれている．

我々は，かなり短縮され，無味乾燥で，あまり情報が得られない定義を与えるだろう．しかし，その定義は述べることと，計算することが非常に容易である．

この定義に対する深い理由は本書からは省略されねばならないだろう．というのは，それらは多くの新しい考え方を必要とするからである．

実際，簡単のために，レベル $N=1$ の場合にのみヘッケ作用素の定義を与えるつもりである．一般のレベル N に対する定義は同じ感触であり，ただほんの少し複雑である．そこで，$f \in S_k(\Gamma_1(1))$ を重み k でレベル 1 のモジュラーカスプ形式とする．たとえば，$k=12$ ならば，f は Δ であるかもしれない．正の整数 n それぞれに対して一つのヘッケ作用素 T_n がある．それが f に対してどのように作用するかを見るために，f の q 展開を次のように表す．

$$f(z) = a_1 q + a_2 q^2 + \cdots + a_s q^s + \cdots.$$

$T_n(f)$ を以下の q 展開を用いて定義する：

$$T_n(f)(z) = b_1 q + b_2 q^2 + \cdots + b_s q^s + \cdots.$$

ただし，b_m は次のようである．

$$b_m = \sum_{\substack{r|n \\ r|m}} r^{k-1} a_{nm/r^2}.$$

ここで，和は n と m の両方を割るすべての正の整数 r を動かして加える．$T_n(f)$ は再び重み k でレベル 1 のモジュラー形式であることは，明らかではないが正しい．

最初に $m=1$ のときに何が起こるかを見てみよう．その場合，$r|m$ という条件より r は 1 となる．その和はただ一つの項をもち，$b_1 = a_n$ であることが分かる．

別のあまり複雑でない例は，n が素数 p の場合である．そのとき，r に対する可能な値は 1 と p だけである．このとき，b_m は次のようになる．

$$b_m = \begin{cases} a_{pm} + p^{k-1} a_{m/p} & m \text{ は } p \text{ で割り切れる}, \\ a_{pm} & \text{そうでないとき}. \end{cases}$$

これをまとめて q 展開の中にもどして次の表現を得る．

$$T_p(f)(z) = \sum_{m \geq 1} a_{pm} q^m + p^{k-1} \sum_{m \geq 1} a_m q^{pm}.$$

1. ヘッケ作用素　215

　読者は T_p に対する公式が，素数 p に関係し p が整数 m を割り切るかどうかによって，正確に q 展開の指数と係数をあれこれ定めることが分かるだろう．読者がそうしたいのであれば，ヘッケ作用素 T_n の存在をただ当然のことであると考えることもできる．本書の残りでは，それらを定義する正確な公式は必要としない．しかし，それらについていくつかの事実が必要となるだろう．

　第 1 の事実：すべての素数 p に対して，T_p が $S_k(\Gamma_1(N))$ のモジュラー形式 f にどのように作用するかが分かれば，任意の n に対して T_n が f にどのように作用するかを理解することができる．これを理解するために少し複雑であるが，コンピューター上でプログラムしたり，または n があまり大きくないときには手計算さえできるほど十分具体的な公式がある．

　第 2 の事実：$S_k(\Gamma_1(N)) \neq 0$ と仮定すると，すべてのヘッケ作用素に対する同時固有形式 (simultaneous eigenform) があり，これらは**ヘッケ固有形式 (Hecke eigenform)** と呼ばれる．これは何を意味しているか？ $S_k(\Gamma_1(N))$ のカスプ形式 f は，f が零関数ではなく，また f を通る「直線」が任意の T_n によって動かないならば，ヘッケ固有形式である．このことは，すべての n に対して次の性質をもつ複素数 λ_n があることを意味している．

$$T_n(f) = \lambda_n f.$$

複素数 λ_n は**固有値**と呼ばれる．f を通る「直線」は定義によって，f のすべての複素数倍の集合である．

　その意味をもう少し分かりやすくすることができる．等式 $T_n(f) = \lambda_n f$ はすべての正の整数 m に対して $b_m = \lambda_n a_m$ が成り立つことを意味している．特に，$b_1 = \lambda_n a_1$ である．しかしながら，我々は少し前に $b_1 = a_n$ であることを計算した．結論として，すべての正の整数 n に対して $a_n = \lambda_n a_1$ が成り立つ．

　「固有形式」という術語は線形代数で用いられている用語である．そこでは，**零でないベクトル**は，ある線形変換によってそれ自身の倍数に変換されるとき，その線形変換の**固有ベクトル**と呼ばれる．1 より大きい次元をもつ複素ベクトル空間を V，線形変換を $T : V \to V$ とするとき，通常固有ベクトルであることは非常に特別な条件であることが分かるだろう．それにもか

かわらず，(V の次元が 0 でなければ）線形変換 T はつねに固有ベクトルをもつ．

それゆえ，T_n が固有形式をもつという事実は，一度基本的な線形代数を学んでいれば驚くことではない．すべての T_n に対する同時固有ベクトルがあるという事実の方がもっと驚くべきことであるが，すべての n と m に対して $T_n \circ T_m = T_m \circ T_n$ が成り立つという事実からかなり容易に導かれる．ここで，記号。は関数の合成を表しているので，我々は任意の n と m，そして任意のカスプ形式 f に対して $T_n(T_m(f)) = T_m(T_n(f))$ であることを主張している．

一般のベクトル空間 V と線形変換 $T : V \to V$ にもどると，V の一組のベクトルは，それらのそれぞれのベクトルが固有ベクトルであり，またそれらが V の基底[1]をつくるとき，T に関する V の**固有基底** (eigenbasis) を構成するという．V が T に関する V の固有基底をもつことは，T についての自明でない条件である．固有基底を見出すことはつねに可能というわけではないが，それが可能であるとき我々は幸運である．というのは，そのとき T は固有基底への作用を通して見ることができるので，理論が非常に簡単になるからである．固有基底に関する T の行列は対角行列となり，それは本書の中で読者が要求することができるぐらい簡単な行列である．

残念ながら，一般に $S_k(\Gamma_1(N))$ はすべての T_n に対して固有基底をもつとはいえない．我々は (d) を議論するとき，このことを振り返るであろう．

第 3 の事実：f はすべてのヘッケ作用素に対して同時固有カスプ形式であると仮定する．すなわち，

$$T_n(f) = \lambda_n f.$$

f が以下の q 展開をもつと仮定する．

$$f(z) = a_1 q + a_2 q^2 + \cdots + a_n q^n + \cdots.$$

このとき，ヘッケ固有値 λ_n と q 展開の係数 a_n の間に非常に良い相互作用がある．すなわち，すべての n に対して

---

[1] V の基底とは，V のベクトルのある集合 S で，V の任意のベクトルは S の要素の一意的な線形結合で表されるという条件をみたすものであることを思い出そう．

$$a_1 \lambda_n = a_n$$

が成り立つ．我々は上でこれを導き出した．

したがって，この等式から $a_1 \neq 0$ が得られる．なぜなら，定義によって，固有形式は零でないモジュラー形式だからである．ゆえに，この場合このような f をつねに正規化することができる．f はカスプ形式であり，すべてのヘッケ作用素に対して同時固有形式であり，またその q 展開における最小次数の項が q であるとき，f は**正規ヘッケ固有形式**であるということにしよう．

次のように述べることによって，以上のことを要約することができる．f が正規ヘッケ固有形式ならば，

$$f(z) = q + a_2 q^2 + \cdots + a_n q^n + \cdots$$

であり，かつすべての n に対して

$$T_n(f) = a_n f$$

が成り立つ．これは非常にすばらしい．

モジュラー形式はその q 展開によって決定されるから，これは，正規ヘッケ固有形式はそのヘッケ固有値により決定されることを意味する．f と g が完全に同じヘッケ固有値をもてば，ある定数 c によって $f = cg$ となる．それらの両方が正規化されていれば，そのときもちろん $c = 1$ であり，$f = g$ となる．すべてのヘッケ作用素は素数 p に対する T_p によって計算することができるので，以下のことが分かる．

すなわち，もし二つの正規ヘッケ固有形式がそれらの q 展開においてすべての素数 p に対して同じ a_p をもつならば，そのときそれらは一致しなければならない．このことはそれらがすべての n に対して同じ係数 a_n をもつことを意味している．

第 4 の事実：f はヘッケ固有値 a_n をもつ正規ヘッケ固有形式と仮定する．したがって，f の q 展開は次のようである．

$$f(z) = q + a_2 q^2 + \cdots + a_n q^n + \cdots.$$

ヘッケ作用素 T_n は素数 p に対する T_p によって計算することができるので，

a_p によって a_n を表す公式がなければならないことが分かる．これに対する一般的な公式を書き下すことはしないが，読者は本章の第 3 節において我々が述べた事柄からそれを導くことができる．a_n は n を割り切る素数 p に対する a_p だけに依存する，ということはおそらく驚くことではない．特に n と m が互いに素，これはそれらが共通の素因子をもたないことを意味する，であるとき，

$$a_{nm} = a_n a_m$$

となることが分かる．これは非常に良い性質であり，関数 $n \to a_n$ が**乗法的**であるという言い方で表現される．この文脈では，この乗法的な性質はすべての二つの整数 n と m に対して $a_{nm} = a_n a_m$ を意味しているわけではなく，互いに素である整数 n と m に対してだけである．

たとえば，楕円曲線の判別式 Δ は重み 12 でレベル 1 の正規ヘッケ固有形式 [2] である．そのヘッケ固有値は $a_n = \tau(n)$，ラマヌジャンのタウ関数 τ である．第 13 章の第 4 節において与えられた $\tau(n)$ の値を参照せよ．そこでは，$\tau(6) = \tau(2)\tau(3)$ であることを証明した．

以上より，τ 関数は乗法的である．整数 n を 24 個の平方数の和として表示する方法の数 $r_{24}(n)$ に対して，このことを取り出して適用すれば，さまざまな n に対する $r_{24}(n)$ の値に関連する何か不思議な形で，かつ**先験的**にまったく予測不可能な公式を書き下すことができるだろう．

2. 新しい衣服，古い衣服

さて，(d) を解説しなければならないときである．同時ヘッケ固有基底をもつ $S_k(\Gamma_1(N))$ の部分空間を考察の対象としたい．実際何も失わずにそれができる．ここでそれを解説しよう．

レベル M のモジュラー形式をとり，それらを改変して，N が M の倍数であるときそれらはレベル N になる方法がある．これをするためのもっとも容易な方法は，単に読者が見ているよりも 2 倍接近してそのモジュラー形式を凝視することである．言い換えると，$f(z)$ が重み k でレベル M であると

---

[2] $S_{12}(1)$ の次元が偶然ちょうど 1 であるから，それは固有形式でなければならない．ヘッケ作用素を適用するとき，Δ はそれ自身の倍要素以外に行くところはない．

しよう．N は M より真に大きい M の倍数であると仮定する．したがって，$\Gamma_1(M)$ のすべての γ に対して $f(\gamma(z)) = (cz+d)^k f(z)$ が成り立つ．ところで，簡単な練習問題より，$\Gamma_1(N)$ は $\Gamma_1(M)$ の部分群であることが分かる．したがって，この同じ変換公式は $\Gamma_1(N)$ におけるすべての γ に対して，まったく同語反復的なやり方で成り立つ．モジュラー形式であるためのほかの条件もまた引き続き $f(z)$ に対して成り立つ．以上より，$f(z)$ もまたレベル N をもつと考えることができる．

モジュラー形式 $f(z)$ は「実際」レベル N をもつべきではないが，我々の定義によればそれはレベル N をもつ．それは $S_k(\Gamma_1(M))$ と $S_k(\Gamma_1(N))$ の両方の要素である．そこで，我々は $S_k(\Gamma_1(N))$ においてそれを見るとき，それを「旧形式」と呼ぼう．

我々はもう少し賢くならなければならない．$N > M$ が M の倍数であり，かつ t が N/M の任意の約数とするとき，$f(z)$ がレベル M をもてば，$f(tz)$ がレベル N をもつことを検証するのは難しくない．このようにして得られたすべてのモジュラー形式をレベル N の「旧形式」と呼ぶ．それらの線形結合すべての集合は $S_k(\Gamma_1(N))$ の「旧部分空間」と呼ばれる．これを $S_k(\Gamma_1(N))^{\text{old}}$ と表す．また，$S_k(\Gamma_1(N))^{\text{old}}$ の任意の要素もまた旧形式と呼ぶ．モジュラー旧形式から生じた任意の数論はそれらが「生じてきた」低いレベルにおいてすでに研究されてきた．

第5の事実：レベル N の任意のモジュラー形式は，ある新形式と旧形式の線形結合として表すことができる．新形式は，それらの q 展開において乗法的な係数をもつ同時ヘッケ固有形式である．旧形式は，低いレベルでそれらの自然な居住地においてその成分を調べることによって，すでに「理解されている」と考えられる．

我々はすでに標準的な例を述べた．すなわち，Δ は新形式である．それは旧形式ではあり得ない．なぜなら，それはレベル 1 をもつので，それが生じてくるためのより低いレベルがないからである．

他の例では，重み 2 の例を見てみよう．$S_2(\Gamma_1(1)) = 0$ であることは分かっている．ゆえに，重み 2 でレベル 1 のモジュラー形式はない．いま，N を素数であるとしよう．すると，その真に小さい約数は 1 だけである．そのとき再び，$S_2(\Gamma_1(N))$ には旧形式はない．なぜなら，それらが生じてくる小さい

レベルはレベル1であり，そこには何もないからである．したがって，N が素数ならば，$S_2(\Gamma_1(N))$ は新形式の基底をもつ．

たとえば，$N = 11$ ならば，偶然に $S_2(\Gamma_1(11))$ は 1 次元であるから，その任意の零でない要素は正規化されて重み 2 でレベル 11 の唯一つの正規新形式を与える．ここでこの新形式の q 展開は次のようである：

$$f(z) = q - 2q^2 - q^3 + 2q^4 + q^5 + 2q^6 - 2q^7 - 2q^9$$
$$- 2q^{10} + q^{11} - 2q^{12} + 4q^{13} + \cdots.$$

ここから大部分は新形式について話していくつもりであるが，旧形式にはなお数論においてはさまざまな重要な使い方がある．それらの一つはすでに見た．表現の個数を表す数 $r_{24}(n)$ はレベル 4 の旧形式 Φ とアイゼンシュタイン級数を加えた q 展開における q^n 係数である．前章を見返すと，この形式 Φ は $\Delta(2z)$ と $\Delta(z + \frac{1}{2})$ の線形結合である．これらの最初のものは明らかにレベル 4 の旧形式であるが，しかし後者はそうではない．[3]

---

[3] Δ の q 展開は $\sum \tau(n)q^n$ である．前章において $\Delta(z+\frac{1}{2})$ の q 展開を振り返ってみれば，次のことがわかるだろう．

$$\frac{1}{2}\left(\Delta\left(z+\frac{1}{2}\right) + \Delta(z)\right) = \sum \tau(2n)q^{2n}.$$

ゆえに，
$$\Delta\left(z+\frac{1}{2}\right) = -\Delta(z) + 2\sum \tau(2n)q^{2n}.$$

しかし，$\Delta(z)$ はヘッケ固有形式である．特に，$T_2(\Delta) = -24\Delta$ である．q 展開によって表すと，これは次のようになる．

$$\sum \tau(2n)q^n + 2^{11}\sum \tau(n)q^{2n} = -24\Delta.$$

ここで，z を $2z$ で置き換えると，

$$\sum \tau(2n)q^{2n} + 2^{11}\sum \tau(n)q^{4n} = -24\Delta(2z)$$

を得る．言い換えると，

$$\sum \tau(2n)q^{2n} = -2^{11}\Delta(4z) - 24\Delta(2z).$$

上の第 2 の等式に代入すると，次を得る．

$$\Delta\left(z+\frac{1}{2}\right) = -\Delta(z) - 48\Delta(2z) - 2^{12}\Delta(4z).$$

この巧妙な導き出し方に対して，デビット・ロールリッヒ氏 (David Rohrlich) に感謝したい．

3. エル関数 L

数学者は多くの異なる数学的対象に付属したゼータ関数 ζ やエル関数 L を定義した．与えられた数学的対象の性質から計算可能なものはディリクレ級数である．得られた関数を文字 ζ あるいは L によって表すのは伝統的な表現である．

二つの異なる対象が同じ L 関数をもつとき，このことはその二つの対象の間に非常に深く，そしてしばしば非常に役に立つ緊密な関係があることを意味していることがあり得る．次の章において，この例を見てみよう．本節では，モジュラー形式に L 関数をどのように結びつけるかを説明したい．そして，これら L 関数の並外れた性質のいくつかを列挙する．

複素数の無限の数列 $a_1, a_2, \ldots$ があるとしよう．それらで何をすることができるだろうか？ それらからベキ級数

$$a_1 q + a_2 q^2 + \cdots$$

をつくることができるが，これは何らかのモジュラー形式の q 展開になるだろうか，という問題を考えることができる．あるいは，それらからディリクレ級数

$$\frac{a_1}{1^s} + \frac{a_2}{2^s} + \cdots$$

をつくることができ，これはある領域—望むべくは全複素平面—において s の解析関数を生じさせるかどうか，と問うことができる．特に，係数 a_n が n に関して十分速く増大しなければ，その級数はある右半平面上で解析関数を定義し，そのとき，その関数は左半平面に解析接続されるかどうかが問題となる．

さて次に，これら二つの考え方を一緒にすることができる．次の q 展開

$$f(z) = q + a_2 q^2 + \cdots$$

をもつモジュラー新形式で始めるとき，それらの係数 a_n を用いてディリクレ級数を構成することができる．この級数は始めたときの f に依存するから，それを記号の中においた次の表記を用いる．

$$L^*(f, s) = 1 + \frac{a_2}{2^s} + \cdots.$$

星印 * を付けた理由は，これが f の公式のエル関数 L の定義ではないからである．簡単のために，L^* を修正して公式なエル関数 L を定義することにする．

逆に，ディリクレ級数（これはしばしば楕円関数やガロア表現のような，ほかのある対象の L 関数である）から始めれば，同じ a_n による q 展開を構成することができ，それがあるモジュラー形式の q 展開であるかどうかを問題にすることができる．

いま，f は重み k でレベル N の新形式であると仮定する．このとき，次のように定義する．

$$L(f,s) = N^{s/2}(2\pi)^{-s}\Gamma(s)L^*(f,s).$$

ここで，$\Gamma(s)$ は第 7 章で議論した Γ 関数である．N と 2π は正の数であるから，それらを複素数のベキに持ち上げることについては何も問題はない．

ヘッケは $L(f,s)$ に関する驚くべき事実を証明した．第 1 に，それはある右半平面 $\mathrm{Re}(s) > t_0$ 上でのみ定義されて誕生したが（そこではディリクレ級数は絶対収束して，その Γ 関数は解析的である），それはすべての複素数 $s \in \mathbf{C}$ に対する解析関数へと接続[4]できる．

第 2 に，ζ 関数の因子へのオイラー分解に類似している $L^*(f,s)$ の分解があり，そこでは各素数 p に対して一つの因子をもつ：

$$L^*(f,s) = \prod_{p \nmid N} \frac{1}{1 - a_p p^{-s} + \chi(p)p^{k-1}p^{-2s}} \times \prod_{p|N} \frac{1}{1 - a_p p^{-s}}.$$

最初の積は N を割り切らないすべての素数 p についての積であり，2 番目の積は N を割り切るすべての素数 p についての積である．関数 $\chi(p)$ は f に依存する確定した良い関数である．それは 1 のベキ根に値をとる．それは理論においては非常に重要であるけれども（そこでは nebentype character と呼ばれている），ここでは，それについてこれ以上述べることはしない．

この分解は f がすべてのヘッケ作用素の固有形式であるという事実を反映している．実際，労を惜しまず幾何級数に対するその公式を用いて指示された割り算を実行すれば，a_{p^m} は a_p や $m, \chi(p)$ で表されていることを示す公式

---

[4] 第 7 章で少し解析接続について議論した．もっと徹底的に知りたければ，*Elliptic Tales*（アッシュ–グロス）の第 12 章を参照せよ．

を再発見することができる.その分解は関数 $n \to a_n$ が乗法的[5] であることもまた示している.

第3の事実は次の「関数方程式」である:

$$L(f,s) = i^k L(f^\dagger, k-s).$$

この公式において,$f^\dagger$ は同じレベルで f と同じ重みをもつもう一つのモジュラー形式であり,f に密接に関連している.[6]

この関数方程式の存在により,f の q 展開の係数 a_n は単なるランダムな数ではなく,それらの間に不思議な関係があるということができるかもしれない.素数 p をわたる分解は a_n の間の関係をもまた示しているが,それらの関係はそれほど神秘的であるというわけではない.それらは単に,f がすべてのヘッケ作用素の固有形式であるという事実によって,要請される関係である.

---

[5] 次のことを思い出そう.これは,n と m が素数を共通因数としてもたなければ,$a_{nm} = a_n a_m$ が成り立つことを意味している.
[6] このモジュラー形式はアトキン–レーナー作用素による f の像である.このことと,モジュラー形式その他に関するすべてについては,リベット–シュタイン (Ribet and Stein, 2011) の非常によくできた一連の講義ノートを参照せよ.

第17章
まだほかにあるモジュラー形式の応用

我々は「和」と呼ばれる暗い泥沼の中に降りて行った．そこにはこれらに対する限界があるようには見えない．一つの和が実行されると，またもう一つの和があった．

——ウィンストン・チャーチル，『わが半生』

　この最後の章では，モジュラー形式の理論の応用から恩恵を受けている数論のほかの分野の小さな実例を与える．最初の二つの節は我々の前著作，*Fearless Symmetry*（2006年）と *Elliptic Tales*（2012年）に依拠するものである．それらのそれぞれの本から，我々はモジュラー形式について簡潔に引用せざるをえなかった．モジュラー形式をもう少し深く説明することが可能であれば，我々がここで述べようとしていることをそこに書いたことであろう．明らかに，本書において二つの前著の完全な内容を再び繰り返すことはできない．したがって，避けがたい不明瞭さについてはお詫びしなければならないが，次の二つの節における議論でそれらの本を補いたい．

　それらの節の後で，興味ある問題に対するモジュラー形式の二つの応用にふれようと思う．一つは数論というよりは群の一部分であり，ほかの二番目のものは楕円曲線の理論の中にすっかり隠れてしまっているものである．最後に，我々は将来を一瞥することで本章を終えることにしたいと思う．

　始めるまえに，モジュラー形式の理論はもちろんそれ自身非常に興味のある主題である——応用が一つもなくても——ということにふれておくべきであろう．たとえば，二つのモジュラー形式があったとする．両方とも同じレベル N であるが，重みは k_1 と k_2 で異なっていてもよい．それらを掛けると，新しいモジュラー形式が得られ，レベルは再び N であるが，重みは今度 $k_1 + k_2$ である．以上のようにして，レベル N で整数の重みをもつすべてのモジュ

ラー形式の集合は「環」を構成する——それは加法と乗法に関して閉じている．この環の構造は非常に興味深く，また，合同群 $\Gamma_1(N)$ の作用のもとで，上半平面における軌道の集合として構成されるリーマン面の代数幾何学と密接に関係している．このリーマン面は $Y_1(N)$ で表され，多くの数論的意味をもっている．$Y_1(N)$ は代数体に係数をもつ 2 変数の代数方程式によって定義することができる．

1. ガロア表現

Fearless Symmetry（アッシュ–グロス）において，ガロア表現の概念を議論した．きわめて簡潔にするために，ある複素数は，それが整数係数の多項式の根であるとき，**代数的**であるという．すべての代数的数の集合は，$\overline{\mathbf{Q}}$ と表され，これは体をつくる．すなわち，それらを足し算や引き算，掛け算，割り算（零で割ることをしない限り）をすることができ，その結果はなお代数的数である．

$G_{\mathbf{Q}}$ と表される $\mathbf{Q}$ の絶対ガロア群は，算術を保存するすべての 1 対 1 対応 $\sigma : \overline{\mathbf{Q}} \to \overline{\mathbf{Q}}$ の集合である．算術を保存するとは，$\overline{\mathbf{Q}}$ のすべての代数的数 a と b に対して，$\sigma(a+b) = \sigma(a) + \sigma(b)$ と $\sigma(ab) = \sigma(a)\sigma(b)$ が成り立つことを意味している．$G_{\mathbf{Q}}$ が群であることを言うためには，その二つの要素を合成して（それらの要素は $\overline{\mathbf{Q}}$ から同じ集合 $\overline{\mathbf{Q}}$ への関数であるから，合成することができる），$G_{\mathbf{Q}}$ の新しい要素が得られること，そしてまた，$G_{\mathbf{Q}}$ の要素の逆関数もまた $G_{\mathbf{Q}}$ に属していることが必要である．

$\mathbf{Q}$ の絶対ガロア群 $G_{\mathbf{Q}}$ は莫大な量の情報を含んでいる．数論家は最近の数世代にわたって，加速度的にこの情報を取り出してきた．それを少々得るための一つの方法は**ガロア表現**を発見し，考察することである．ガロア表現とは次のような一つの関数である．

$$\rho : G_{\mathbf{Q}} \longrightarrow \mathrm{GL}_n(K).$$

ただし，K は体であり，$\mathrm{GL}_n(K)$ は K に成分をもつ n 行 n 列の行列のつくる群である．ρ は規則 $\rho(\sigma\tau) = \rho(\sigma)\rho(\tau)$ を満足していることが必要である．ここで，$\sigma\tau$ は最初に τ，それから σ という合成を表している．また，$\rho(\sigma)\rho(\tau)$

は二つの行列 $\rho(\sigma)$ と $\rho(\tau)$ の乗法を表している．ρ は連続であることも必要である．これはここでは説明を必要としない技術的な条件である（しかし重要である）．

ガロア表現を手にしたとき，それで何をすることができるか？ それが，あるほかの理由により得たものと同じガロア表現であるとき，その二つが同じであるという事実は，数論においてある非常に重要な関係性が予想されるか，または発見したということを意味している．ときには，これらの関係性は「相互法則」(reciprocity law) と呼ばれている．

アイヒラー (Eichler) と志村（重み 2 に対して），ドリーニュ（重み > 2 に対して），そしてドリーニュとセール（重み 1 に対して）は，任意の新形式は以下のようにガロア表現に結びついていることを証明した．簡単のために，K が p 個の要素をもつ体を含んでいる有限体であるようなガロア表現のみ考察することにしよう．（ここで，p は任意の素数であるとしてよい．この目的に対して p を用いているのであるから，ヘッケ作用素について話しているとき p と表す習慣であったものをいま ℓ と表そう．）

それゆえ，$f(z)$ はレベル N で重み $k \geq 1$ の新形式で，その q 展開は次のように表されると仮定する．

$$f(z) = q + a_2 q^2 + a_3 q^3 + \cdots.$$

$f(z)$ が新形式であるということは，ヘッケ作用素 T_ℓ の固有値が a_ℓ であることを意味していたことを思い出そう．素数 p を選ぶ．このとき，p 個の要素をもつ体を含む体 K と，f に「付随した」ガロア表現

$$\rho : G_{\mathbf{Q}} \longrightarrow \mathrm{GL}_2(K)$$

が存在する．（ここで $n = 2$ であることに注意しよう．新形式からはつねに **2** 次元の表現を得る．）「付随する」とは何を意味しているだろうか？

任意の素数 ℓ に対して，「ℓ におけるフロベニウス要素」と呼ばれている絶対ガロア群 $G_{\mathbf{Q}}$ の要素がある．それらはたくさんあるが，それらの任意の一つに対して記号 Frob_ℓ を用いる．このようにすることは危険を伴うように思われるかもしれないが，最終的に ℓ におけるどのフロベニウス要素を扱うかには依存しない公式を書き下すであろう．

一般に，$\rho(\text{Frob}_\ell)$ はどのフロベニウス要素を用いるかには依存しないので，具体的な行列 $\rho(\text{Frob}_\ell)$ を引き合いに出すことはしない．しかしながら，十分驚くことではあるが，$\ell \neq p$ であり，ℓ が N の素因数でなければ，行列式 $\det \rho(\text{Frob}_\ell)$ はどのフロベニウス要素を選ぶかには**依存しない**．実際，少し複雑な行列式 $\det(I - X\rho(\text{Frob}_\ell))$，これは X に関する次数 2 の多項式であるが，これもどのフロベニウス要素を選ぶかには依存しない．この多項式は ℓ における ρ のもとでの**フロベニウスの特性多項式**と呼ばれる．

pN を割り切らないすべての ℓ に対して，次の多項式に関する等式が成り立つとき，ρ は f に**付随する**という．

$$\det(I - X\rho(\text{Frob}_\ell)) = 1 - a_\ell X + \chi(\ell)\ell^{k-1}X^2.$$

ここで，カイ χ は前章において f の L 関数を定義したときに生じた同じ素数の関数である．その正確な定義が我々を悩ますことはない良い関数である．[1]

ρ が f に付随しているとき，ガロア理論とモジュラー形式の理論との間に**相互法則**があるという．この術語を説明するには詳しい解説が必要であり，*Fearless Symmetry*（アッシュ–グロス）において与えられている．このような相互法則は，一方で絶対ガロア群やディオファントス方程式（不定方程式）を研究するために用いられ，他方でモジュラー形式についてもっと学ぶために用いられる強力な道具である．それは二方向の道路であり，両方の方向は最近の数論において多くの成果をあげてきた．このような相互法則はワイルズと，またテイラー–ワイルズの論文により与えられたモジュラー予想とフェルマーの最終定理 (FLT) の証明において決定的であった．これもまた，前掲の *Fearless Symmetry* で議論されている．[2] 次節においてモジュラー予想についての話をしよう．

上で言及したアイヒラーと志村の定理やドリーニュの定理，ドリーニュとセールの定理は，我々が彼らとともに年を取るにつれて古くなりつつある．それらは 1950 年代と 1970 年代の間に証明された．しかしながら，より最近の歴史において，これらの定理の逆命題を主張する定理がカーレ–ヴァンテン

---

[1] この等式の右辺において，a_ℓ や $\chi(\ell)$，ℓ^{k-1} を上の「素数 p を法として還元したもの」とみなす．したがって，それらは体 K の中にある．
[2] 平易な論じ方から見落とされている専門的な議論の詳細は，コーネル達 (Cornell et al. (1997)) にほとんどすべてが載っている．

ベルジェ (Khare and Wintenberger, 2009a; 2009b) によって証明された.

これはカーレ–ヴァンテンベルジェの定理であり，その証明はワイルズや，テイラー–ワイルズ，そして多くの他の数学者たちの仕事の上に築き上げられた．それを述べるために，絶対ガロア群 $G_{\mathbf{Q}}$ の要素 c を登場させなければならない．c は単純に複素共役のことである．1 変数多項式の整数係数の実数でない根は共役な組から生じるのであるから，c は代数的数に対して代数的数をとり，ゆえにそれは $G_{\mathbf{Q}}$ の要素となる．

定理 17.1：p を素数とし，K を $\mathbf{Z}/p\mathbf{Z}$ を含む有限体とする．与えられたガロア表現
$$\rho : G_{\mathbf{Q}} \longrightarrow \mathrm{GL}_2(K)$$
は，p が奇数のとき（$p = 2$ という条件でなければ）$\det \rho(c) = -1$ であるという性質をもつならば，$\rho(c)$ が付随しているモジュラー形式 f が存在する．さらに，レベルや重み，そして f に属しているカイ関数 χ を決定するための明示的であるがかなり複雑な処方箋がある．

この定理は 1987 年にセールによって予想された．ρ についての条件は必要条件である．というのは，新形式に付随した任意のガロア表現はそれに従わなければならないからである．

2 次元のガロア表現とモジュラー形式の間のこの緊密な関係の発見と証明は，前世紀の後半における数論の栄光の一つである．2 次元のガロア表現とモジュラー形式の定義を書き下せば，それらの間のいかなる特別な関係もそのページからはずれることはない．さらに，それらは互いを支配している（少なくとも $\det \rho(c) = -1$ であるとき）．そして，その風景の多くの特徴はこの関係から出発して説明される．

2. 楕円曲線

さて，ここで *Elliptic Tales*（アッシュ–グロス）における題材のいくつかに進もう．楕円曲線 E は以下の形の等式により与えられる．

$$y^2 = x^3 + ax^2 + bx + c.$$

ただし, a や b, c は複素数である. それらを有理数に選べば, 「$\mathbf{Q}$ 上の」楕円曲線を得る. ここでは取り組むべき多くの問題があるが, もっとも明らかなものは, この等式に対する解 (x, y) について問うものである. 特に, x と y が両方とも有理数である解に興味がある. しかし, 始めにこの状況を調べるために, x と y が複素数であるすべての解を理解しなければならない. R を任意の数の体系として, $E(R)$ を x と y が R に属している上記の方程式のすべての解の集合を表すものとし, ∞ を表す一つの特別な解を付け加える (これは $x = \infty$ と $y = \infty$ を表す— この解は, 少し射影幾何学を使えば意味のある解である).

このようにしたとき, $E(\mathbf{C})$ の形状はトーラス (円環) である. このトーラスは, 複素平面において反対側を一緒にして接着した平行四辺形として自然に見ることができる. この平行四辺形は 0 や $1, z, z+1$ において頂点をもつ. ここで, z は上半平面 H の点であり, z の選択は H と楕円曲線の間の関係を与える. そしてこの関係はモジュラー形式の理論へと直接に導いていく.

Elliptic Tales (2012 年) において議論したように, $\mathbf{Q}$ 上の楕円曲線 E はそれ自身のエル関数 $L(E, s)$ をもつ. これは, ℓ を法とする解の数, すなわち, 各素数 ℓ に対して有限集合 $E(\mathbf{Z}/\ell\mathbf{Z})$ の大きさから得られるデータによってつくられる $\mathbf{C}$ のすべての複素数 s についての解析関数である. *Elliptic Tales* の主要な話題は, バーチ–スイナートン・ダイアー予想であった. これは,「いかに多くの」解が $E(\mathbf{Q})$ の中にあるかということが, エル関数 $L(E, s)$ の性質と一定の方法で関連づけられる, ということを主張するものである.

モジュラー予想とは, $\mathbf{Q}$ 上任意の楕円曲線 E が与えられたとき, $L(E, s) = L(f, s)$ をみたす重み 2 の新形式 f が存在する, というものである. (f のレベルは E のある性質から予測される.) この予想は, 前節で引用したワイルズとテイラー–ワイルズの仕事により打破され, その証明はブルーイユ (Breuil), コンラッド (Conrad), ダイアモンド (Diamond), そしてテイラーによって完成した. 多分この予想の証明は究極的にその副産物, FLT (フェルマーの最終定理) の証明よりももっと深い意味がある. しかしながら, FLT のような有名な問題は, 我々がどの程度数論を理解しているかということを測る指標として役に立つ.

モジュラー予想は, バーチ–スイナートン・ダイアー予想を述べる前に前提

としなければならない．このことは，後者の予想が点 $s=1$ のまわりにおける $L(E,s)$ の挙動を必然的に伴うからである．しかしながら，$L(E,s)$ の単なる定義から，s の実部が 2 より大きいときにのみ，それは解析関数として定義される．$L(E,s)$ が全複素平面上で解析関数に拡張されることを証明するための唯一つの方法は，ある新形式 f に対して $L(E,s)=L(f,s)$ であることを証明することである．そのとき，前章で見たように，ヘッケはすでに，$L(f,s)$ が全複素平面上の解析関数に拡張できることを証明していた．

一度モジュラー予想が真であることが分かれば，楕円曲線 E から得られる新形式 f に関するあらゆる種類の興味ある問題を考えることができ，このような問題は，重み 2 とは異なる重みをもつ f についての新しい問題を考えるためのアイデアを提供するだろう．

3. ムーンシャイン

本節では，少し数論の外側に位置している例を考えよう．有限群の理論には，「単純群」という概念がある．これらの群は必然的に非常に単純であるというわけではない．この術語は，素数がすべての整数の建築用ブロックであり，そしてすべての分子は元素からつくられているのと同様に，単純群がすべての有限群の建築用ブロックであるという事実に起因している．有限単純群はすべて発見され，一覧表がつくられている．これは 20 世紀の数学者たちの大きな業績の一つである．有限単純群は無限にあるが，それらはさまざまな無限の族として列挙することができ，加えてその族のどれにも収まらない 26 個の群がある．これら 26 個の「散在型」の群の最大のものであり，そして最後に発見された単純群は「モンスター群」と名づけられ，文字 M によって表される．それは，1982 年にロバート・グリース (Robert Griess) によって存在することが証明された．これらすべてに関する良書はロナン (Ronan, 2006) である．

以上の考察を心に留めておこう．一方で，我々は $j(z)$ を考察する．これはこの 2〜3 世紀の間に知られてきたレベル 1 で重み 0 の弱モジュラー形式である．(**弱モジュラー形式**は，その q 展開が有限個の q の負のベキをもつ以外はモジュラー形式と同じものである．) モジュラー形式の定義から分かるよう

に，レベル 1 で重み 0 のモジュラー形式はモジュラー群によって不変である上半平面 H 上の解析関数である．すなわち，上半平面 H 上のすべての複素数 z と $\mathrm{SL}_2(\mathbf{Z})$ のすべての行列 γ に対して次が成り立つ．

$$j(\gamma(z)) = j(z).$$

これらの性質をもつ零でない任意の関数の q 展開は，負の指数をもたなければならない．ある意味で，j はこれらのすべての関数の零でないもっとも単純な例である．なぜなら，その q 展開は q^{-1} から始まるからである——それは他のどんな負の指数も含まないからである．実際，$j(z)$ は次のような q 展開をもつ．

$$j(z) = q^{-1} + 744 + 196884q + 21493760q^2 + \cdots.$$

より高い重みをもつモジュラー形式から次のようにして j を構成することができる．

$$j = \frac{E_4^3}{\Delta}.$$

E が楕円曲線 $\mathbf{C}/(\mathbf{Z}+z\mathbf{Z})$ ならば，$j(z)$ は E に付随した重要な数であり，それは j 不変量と呼ばれる．それがなぜ 19 世紀にさかのぼり，楕円関数研究の一部分として発見されたかという理由である．

そこで，これらのことを互いにどう扱わなければならないのか？ 1970 年代後半に，ジョン・マッケイ (John McKay) は，$j(z)$ の q 展開の係数はモンスター群 M の性質に密接に関係していることに注目した．M の存在することが証明されていなかったにもかかわらず，(それが存在するものと仮定して) その性質の多くが知られていた．

正確を期すために，このような関連する性質を説明することができる．一般には，任意の群を調べるためにその「表現」を考察する．これらはその群からある行列の群への準同型写像[3] である．たとえば，ガロア表現を理解しようとして $\mathbf{Q}$ の絶対ガロア群を調べる．ある群のすべての表現は建造ブロックからつくられる (多数の建造ブロック！)，これは**既約表現**と呼ばれる．一つの群があれば，その既約表現のリストを作成し，それらの次元を調べるこ

---

[3] G と H が群であるとき，G から H への準同型写像は次の性質をもつ関数 $f: G \to H$ のことである．すなわち，G のすべての要素 g_1 と g_2 に対して $f(g_1 g_2) = f(g_1)f(g_2)$ が成り立つ．

とができる．準同型写像

$$f : G \longrightarrow \mathrm{GL}_n(\mathbf{C})$$

が群 G の表現ならば，その次元は n である．

たとえば，すべての群は自明な表現 $f : G \to \mathrm{GL}_1(\mathbf{C})$ をもつ．これは G のすべての要素を行列 [1] に移す．自明な表現は既約であり，次元 1 をもつ．

モンスター群 M の既約表現は次元

$$d_1 = 1, \; d_2 = 196883, \; d_3 = 21296876, \ldots, d_m, \ldots$$

である．マッケイが注目したことは，これらの数と弱モンスター形式 j の q 展開における係数の間の不思議な結びつきであった．前ページの q 展開で定数項 744 を跳びこして，ほかの係数を見なければならない．q^{-1} の係数は $1 = d_1$，q の係数は $d_1 + d_2$，そして q^2 の係数は $d_1 + d_2 + d_3$ である．ほかの係数に対する同様な公式が d_m によって成り立つ——その係数はつねに 1 であるというわけではないが．しかし，それらは（d_m は）小さい正の整数に向かう．

j 関数とモンスター群の間のこの不思議でかつ予期しない関係はジョン・コンウェイ (John Conway) とサイモン・ノートン (Simon Norton) によってモンスター・ムーンシャインと呼ばれた．ほかの重み 0 のモジュラー形式の係数と，ほかの有限群の間に類似の関係が発見された．これらの関係の研究は，物理学やほかの数学の分野からのアイデアを用いている．多くの数学者の研究に従って，1992 年にモンスター・ムーンシャインの完全な解説がリチャード・ボーチャーズ (Richard Borcherds) によって与えられ，彼はこの業績が理由の一つとなり，フィールズ賞を受賞した．

4. より大きな群（佐藤-テイト）

読者は，我々がモジュラー形式の理論の中でたくさん 2 行 2 列の行列を用いたことに気づいただろう．モジュラー群はある 2 行 2 列の行列から構成され，モジュラー形式に付随しているそのガロア表現は 2 行 2 列の行列に値をとる．大きな行列についてはどうだろうか？

数世代の間に，数学者たちは，2 行 2 列の行列のつくる群とは異なるほか

4. より大きな群（佐藤–テイト） 233

の種類の群と同様に，モジュラー形式の理論を大きなサイズの行列のつくる群へ一般化してきた．1 行 1 列の行列さえ画一的な描像を創るために持ち込まれた．これは「保型形式の理論」と呼ばれている．本書はこの研究を記述する場ではないが，しかし，これは近年における数論のもっとも生気ある分野の一つであり続けている，と言えば十分であろう．

読者が 2 行 2 列の行列にのみ興味をもったとしても，より一般的な理論を学び，その結果を 2 行 2 列の行列理論に適用することを通して，なお多くのことが得られることが分かるだろう．このような例として，佐藤–テイト予想の証明にふれておこう．これは本質的な方法で，大きな行列群の上での保型形式の理論を用いている．この証明は 2006 年にクローゼル (Clozel)，ハリス (Harris)，シェパード–バロン (Shepherd-Barron) そしてテイラーによって発表された．通例のように，この偉大な仕事はあらゆる種類の一般化，推測的な命題や証明された命題の両方を生み出した．保型形式の全領域は，いまや数論における問題の成熟した深い源泉であり，証明のための道具である．

それでは佐藤–テイト予想とは何か？ E を $\mathbf{Q}$ 上の楕円曲線とする．E は整数係数の方程式によって定義されるので，その係数を任意の素数 ℓ を法として還元することができ，ℓ を法とする解の集合を考えることができる．[これをどのようにするか少し注意深く考えなければならない．そして，計算のなかに ∞ を含める必要がある．これらの問題を *Elliptic Tales*（アッシュ–グロス）で議論した．]

N_ℓ をこれらの解の個数，すなわち，$E(\mathbf{Z}/\ell\mathbf{Z})$ の個数とする．N_ℓ はかなり $1+\ell$ に近く，それらの差を a_ℓ と表す．すなわち，

$$a_\ell = 1 + \ell - N_\ell.$$

はるか昔にハッセ (Hasse) は，絶対値 $|a_\ell|$ が，これはもちろん非負の整数である，つねに $2\sqrt{\ell}$ より小さいことを証明した．問題は次のようである．a_ℓ は ℓ とともにどのように変化するのか？ 当然，$\ell \to \infty$ のとき，$|a_\ell|$ はどんどん大きくなる可能性がある．事態を有限の考えている場に収めるためには，次の量を考えることによって正規化する．

$$\frac{a_\ell}{2\sqrt{\ell}}.$$

これはつねに -1 と 1 の間にある．いま，0 と π ラジアンの間にある角の余弦は -1 と 1 の間にあるので，伝統的に以下の公式によって θ_ℓ を定義する．

$$\cos\theta_\ell = \frac{a_\ell}{2\sqrt{\ell}}, \quad 0 \leq \theta_\ell \leq \pi.$$

すると，我々の問題は次のようになる： 固定された楕円曲線 E に対して，ℓ とともに θ_ℓ はどのように変化するか？

二種類の楕円曲線，CM 曲線と非 CM 曲線があり[4]，我々の問題に対する予想された解答は，どちらの種類の楕円曲線 E を選ぶかに依存する．E を非 CM 曲線であるとしよう．上半平面に半円を描き，その上に角 $\theta_2, \theta_3, \theta_5, \theta_7, \ldots$ をもつ点を表示する．（コンピューターにこれをさせるためのプログラムを書くことは実際それほど難しくはない．）これらの点はかなりランダムなパターンで散在しているように見えるが，それらの多くを表示した後に，それらが両端よりも中央において濃くなっているような形で，半円を埋めつくしていくように見えることが分かるだろう．$\ell \to \infty$ のとき，これらの点の正確な分布は佐藤とテイトによって（独立に）予想されていた．彼らの予想は，θ_ℓ によって定義される確率分布が $\sin^2\theta\, d\theta$ であるということによって正確に定式化されている．

これが意味することは半円上の円弧を選び，たとえば，$\phi_1 < \theta < \phi_2$ とする．そして，その半円上にある点の次のような分数[5]を計算すれば

$$f_L = \frac{\#\{\ell < L \mid \phi_1 < \theta_\ell < \phi_2\}}{\#\{\ell < L\}},$$

その答えは（大きな L に対して）次の値に非常に近くなるだろう．

$$c = \frac{2}{\pi}\int_{\phi_1}^{\phi_2} \sin^2\theta\, d\theta.$$

これらの二つの値は $L \to \infty$ のとき，極限において等しくなるだろう（すなわち，$L \to \infty$ のとき，f_L の極限は存在し，c に等しくなる）．[6]

---

[4] ここで，どちらがどちらであるということは問題ではない．しかし，任意の個別の楕円曲線の種類を判別することは通常かなり簡単なことなので安心せよ．

[5] もちろん，**すべての**素数 ℓ に対する点を図に記入すれば，任意の円弧において無限に多くの点を得るだろう．その代わりに，ある大きな数 L よりも小さいすべての ℓ に限定し，それから L を無限に大きくしよう．

[6] 積分 $\int_0^\pi \sin^2\theta\, d\theta$ を計算し，$\pi/2$ になることを確かめて，これが意味をもつことを検証せよ．

この予想は現在一つの定理である．たとえば，$\pi/2$のまわりの非常に小さい円弧をとれば，$\sin\theta$はおよそ1であり，これはあり得るものとほぼ同じ大きさである．ゆえに，それらの点はこの円弧の中央でもっとも厚く集中している．

5. 後記

和は実行された．
——ユリシーズ

我々は$2+2=4$から長い道のりをやってきた（我々はもう少しで$2+2=5$と書くところだった）．数学，そして特に数論は，現代の哲学者がその堅牢さの中にあらを探したとしても堅実な人間の知識の模範である．いまだ誰も数論において矛盾を見出したものはない．（もちろん，だれかが矛盾であるように見えることを発見したとき，数論家はその推論のなかにある間違いを見つけるまで熱心に研究する．数論家はそのあと新しい誤りを見つけようと固執することはない．）

数論家が面白いと思った問題の分野はその理論とともに発展する．よく理解されている構造的な理由のために非常に難しい問題は，たとえばある整数を大きな**奇数個**の平方数の和として表す方法の個数に対する良い公式を書き下すことは，最先端の研究から後退しがちである．その解が新しい構造を露呈している問題は好まれ，しばしばそれらの構造は好奇心の中心的な対象となり，それら自身を研究することになる．たとえば，佐藤–テイト予想は素数を法とする3次方程式の解の個数に関するかなりみごとな詳細を精査している．佐藤とテイトは，誰かが最初に上界$|a_\ell| < 2\sqrt{\ell}$を発見しなかったならば，それを予想さえしなかっただろう．

この間に，保型表現の理論は，佐藤–テイト予想を証明するために用いられて，それ自身数論においてすでに主要な分野になっていた．保型表現の理論が佐藤–テイト予想を証明するために用いられたという事実は，保型表現の理論がいかに強力であるかということのしるしである．問題は理論を誘発し，理論は新しい問題を提供し，そして予想はその方針に沿った道しるべを提供する．我々はますます難しい問題を問い続け，それらの解は，一種の無

知に対する戦いにおいて我々の進歩を測ることができる．アンドレ・ヴェイユがそれを表現したように（ヴェイユ (Weil, 1962), 序文）：「つねに退却する敵に対するこの無血の戦い，それを遂行できることは幸運である．」

参考文献

Ash, Avner, and Robert Gross. *Elliptic Tales: Curves, Counting, and Number Theory*, Princeton University Press, Princeton, NJ, 2012.

———. *Fearless Symmetry: Exposing the Hidden Patterns of Numbers*, Princeton University Press, Princeton, NJ, 2006. With a foreword by Barry Mazur.

Bell, E. T. *Men of Mathematics*, Simon and Schuster, New York, 1965.

Boklan, Kent D., and Noam Elkies. *Every Multiple of 4 Except* 212, 364, 420, *and* 428 *is the Sum of Seven Cubes*, February, 2009, http://arxiv.org/pdf/0903.4503v1.pdf.

Buzzard, Kevin. *Notes on Modular Forms of Half-Integral Weight*, 2013, http://www2.imperial.ac.uk/~buzzard/maths/research/notes/modular_forms_of_half_integral_weight.pdf.

Calinger, Ronald. *Classics of Mathematics*, Pearson Education, Inc., New York, NY, 1995. Reprint of the 1982 edition.

Cornell, Gary, Joseph H. Silverman, and Glenn Stevens. *Modular Forms and Fermat's Last Theorem*, Springer-Verlag, New York, 1997. Papers from the Instructional Conference on Number Theory and Arithmetic Geometry held at Boston University, Boston, MA, August 9–18, 1995.

Davenport, H. *The Higher Arithmetic: An Introduction to the Theory of Numbers*, 8th ed., Cambridge University Press, Cambridge, 2008. With editing and additional material by James H. Davenport.

Downey, Lawrence, Boon W. Ong, and James A. Sellers. "Beyond the Basel Problem: Sums of Reciprocals of Figurate Numbers," *Coll. Math. J.*, 2008, **39**, no. 5, 391–394, available at http://www.personal.psu.edu/jxs23/downey_ong_sellers_cmj_preprint.pdf.

Guy, Richard K. "The Strong Law of Small Numbers," *Amer. Math.*

Monthly, 1988, **95**, no. 8, 697–712.

Hardy, G. H. *Ramanujan: Twelve Lectures on Subjects Suggested by His Life and Work*, Chelsea Publishing Company, New York, 1959.

Hardy, G. H., and E. M. Wright. *An Introduction to the Theory of Numbers*, 6th ed., Oxford University Press, Oxford, 2008. Revised by D. R. Heath-Brown and J. H. Silverman, with a foreword by Andrew Wiles.

Khare, Chandrashekhar, and Jean-Pierre Wintenberger. "Serre's Modularity Conjecture. I," *Invent. Math.*, 2009a, **178**, no. 3, 485–504.

——. "Serre's Modularity Conjecture. II," *Invent. Math.*, 2009b, **178**, no. 3, 505–586.

Klein, Jacob. *Greek Mathematical Thought and the Origin of Algebra*, Dover Publications, Inc., New York, 1992. Translated from the German and with notes by Eva Brann; reprint of the 1968 English translation.

Koblitz, Neal. *p-adic Numbers, p-adic Analysis, and Zeta-Functions*, 2nd ed., Graduate Texts in Mathematics, Vol. 58, Springer-Verlag, New York, 1984.

Mahler, K. "On the Fractional Parts of the Powers of a Rational Number II," *Mathematika*, 1957, **4**, 122–124.

Maor, Eli. *e: The Story of a Number*, Princeton University Press, Princeton, NJ, 2009.

Mazur, Barry. *Imagining Numbers: Particularly the Square Root of Minus Fifteen*, Farrar, Straus and Giroux, New York, 2003.

Nahin, Paul J. *Dr. Euler's Fabulous Formula: Cures Many Mathematical Ills*, Princeton University Press, Princeton, NJ, 2011.

Ono, Ken. 2015, http://www.mathcs.emory.edu/~ono/.

Pólya, George. *Mathematical Discovery: On Understanding, Learning, and Teaching Problem Solving*, John Wiley & Sons Inc., New York, 1981. Reprint in one volume, foreword by Peter Hilton, bibliography by Gerald Alexanderson, index by Jean Pedersen.

Ribet, Kenneth A., and William A. Stein. *Lectures on Modular Forms and Hecke Operators*, 2011, http://wstein.org/books/ribet-stein/main.pdf.

Ronan, Mark. *Symmetry and the Monster: One of the Greatest Quests of Mathematics*, Oxford University Press, Oxford, 2006.

Series, Caroline. "The Modular Surface and Continued Fractions," *J. London Math. Soc. (2)*, 1985, **31**, no. 1, 69–80.

Titchmarsh, E. C. *The Theory of the Riemann Zeta-function*, 2nd ed., The Clarendon Press, Oxford University Press, New York, 1986. Edited and with a preface by D. R. Heath-Brown.

Weil, André. *Foundations of Algebraic Geometry*, American Mathematical Society, Providence, RI, 1962.

Williams, G. T. "A New Method of Evaluating $\zeta(2n)$," *Amer. Math. Monthly*, 1953, **60**, 19–25.

記号表，参考文献，訳者あとがき

1. 記号表

$a|b$：b は a で割り切れる

$d = (a,b)$：d は a と b の最大公約数

$a \equiv b \pmod{n}$：a と b は n を法として合同

$m \not\equiv 0 \pmod{p}$：m と 0 は p を法として合同でない

$\left(\frac{a}{p}\right)$：平方剰余記号

$\mathbf{Z}[i]$：ガウスの整数環

$g(k)$：すべての正の整数が N 個の非負の k 乗ベキの和であるという性質をみたす最小の正の整数 N

$G(k)$：すべての十分大きな整数が N 個の非負の k 乗ベキの和であるという性質をみたす最小の正の整数 N

$S_k = 1^k + 2^k + \cdots + n^k$

$\binom{n}{k} = \frac{n!}{k!(n-k)!}$：二項係数

$B_k(x)$：ベルヌーイ多項式

B_n：第 n ベルヌーイ数

$a \approx b$：a は b に近似している

$f^{(m)}(x)$：$f(x)$ の m 次導関数

$|z|$：複素数 z のノルム（絶対値）

$arg(z)$：複素数 z の偏角

$f'(z_0)$：複素微分係数

$\Delta^0 = \{w \in \mathbf{C} \mid 0 \leq |w| < 1\}$：単位開円板

$f^{(n)}(z)$：n 次複素導関数

$\Gamma, \Gamma(z)$：ガンマ関数

$\zeta(s)$：リーマンのゼータ関数

H：上半平面

e^z：複素指数関数

$q = e^{2\pi i z}$

$\Delta^* = \{w \in \mathbf{C} \mid 0 < |w| < 1\}$：穴あき単位開円板

$P(4,n)$：n 次四角数

$L(s)$：ディリクレ級数

$p(n)$：分割数

$p_{\mathrm{odd}}(n)$：n の奇数部分への分割の個数

$c(n)$：n の等しくない部分への分割の個数

$r_k(n)$：n を k 個の平方数の和として表す方法の個数

$d_1(n)$：n を 4 で割ったときの余りが 1 になる n の正の約数の個数

$d_3(n)$：n を 4 で割ったときの余りが 3 になる n の正の約数の個数

$\delta(n) = d_1(n) - d_3(n)$

$a(n)$：n が素数のとき 1 で，そうでないとき 0 とする記号

$\pi(N)$：1 から N までの間のすべての素数の個数

$b(n)$：n が素数のベキであるとき 1 で，そうでないとき 0 とする記号

$\Lambda(n)$：n が素数のベキでないとき $\Lambda(n) = 0$ で，$n = p^m$（p は素数）のとき，$\Lambda(n) = \log p$ とする記号

$V = \{z = x + iy \in H \mid -1/2 < x \leq 1/2\}$：垂直帯

$M_2(\mathbf{R})$：実数を成分とする 2 行 2 列の行列

$M_2(\mathbf{C})$：複素数を成分とする 2 行 2 列の行列

I：2 次の中立要素（2 次の単位行列）

$\det K$：行列 K の行列式

$\mathrm{GL}_2(\mathbf{R})$：実数を成分とする一般線形群

$\mathrm{GL}_2(\mathbf{Z}) = \{K \in M_2(\mathbf{Z}) \mid \det K = \pm 1\}$

G：双曲的非ユークリッド平面の運動群

$\iota(z) = -1/z$

G^0：非ユークリッド平面の折り返しでないすべての運動のつくる群

$\mathrm{GL}_2^+(\mathbf{R}) = \{K \in M_2(\mathbf{R}) \mid \det K > 0\}$

$\mathrm{SL}_2(\mathbf{Z}) = \{K \in M_2(\mathbf{Z}) \mid \det K = 1\}$

$T(z) = z + 1, \ S(z) = -1/z$

Ω：標準的基本領域

重み k のモジュラー形式 f の変換特性：$f(\gamma(z)) = (cz+d)^k f(z)$

M_k：重み k のすべてのモジュラー形式の集合

S_k：重み k のすべてのカスプ形式の集合

$\dim(V) = d$：ベクトル空間 V の次元が d

$G_k(z)$：重み k のアイゼンシュタイン級数

$\sigma_m(n) = \sum_{d|n} d^m$

B_k：k 次のベルヌーイ数

$E_k(z) = G_k(z)/2\zeta(k)$

Δ：楕円曲線の判別式

$\tau(n)$：ラマヌジャンのタウ関数

$\overline{\Omega}$：Ω の閉包

ρ：1 の 6 乗根

$m_k = \dim M_k$

$s_k = \dim S_k$

$\Gamma(N) = \{\gamma \in \mathrm{SL}_2(\mathbf{Z}) \mid \gamma \equiv I \pmod{N}\}$

$F(q) = \sum_{n=1}^{\infty} p(n)q^n$
$\quad = \prod_{i=1}^{\infty} 1/(1-q^i)$

$f(n) \sim g(n) \Leftrightarrow$
$\quad \lim_{n\to\infty} f(n)/g(n) = 1$

$\eta(q)$：デデキントのエータ関数

$\theta(q)$：ヤコビのテータ関数

$r_t(n)$：n を t 個の平方数の和として表す方法の個数

$r_2(n) = 4(d_1(n) - d_3(n))$
$\quad = 4\delta(n)$

$M_{12}(\Gamma)$：合同群 Γ に対する重み 12 のすべてのモジュラー形式のつくるベクトル空間

E_{12}^*：重み 12 のアイゼンシュタイン級数

$S_k(\Gamma_1(N))$：レベル N で重み k のカスプ形式のつくるベクトル空間

$S_k(\Gamma_1(N))^{odd}$：旧型式のつくる $S_k(\Gamma_1(N))$ の部分空間

$L(f,s)$：エル関数

$\overline{\mathbf{Q}}$：すべての代数的数の集合

$G_{\mathbf{Q}}$：$\mathbf{Q}$ の絶対ガロア群

Frob_ℓ：ℓ におけるフロベニウス要素

χ：カイ関数

$E(R)$：楕円関数 E の解の集合

$L(E,s)$：楕円関数 E のエル関数

$j(z)$：楕円曲線の j 不変量

M：モンスター群

$N_\ell = E(\mathbf{Z}/\ell\mathbf{Z})$ の個数

$a_\ell = 1 + \ell - N_\ell$

2. 参考文献

そのI

1. 土井公二, 三宅敏恒:『保型形式と整数論』, 紀伊国屋書店 (1976)
2. 原田耕一郎:『モンスター:群のひろがり』, 岩波書店 (1999)
3. ハーディ, G. H., ライト, E. M.:『数論入門 I』, 示野信一, 矢神毅 訳, 丸善出版 (2012)
4. 藤崎源二郎, 森田康夫, 山本芳彦:『数論への出発』, 日本評論社 (2004)
5. マーカス・デュ・ソートイ:『素数の音楽』, 冨永 星 訳, 新潮社 (2005)
6. 黒川信重, 栗原将人, 斎藤毅:『数論 II (岩澤理論と保型形式)』, 岩波書店 (2005)
7. 寺田至, 原田耕一郎:『群論』, 岩波書店 (2006)
8. セール, J. P:『数論講義』, 彌永健一 訳, 岩波書店 (1979)
9. ハーディ, G. H., ライト, E. M.:『数論入門 II』, 示野信一, 矢神毅 訳, 丸善出版 (2012)
10. 『数学のたのしみ 2008 年最終号』, 特集「佐藤–テイト予想の解決と展望」, 日本評論社 (2008)
11. 黒川信重:『絶対数学の世界:リーマン予想・ラングランズ予想・佐藤予想』, 青土社 (2017)
12. 志賀弘典:『保型関数:古典理論とその現代的応用』, 共立出版 (2017)
13. 伊吹山知義:『保型形式特論』, 共立出版 (2018)

そのII

1. ポリア, G.:『数学の問題の発見的解き方』, 柴垣和三雄, 金山靖夫 訳, みすず書房 (2017)
2. ベル, E. T.:『数学をつくった人びと 上』, 田中勇, 銀林浩 訳, 東京図書 (1997)
3. ルイス・キャロル:『鏡の国のアリス』, 矢川澄子 訳, 新潮文庫 (1994)
4. ジョージ・オーウェル:『一九八四年』, 高橋和久 訳, 早川書房 (2009)
5. アーサー・コナン・ドイル:「最後の事件」,『回想のシャーロック・ホ

ムズ』収録,深町眞理子 訳,創元推理文庫 (2010)
6. ジェイムズ・ジョイス:『ユリシーズ』,丸谷才一,氷川玲二,高松雄一 訳,集英社文庫 (2003)
7. ウィリアム・シェイクスピア:『ロミオとジューリエット』,平井正穂 訳,岩波文庫 (1996)
8. チャーチル,W.:『わが半生』,中村祐吉 訳,中央公論新社 (2014)
9. ハーディ,G. H.:『ラマヌジャン』,高瀬幸一 訳,丸善出版 (2016)
10. ロナン,M.:『シンメトリーとモンスター:数学の美を求めて』,宮本雅彦,宮本恭子 訳,岩波書店 (2008)
11. メイザー,B.:『黄色いチューリップの数式:ルート -15 をイメージすると』,水谷淳 訳,角川書店 (2004)
12. マオール,E.:『不思議な数 e の物語』,伊理由美 訳,ちくま学芸文庫 (2019)

3. 訳者あとがき

　本書は Avner Ash 氏と Robert Gross 氏の共著 Summing It Up — From one plus one to modern number theory (2016) の日本語訳である.本書を訳すきっかけとなったのは,共立出版のほうから本書を翻訳してはどうかという話があった.私の専門は数論ではないので躊躇していたのだが,少し読んでみると読者をひきつけるような努力もなされていて,最後の第 17 章などは現在の数論の話題なども面白いと感じた.それで数論については門外漢であるが,引き受けるということになった次第である.

　本書は一般向けに書かれたアッシューグロス両氏共著の三冊目の本にあたる.一冊目は 2006 年に *Fearless Symmetry*,二冊目は 2012 年に *Elliptic Tales* が出版された.最初の本はフェルマーの最終定理のような不定方程式における問題を扱い,後者の本はバーチースイナートン・ダイアー予想のような楕円曲線に関連した問題を議論している.いずれの場合にもその議論においてモジュラー形式が用いられているのであるが,いずれの本においてもモジュラー形式を十分に説明できなかったようである.モジュラー形式は数論において非常に重要な概念であり,現在も活発に研究され発展し続けている.著

者達はそれをテーマに一般読者向けにそれがどのようなものかを解説したいと本書を著したということである．

したがって，本書のテーマは一般読者向けのモジュラー形式への誘いである．序論において，いくつかの興味ある和に関する問が提起される．本書の中心思想である「平方の和の問題」がこの中にある．すなわち，どんな数が二つの平方数の和として表されるか？ この問題は 17 世紀にフェルマーが提起し，公開した．彼は数学者メルセンヌへの手紙の中で，証明なしにその問題を解答したことを公表した．しかしその後，最初に出版されたその証明はオイラーによるものである．この話はどの初等整数論の本にでも出てくる有名な事実である．この種の問題は 3 個の平方数の和，4 個の平方数の和の問題へ発展し，さらに立法数，すなわち 3 乗ベキ，4 乗ベキの和に関する問題へと発展した．

以上述べた「平方の和の問題」が本書の縦糸となって，モジュラー形式の理論につながっている．本書は三つの部分に分かれていて，第 I 部「有限和」では高校程度の代数と幾何を想定している．ここではフェルマーの提起した問題の解答を，いわゆる降下法と呼ばれる方法で考察している．また，ラグランジュにより発見された 4 平方定理——すべての正の数は 4 個の平方数の和である——が調べられている．

第 II 部「無限和」では大学初年度の標準的な微積分学を必要とする．有限の和ではなく，無限の和，すなわち無限級数が導入され，無限小数などの例が考察される．次に，複素数を変数とする複素関数の微分などが，実数関数の微分と同様にできること，そして複素数の指数関数，ベキ級数，さらに解析接続などが説明される．ここでゼータ関数 $\zeta(z)$ とベルヌーイ数 B_k の間の不思議な関係を表す式について述べられている．

$$\zeta(2k) = (-1)^{k+1} \pi^{2k} 2^{2k-1} B_{2k}/(2k)!$$

ある数列から，それらに対応する母関数という概念を用いると非常に役に立つことが分かる．例として分割数 $p(n)$ の母関数の例などが説明される．

「平方の和の問題」，すなわち「正の整数 n は二つの平方数の和になるだろうか？」という問題から，「n は何通りの方法で二つの平方数の和になるだろうか？」という問題に見方を変えると実り豊かな問題になることが説明され

ている．そこでいま，$r_k(n)$ を n を k 個の平方数の和として表す方法の個数として，その母関数を

$$F_k(x) = r_k(0) + r_k(1)x + r_k(2)x^2 + \cdots$$

とする．このとき，$F_2(x)$ と楕円関数の間に密接な関係があることが指摘される．

第 III 部「モジュラー形式とその応用」では，第 I 部と第 II 部で準備してきた概念や記号，そして動機付けをもとにモジュラー形式の定義とその応用が述べられる．

ここでは双曲的非ユークリッド平面，そしてその運動群が背景になる．はじめに保型形式が定義されるが，親切にもなぜ保型形式と呼ばれるかという理由が丁寧に説明されている．そしてモジュラー群に対する保型形式を扱うときは，伝統的に保型形式の代わりにモジュラー形式という術語が用いられる．重み k のモジュラー形式とは，(1) 変換特性，(2) 増大特性をみたす上半平面 H から複素数平面 $\mathbf{C}$ への解析関数（正則関数）のことである．例として，重み k のアイゼンシュタイン級数 $G_k(z)$ や楕円曲線の判別式 Δ などがある．

本書の初めのほうで提起された問題を解くために，どのようにモジュラー形式を用いるかという例が考察される．分割数 $p(x)$ の母関数

$$F(q) = \sum_{n=1}^{\infty} p(n)q^n = \prod_{i=1}^{\infty} \frac{1}{1-q^i}, \quad q = e^{2\pi i z}$$

はさまざまなモジュラー形式に関係している．ヤコビは驚くべき公式 $\Delta = q\prod_{i=1}^{\infty}(1-q^i)^{24}$ を証明した．これより楕円曲線の判別式 Δ との間に $(q/\Delta)^{1/24} = F(q)$ という等式が得られる．また，デデキントはエータ関数 $\eta(q)$ を定義した．すると，$q^{1/24}/F(q) = \eta(q)$ という関係が成り立つ．「平方数の和の問題」にもどって，ヤコビに遡るテータ関数 $\theta(q) = \sum_{m=-\infty}^{\infty} q^{m^2}$ を考える．すると，$\theta^t(q) = \sum_{n=0}^{\infty} r_t(n)q^n$ が得られ，これは重み $t/2$ でレベル 4 のモジュラー形式である．これよりモジュラー形式の q 展開の係数によって表された $r_t(n)$ に対する公式が得られる．この例として最初にラマヌジャンによって考察された 24 個の平方数の和に対する場合を考察している．ま

た具体例として $r_{24}(6)$ の例を丁寧に調べている．第 16 章ではモジュラー形式の特別な種類であるヘッケ作用素，ヘッケ固有形式，そして，新形式を定義して，エル関数 L を定義している．

最後の 17 章は，モジュラー形式がその他のどのような問題と関連しているか，ということが述べられている．

有理数体 $\mathbf{Q}$ の絶対ガロア群 $G_\mathbf{Q}$ は莫大な量の情報を含んでいる．これを取り出す一つの方法はガロア表現 $\rho: G_\mathbf{Q} \to GL_n(K)$ を見つけることである．アイヒラーやドリーニュ，セールなどが，任意の新形式はそれぞれの重みに対して，あるガロア表現に結びついていることを証明した．このようなときガロア表現とモジュラー形式の理論との間に相互法則があるという．この相互法則はフェルマーの最終定理の証明において，決定的に重要な役割を果たした．その後，2007 年にカーレとヴァンテンベルジェはその逆（セール予想）を証明した．2 次元のガロア表現とモジュラー形式の間のこの緊密な関係の発見と証明は，前世紀の後半における数論の栄光の一つであると言われている．次に，楕円曲線に移り，バーチ–スイナートン・ダイアー予想とモジュラー予想についての説明がある．

さらに，レベル 1 で重み 0 の弱モジュラー形式 $j(z)$ が考察される．$E = \mathbf{C}/(\mathbf{Z} + z\mathbf{Z})$ が楕円曲線ならば，$j(z)$ は E に付随した重要な量であり，楕円曲線の j 不変量と呼ばれる．$j(z)$ の q 展開の係数とモンスター群 M の性質の間にある関係はムーンシャインと呼ばれている．

モジュラー形式の理論はより大きなサイズの行列に対して一般化され，保型形式の理論に発展した．これは近年におけるもっとも生気ある分野の一つである．そのような例として佐藤–テイト予想があった．この予想は本質的な方法で，大きな行列群の上での保型形式の理論を用いて，クローゼル，ハリス，シェパード–バロン，そしてテイラーによって，2006 年に肯定的に解決された．

著者達の引用文献で邦訳されているものを 244 ページの参考文献その II に挙げている．また，インターネット上で手に入る PDF として，京都大学大学院理学研究科数学教室の伊藤哲史氏による

1) 「佐藤–テイト予想の解決と展望」

2) 「楕円曲線の数論幾何」

などが参考になると思います．

　英語の翻訳にあたり福原敏勝氏にご教示いただき，有難うございました．また，原稿を読んでミスプリなどの指摘をしてくれた弟の新妻晃に紙面を借りてお礼を申し上げます．そして，息子の雅弘には，本書のいくつかの点について議論をし，啓発されるところがありました．最後に，共立出版の大越隆道氏と吉村修司氏には出版に際してお世話になりました．有難うございました．

2019 年 5 月
新妻 弘

索　引

【あ行】

アイゼンシュタイン級数　172, 175, 204
アイヒラー　227

一般五角数　199
一般線形群　146
入れ子の和　65

ヴィノグラードフ　47
ウィルソンの定理　20
ウェアリング　43
ヴェイユ　236

エータ関数　198
FLT　229

オイラー　28, 34, 199
オイラー積　128
Ono, Ken　209
重みkのモジュラー形式　161
折り返し　144

【か行】

開集合　86
解析関数　87, 160
解析接続　98
外挿法　110
ガウス　50, 57
ガウスの整数　202
ガウスの整数環　24
鏡の国のアリス　50, 206

カスプ　159
カスプ形式　165, 166, 190, 212
カリンガー　57
ガロア表現　206, 225
環　225
関数方程式　162
完備公理　90
簡約律　19

幾何学　137
幾何級数　79
基底　170
帰納法　50
基本領域　136
既約表現　231
逆理　80
九去法　48
旧形式　219
q展開　165
行列式　146
極座標　86
距離　149

クライン　141, 143, 148
群　141
群の演算　142

形式　154
計量　137
原始形式　211
原論　137

252 索 引

交換可能　142
合成　142
合成関数　95
合同　19
合同群　189
合同部分群　158
コーシー　54
誤差項　208
コナン・ドイル　82
固有基底　216
固有値　215
固有ベクトル　215
コンパクト　184

【さ行】

最大公約数　16
佐藤–テイト予想　233
作用　136
作用素　213
散在型単純群　230
算術的定義　206
算術の基本的定理　18

j 不変量　231
次元　55
始集合　154
自然対数　92
志村　227
シャーロック・ホームズ　83
射影幾何学　145
弱モジュラー形式　230
終集合　154
収束　81
収束円板　94
主要項　208
消去律　19

乗法因子　193, 199
乗法的　146, 223
新形式　211
伸張　149

数学的帰納法　50
スカラー倍　168

正規化　212
正規新形式　211
正規ヘッケ固有形式　217
ζ 関数　100, 177
セール　227, 228
積　142
絶対ガロア群　228
絶対収束　112
ゼノン　80
漸近公式　196
線形代数　168
線形独立　171
線分　140

素因数分解の一意性　18
双曲幾何学　152
双曲平面　141, 148
相互法則　227
増大条件　165
増大特性　161
測地線　140, 143
素数　18
素数定理　127

【た行】

第 5 公準　149
代数的　225
タウ関数　181, 197

楕円関数　125
楕円関数論　202
楕円曲線　180
互いに素　16
多角数　53
ダベンポート　46
多様体　137, 163
単位開円板　87
単純群　230

中立要素　141
調和級数　89
直定規　137
直線　137

テイラー　228
テイラー級数　88
テイラーとワイルズ　210
ディリクレ級数　100, 119, 221
デカルト　138
デカルト座標　85
デデキント　198

等差数列　58
等質的　143
同値関係　19
特異点　184
ドリーニュ　205, 227

【な行】

二項係数　83, 206
ニュートン　83

ノルム　85

【は行】

バーチ–スイナートン・ダイアー予想　229
ハーディ　47, 202
ハーディとラマヌジャン　196
ハーディ–ライト　45
パスカル　64, 66
ハッセ　233
パラドックス　80
貼り合わせる　183
半円　149
半直線　149
反転　150

比　79
非ユークリッド直線　140
非ユークリッド平面　149
ビュットナー先生　57
表現　231
標準的基本領域　158
ヒルベルト　43

フーリエ級数　200
フーリエの熱伝導理論　200
フェルマー　28
フェルマーの最終定理　210, 229
複素空間　184
複素微分可能　87
部分　120
部分空間　168
部分群　152
フロベニウスの特性多項式　206
分割の問題　117
分枝　128
分数線形変換　152

平行線公準　137
閉包　183
平方剰余　22
平方剰余記号　24
平方非剰余　22
平面幾何学　137
ベキ級数　93
ベクトル　168
ベクトル空間　168
ベクトル束　163, 184
ベズーの等式　16
ヘッケ　222
ヘッケ固有形式　215
ヘッケ固有値　217
ヘッケ作用素　213
ベル　58
ベルヌーイ数　66
ベルヌーイ多項式　66
偏角　133
変換群　136
変換的特性　161

ポアソンの和公式　200
法　19
放物面　138
ボーチャーズ　232
母関数　119, 126
保型　154
保型因子　154, 162, 172
保型形式　154
保型形式の理論　233
ポリア　57

【ま行】

マーラー　47

無限幾何級数　91
無限幾何級数の公式　88
無限級数　89
無限次元　169

モーデル　213
モジュラー　155
モジュラー曲線　184
モジュラー形式　154, 165, 166
モジュラー予想　229
モデル　138
モニック多項式　110
モノドロミー　98
モリアーティ　83
モンスター群　230
モンスター・ムーンシャイン　232

【や行】

ヤコビ　197, 202

ユークリッド幾何学　138
ユークリッドのアルゴリズム　16
ユークリッドの運動群　144
有限幾何級数　79
有限次元　169
有限単純群　230
有理数　90

【ら行】

ラグランジュ　39
ラマヌジャン　197, 202, 205

リーマン仮説 (RH)　100
リーマン面　98, 184
リーマン・ロッホの定理　184
リーマン和　59

離散的　157
リトルウッド　47

ルジャンドル記号　24

レベル　190
レベル1　161
連分数　157

【わ行】

ワイルズ　210, 228
割り切る　15

Memorandum

Memorandum

Memorandum

訳者紹介

新妻　弘（にいつま　ひろし）
1946 年　茨城県に生まれる
1970 年　東京理科大学大学院理学研究科修士課程修了
現　在　東京理科大学理学部数学科教授を経て，東京理科大学名誉教授・理学博士
著訳書　『詳解 線形代数の基礎』（共立出版，共著）
　　　　『群・環・体入門』（共立出版，共著）
　　　　『演習 群・環・体入門』（共立出版，著）
　　　　『代数学の基本定理』（共立出版，共訳）
　　　　『代数方程式のガロアの理論』（共立出版，訳）
　　　　『Atiyah-MacDonald 可換代数入門』（共立出版，訳）
　　　　『Northcott イデアル論入門』（共立出版，訳）
　　　　『オイラーの定数 ガンマ ― γ で旅する数学の世界 ―』（共立出版，共訳）
　　　　『Northcott ホモロジー代数入門』（共立出版，訳）
　　　　『平面代数曲線入門』（共立出版，訳）
　　　　『代数関数体と符号理論』（共立出版，訳）

1 足す 1 から現代数論へ ― モジュラー形式への誘い ― Summing it up: from one plus one to modern number theory 2019 年 7 月 30 日　初版 1 刷発行 2020 年 9 月 10 日　初版 2 刷発行	著　者　Avner Ash（アブナー・アッシュ） 　　　　Robert Gross（ロバート・グロス） 訳　者　新妻　弘 ⓒ 2019 発行者　南條光章 発行所　共立出版株式会社 〒112-0006 東京都文京区小日向 4 丁目 6 番 19 号 電話 03-3947-2511（代表） 振替口座 00110-2-57035 www.kyoritsu-pub.co.jp 印刷 製本　藤原印刷

一般社団法人
自然科学書協会
会員

検印廃止
NDC 412.3, 413.2
ISBN 978-4-320-11383-1

Printed in Japan

JCOPY　＜出版者著作権管理機構委託出版物＞
本書の無断複製は著作権法上での例外を除き禁じられています．複製される場合は，そのつど事前に，出版者著作権管理機構（TEL：03-5244-5088，FAX：03-5244-5089，e-mail：info@jcopy.or.jp）の許諾を得てください．

The Queen of Mathematics: A Historically Motivated Guide to Number Theory

数学の女王
歴史から見た数論入門

Jay R. Goldman [著] ／鈴木将史 [訳]

A5判・上製・616頁
本体5,800円（税別）

数学の全体像が見渡せた頃の、フェルマー、オイラー、ガウスといったさまざまな主人公たちの人生模様を描きながら、とりわけ多くの人々を魅了してきた「数論」の分野を縦横無尽にガイド。読者は数学者たちの人間味あふれる姿に触れつつ数学発展の歴史をその源流からたどり、やがてヴェイユやワイルズに至るまでの現代数学が、その延長線上に現れてくる様を見ることができる。またそこには古代ギリシャのディオファントスという天才の姿も息づいていて、数学という学問を数千年のつながりとして描く壮大な試みとなっている。

🜲 CONTENTS 🜲

【第1部　フェルマーからルジャンドルまで】
第1章　創始者たち
第2章　フェルマー
第3章　オイラー
第4章　オイラーからラグランジュへ：連分数の理論
第5章　ラグランジュ
第6章　ルジャンドル

【第2部　ガウスと『整数論』】
第7章　ガウス
第8章　合同式の理論 [1]
第9章　合同式の理論 [2]
第10章　原始根と累乗剰余
第11章　2次合同式
第12章　2元2次形式 [1]：算術的理論
第13章　2元2次形式 [2]：幾何学的理論
第14章　円分論

【第3部　代数的整数論】
第15章　代数的整数論 [1]：ガウス整数と4次剰余の相互法則
第16章　代数的整数論 [2]：代数的数と2次体
第17章　代数的整数論 [3]：2次体のイデアル

【第4部　曲線の算術】
第18章　曲線の算術 [1]：有理点と平面代数曲線
第19章　曲線の算術 [2]：有理点と楕円曲線
第20章　曲線の算術 [3]：20世紀

【第5部　その他の話題】
第21章　無理数と超越数、ディオファントス近似
第22章　数の幾何学
第23章　p進数と付値

参考文献／訳者あとがき／索引

https://www.kyoritsu-pub.co.jp/　　共立出版　　（価格は変更される場合がございます）